3つのアポロ

月面着陸を実現させた人びと

的川泰宣 著
Yasunori Matogawa

B&Tブックス
日刊工業新聞社

まえがき

事実は小説より奇なり、という。全盛期のアメリカ人が十年間かけて描き上げた「オデュッセイア」であるアポロ計画にも、それは言える。ケネディが一九六一年にアポロの号砲を撃ちあげたとき、誰が、これから始まるプロジェクトの困難さを具体的に思い描くことができたであろうか。それは想像の世界を超えて、複雑で波乱に満ちたストーリーとなった。

世に喧伝される「アポロ」は、宇宙飛行士の英雄譚ないし冒険譚として貫かれることが圧倒的に多い。それは、アポロ計画が、一九六〇年代の初めにアメリカが置かれていた政治状況の中から生まれたプロジェクトだったことに起因している。ミサイル・ギャップ、ヴェトナム反戦運動、公民権運動、キューバ危機、……アメリカ国民の危機感を希望に変えるための、最も身近にある未来への扉が「宇宙」であることをケネディが見抜いた。

「人間の月面着陸・地球帰還」という目標が掲げられると、仕事の複雑さに困惑し、同時に、挑戦するテーマの比類なき面白さに心を沸き立たせたのは、実は技術者であった。ミサイル等の軍事研究のど真ん中で殺傷兵器を開発してきた無数の若い技術者が、大量にアポロ計画に流れ込んできた。彼らは、「人間を月面に立たせて、地球に帰還させる」という非常にわかりやすいターゲットを射抜くために、その持てる「匠」を、青春を、捧げ尽くした。

国の掲げた「宇宙飛行士を英雄にする」という目標にふさわしい活躍をするために、宇宙飛行士たちは当初、「打ち上げの瞬間から帰還まですべてを操縦する」夢を持った。それは早い段階でフォン・ブラウンによって「幻想」とされ、彼らは「ロケット・フェーズではお客様、宇宙船フェーズでは船長さん」というのが本当の役回りであることを知った。技術者の準備した緻密なスケジュール、コンピューターと管制官の指示に沿って、命をかけて遂行する課題が、宇宙飛行士に重くのしかかった。彼らはその任務を才能とスキルのすべてを発揮して乗り切り、その「冒険」によって英雄になった。

一九六九年七月に、月面に二人の飛行士が着陸し、史上最高の冒険が成し遂げられると、人々の関心は、アポロの飛行から、アメリカ社会が抱える数々の難題に移行し、このビッグ・プロジェクトは、「冒険のアポロ」から「科学のアポロ」へと変貌していった。ここに至って、科学者、とくに地質学者と呼ばれる人たちが主役に躍り出る。ここでは宇宙飛行士たちは、技術者・科学者を格闘・連携の相手として、二正面作戦を展開することになった。


アポロは決して宇宙飛行士だけが作り上げたものではない。技術者と飛行士と科学者の三者が紡いだ「三つのアポロ」だった。本書はそのように「アポロ」を語るささやかな試みである。閉塞感漂う現代世界が、二〇世紀最大の冒険から学ぶことは多い。汲めども尽きぬ歴史の泉を、一緒に掘りつづける同志が、若い世代から輩出してくれることを願っている。

「はやぶさ」で御縁のあった西田敏行さんが帯の文を寄せてくださった。ありがたいことである。

本書を執筆するにあたって、日刊工業新聞社の国分未生さんの丁寧な編集のお世話になった。また娘の舞花が嬉しいことに章扉のイラストを描いてくれた。ともに記して謝意を表したい。

平成から令和になった二〇一九年五月に

的川　泰宣

目次

第3章 冒険者と匠の対立と接近――マーキュリー 75

第4章 アポロへの美しい橋――ジェミニ 111

第9章 呼びかけるアポロ 317

章扉イラスト——的川舞花

第1章

助走——V-2とその争奪戦

フォン・ブラウン対コロリョフ、フルシチョフ対ケネディ——このふた組のライバルがこの世に生を受けていなくても、「宇宙時代」と呼ばれる時代は、遅かれ早かれ到来しただろう。しかし運命の悪戯によってこの四人が歴史の同じ時期に生を享けていなければ、人類の第一期の宇宙時代に「アポロ計画」があのようなかたちでは実現しなかった。

1 「七人の侍とマーガレット」が綴ったアポロの物語

月面着陸に至るストーリーの骨組みを、登場人物を最大限しぼって描写すれば、以下のようになる——

①ツィオルコフスキーがロケットで宇宙へ飛び出す理論を作り上げ（一九〇三年）、
②それとは独立に創り上げた独自の宇宙飛行の理論で、コンドラチュクが月面着陸して地球に帰還する最も望ましい飛行戦略を提出し（一九二五年）、
③ツィオルコフスキーの理論をもとに、フォン・ブラウンが現実の大きなロケットを作って飛ばせて見せ（一九四二年）、
④彼が到達した技術を受け継ぎ発展させて、地球周回軌道まで届くロケットをまずコロリョフが、次いで再びフォン・ブラウンが開発し、それぞれ一九五七年と一九五八年に、宇宙へ行く乗り物を軌道投入することに成功し、
⑤ケネディがその成果を土台に「月面着陸・地球帰還」という一九六〇年代の壮大な国家目標を設

定し（一九六一年）、
⑥それを成し遂げる打ち上げロケットをまたまたフォン・ブラウンが作り上げ、
⑦そのロケットに乗せるハードウェアをファジェイが設計し、それを効果的に動かすソフトウェアをマーガレット・ハミルトンがつくり、
⑧その宇宙船に乗ったアームストロングが一九六九年七月二〇日、月面に人類の第一歩を印した。
——こんな具合である。

私がいささか強引に描いたこのストーリーには、みなさんが初耳の人物も登場しているかも知れない。逆に、宇宙開発史やアポロ計画に詳しい方なら、上の記述がかなり無理筋の構成だと感じるだろう。

しかし、ここに出て来た八人は、間違いなく、人間があの遠い月へ飛んでいくために極めて重要な使命を担った人々である。本書は、この粗っぽい骨組みに、少しずつ肉をつけながら、アポロが展開した嵐のような一〇年間を中心にひもといていく。

ケネディはみなさん先刻ご承知だから、彼以外の「主役たち」の輪郭を描いておこう。

◆ツィオルコフスキー

コンスタンチン・ツィオルコフスキー（1857－1935）（図1－1）——ロケットによって宇宙飛行が可能であることの根拠を初めて科学的に明らかにしたロシアの科学者である。九歳のときに猩紅熱を患って両耳の聴力を失い（左耳がわずかに聞こえていたらしいが）、小学校もやめた。その後、独学で高等数学や自然科学の高度な理論をマスターし、中学校の教師を本業として、

図1-1　コンスタンチン・ツィオルコフスキー

貧乏に喘ぎながら人類の宇宙進出の夢と構想をその生涯にわたって描きつづけた。

　一九五七年に彼の祖国ソ連が打ち上げた人工衛星スプートニクも、アポロ宇宙船を月へ送ったサターンVも、彼のロケット理論がなくては実現しなかったし、現代のロケット設計の現場でも、質量比とガスの噴射速度をロケットのスピードと関係づける「ツィオルコフスキーの公式」は、日常的に使われている。私（筆者）も大いにお世話になった。

　ツィオルコフスキーは、人類を宇宙時代にいざなってくれた恩人である。加えて、宇宙ステーション、宇宙エレベーター、スペース・コロニー、ソーラー・セイルなど、現代の宇宙活動がめざしているさまざまな未来の構想も、世界で初めてツィオルコフスキーの頭脳の中から生まれ出た。[12]

◆コンドラチュク

　ウクライナ生まれのソ連の数学者、ユーリ・コンドラチュク（1897－1942?）（図1－2）は、第一次世界大戦のさなか、コーカサスの戦線に従軍中、宇宙飛行についての構想を四冊のノートに書き記した。その中に、モジュール化した宇宙機で月へ飛び、推進モジュールを月周回軌道に残して、小さな着陸モジュールだけが月面に降りた後、月面を後にして推進モジュールとドッ

図1-2　ユーリ・コンドラチュク

キングして地球に帰還するという方式を提案している。

この方式を提出したのは、おそらく彼が二〇歳前後の時である。この早熟の天才は、アポロ計画で採用されることになった月周回ランデブー（LOR）構想を、その半世紀も前に描いていたのである。

少年時代の薄幸な育ち方、そしてソ連時代に入ってからのシベリア送りを始めとする災難続きの生活は、涙なくして思い描くことはできない。「その知的才能と夢の構想力だけにおいて幸せだった」と歴史家たちから評された人が、あのアポロ計画のアイディアを紡いだことに、私はかすかに慰めを感じる。

◆コロリョフ

ウクライナのキエフに近いジトミールの町に生まれたセルゲーイ・コロリョフ（1907－1966）（図1－3）は、東西冷戦のさなかにしのぎを削った宇宙開発競争で、スプートニク→ガガーリン→テレシコーワ→レオーノフと続いたソ連のリードのすべてを統括し、人類に宇宙時代をもたらした主役である。当時のソ連は「鉄のカーテン」の向こうで秘密裏に開発を進めており、しかもコロリョフの存在は、CIAの暗殺を恐れるフルシチョフ首相によって隠匿され、その死後まで西側には知られることがなかった。

コロリョフは、ロケット研究に入って間もなく、スターリンの粛清に巻き込まれてシベリアの強制収容所に送られ、体がボロボロになってモスクワに帰った。元来は人一倍丈夫なコロリョフは、宇宙をめざす意味を理解しないソ連の政治家たちを相手に回して、恫喝までしながら八面六臂の活躍をしたが、米ソの月面到達競争においてアメリカが大規模で系統的な成果を着々とあげつつあった一九六六年、かつてのシベリアで受けた傷が命取りになり、ついに力尽きて帰らぬ人となった。

図1-3　セルゲーイ・コロリョフ

人類が現在展開している宇宙活動の直接の「両親」を言えと言われれば、セルゲーイ・コロリョフとウェルナー・フォン・ブラウンを挙げることに、ほとんどの人は異論がないだろう。

◆フォン・ブラウン

いわずと知れた、アポロ宇宙船を打ち上げたサターンVロケットの設計者である。ドイツの貴族の末裔として、ヴィルジッツという町で生まれたヴェルナー・フォン・ブラウン（1912－1977）（図1－4）は、子どものころから宇宙をめざすロケットに憧れ、大学生になると、ドイツ宇宙旅行協会の会員になって、ロケットの開発に参加した。ドイツ陸軍のドルンベルガー将軍との

図1-4　ウェルナー・フォン・ブラウン

運命の出会いを経て、ナチス傘下のミサイル開発をリードし、秘密基地ペーネミュンデで世界最初のミサイルV－2を完成した。

ドイツが第二次世界大戦で敗れた後はアメリカへ渡り、アメリカ最初の人工衛星エクスプローラーを軌道に乗せた。彼が指揮をとったサターンVロケットは史上最大のロケットで、宇宙飛行士たちを一度の失敗もなく月へ送り続け、アポロ計画の立役者となった。

渡米以来の数年は、戦争犯罪人として扱われることも多く、失意の時を過ごしたが、アポロ計画では、幼いころからの夢をついにかなえた。その波瀾万丈の人生は、ロケットを志す若者たちの憧れの星として語り継がれている。

◆ファジェイ

マーキュリー・ジェミニ・アポロ三代の宇宙船とスペースシャトルの基本的な形状を決めるのに大いに貢献したマキシム（マックス）・ファジェイ（１９２１－２００４）（図１－５）は、英領ホンジュラス（現在のベリーズ）に生まれ、アメリカの大学で機械工学を学び、海軍を経てラングレー航空工学研究所で職を得た。ＮＡＳＡの有人宇宙飛行を指揮するロバート（ボブ）・ギルルース率いるＳＴＧ（スペース・タスク・グループ）で頭角をあらわし、マーキュリー宇宙船の設計に

図1-5　マックス・ファジェイ

全力を傾注した。彼が作り上げた機体設計の考え方と手法は、その後ＮＡＳＡが手がけるあらゆる有人宇宙飛行で参考にされ、機体設計の天才と謳われた。

彼は、私のいた神奈川県相模原市の研究所を訪ねてくれたことがあり、その近くの天ぷら料理の店の一室で、宇宙船のこと、宇宙飛行士のこと、アポロ計画のこと、ＮＡＳＡのことなど、長時間にわたって興味深い話を聞かせてくれた。一つずつ自分の頭の中を吟味しながらしゃべる彼の篤実な様子が忘れられない。本書でその一端を紹介する。

◆マーガレット・ハミルトン

マーガレット・ハミルトン（１９３６－）（図１－６）——知る人ぞ知るアポロのコンピューター・ソフトウェア作成の功労者である。「ソフトウェア」そのものの大切さを、まだほとんどの人が認識していなかった時代に、ＭＩＴ（マサチューセッツ工科大学）の一研究所にあって、アポロの仕事を通じて、その基礎的な概念を作り上げた。それは、女性が責任ある職業人として生きるプロセスと、ＮＡＳＡや宇宙飛行士との息づまる闘いを通して成し遂げられた。

そのソフトウェアは、「人知れず」何人もの宇宙飛行士たちの命を救った。二四歳のマーガレットがプログラマーとしてＭＩＴで働き始めた一九六〇年は、若い女性が専門性の高い技術職に就くことが奇異に見られる時代だった。夫がハーヴァードで法律を学ぶ三年間だけ彼を支えるつもりで仕事をしていたが、ケネディの決意によって「アポロ計画」が始まったため、そこで働きつづけなければならなくなった。

週末でも夜でも、かまわず彼女は幼いローレンを連れてＭＩＴのラボへ出かけ、この四歳の娘を寝かしつけた後で、コンピューター・プログラムを書いた――この日々が人類とコンピューターに新しい時代をもたらした。

図1-6　マーガレット・ハミルトン（IL/MIT）

◆アームストロング

映画『ファースト・マン』で再び脚光を浴びたニール・アームストロング（１９３０－２０１２）（図１－７）は、オハイオで生まれ、パーデュー大学で航空工学を学んだ後、海軍に入り、飛行訓練を経て朝鮮戦争に出撃した。数々の命がけの事故も乗り越え、パーデュー大学に戻って学び直した後に、テスト・パイロットとなった。彼は「Ｘ－15のパイロットの中で最も技術の高かった男」「どんな緊急事態でも決して慌てない、くそ度胸のすわった男」と言われた。Ｘ－15では七回飛行し、高度六万メートルを超える記録を打ち立てている。

図1-7　X-15の傍らに立つニール・アームストロング

一九六二年九月、マーキュリー・セヴンに次ぐ「ニュー・ナイン」のメンバーに選抜され、ジェミニ8号とアポロ11号の船長を務めた。彼をよく知る人は、「初期の宇宙飛行士としては珍しく、自己顕示欲というものを感じさせない人」と、口をそろえて言う。

あの日、人類の歴史で最初の人として月面に降り立ったとき、彼の名前は永遠のものになった。そこに至るくわしい話を、これから始めよう。

2 大戦はざまのロケット・ブーム

アポロ計画で頂点を迎える人類第一期の宇宙時代への道は、ニール・アームストロングが月を歩いたときから約半世紀さかのぼる時期に舗装が開始された。それは、第一次世界大戦が終わり、第二次大戦へ向かって人類の歴史が舵を切っていく時代だった。

第一次大戦が終わった後、欧米各国では、若者の間にロケット・ブームが起こり、各地に宇宙旅行を志す協会が次々と結成され、世界的に連携の輪もひろがっていった。しかしその後、ファシズムの台頭によって次の大戦が不可避であると見通されるようになってくると、宇宙飛行を目指す盛り上がりは下火となり、人々はそれぞれの国に閉じこもり、軍のためのロケット開発の流れに吸いこまれていった。

◆ソ連の一九二〇〜一九三〇年代

ロケット開発への動きが最も早かったツィオルコフスキーの国、ソ連では、彼が独創的に創り上げた理論の将来性に着目し、それを継承し実現する「第二世代の育成」を旗印にして、早くも一九二四年、国の主導でロケット研究を開始した。その中から、ツァンダー、グルーシコ、コロリョフなどの第二世代の旗手が誕生していった。

液体燃料ロケットも固体燃料ロケットも開発を始め、固体ロケットの技術は、やがて第二次大戦でドイツ軍の上に大量に投下されたカチューシャ・ロケットに結実していく。こうした野心的な計画は、ヒトラーのナチス軍がソ連に侵入してきたとき、中止せざるを得なかった。国防が総力戦になったからである。

◆ドイツの一九二〇〜一九三〇年代

第一次世界大戦に敗戦して、飛行機の研究を禁じられたドイツの青年たちは、飛ぶことへの憧れとエネルギーをロケットに求め、一九二七年六月、ＶｆＲ（ドイツ宇宙旅行協会）を結成した。会員は瞬く間に五〇〇人を突破し、一九三〇年代に入ると、本物のロケットの開発に進んでいった。

当時まだ学生だったヴェルナー・フォン・ブラウンもその一員で、彼らはベルリン郊外のライニッケンドルフにロケットの実験場を定めた。「ラケーテンフルークプラッツ（ロケット飛行場）」

——後にV－2開発で大きな役割を果たす人たちの最初の実験場、そして世界で初めて、「宇宙へ行こう」という志のもとに自主的に結集したグループの出発点だった。彼らは「ミラク」という名のロケットから始めて、「レプルゾル（反発）」というロケットへ進み、中には一・五キロメートルもの高度に達したのもある。当時としては世界記録であった。(3)

◆運命の出会いと迫りくる暗雲——ベルリン

一九三一年の暮れ。当時大学生だった一九歳のフォン・ブラウンは、ロケット開発に熱中する傍ら、生活費を稼ぐためタクシー運転手のアルバイトをしていた。ある日、彼のタクシーに軍服に身を包んだ二人連れが乗ってきた。彼らは軍の進めているロケットの実験について議論を始めたが、どうもよくわからないことがあって議論が暗礁に乗り上げた。

そこへ意外にも運転席にいた青年が遠慮がちに声をかけてきた。

「あのぅ、そのことだったら、ボク、少しわかりますが……」

その隙のない説明に二人はすっかり感心し、その一人がフォン・ブラウンに言った。

「きみ、明日にでも陸軍の最高司令部に来てくれないか。続きを聞きたい」

それが、その後フォン・ブラウンの上司となり、濃密な開発人生を共にするヴァルター・ドルンベルガー将軍だった。これこそ天の配剤ともいうべき出会い。

やがてドイツ各地で試みられたさまざまなロケットへの挑戦も、ドイツをとらえ始めた経済不況のため、実験を続行することが不可能になった。そのころ、ドルンベルガーがフォン・ブラウンに対し、軍のロケット研究に加わって、ロケットの燃焼の問題で博士論文を書かないか、と誘った。

幼いころから月や火星への飛行を強烈に夢見ていたフォン・ブラウンは、民間の乏しい寄付金だけでロケットを開発していたら、百年かかってもその飛行は実現しないだろうと考え、居ても立ってもいられなくなった。そして周囲の反対をよそに、ドルンベルガーの要請を受けることにした。(3)やがて、ロケットへの情熱を消し難いVfRの仲間たちもその研究・開発に合流してきた。VfRはやがて活動を停止した。この勧誘からVfRの凋落までを、フォン・ブラウン自身は次のように記している。

――「ラケーテンフルークプラッツでの仕事は、一九三三年から三四年にかけての冬でお仕舞になりました。VfRは財政状態がガタガタで、積もる借金を払えなくなってしまったのです。ヒトラーが政権についた一年後、一九三四年の一月に、ラケーテンフルークプラッツは再び軍によって弾薬の集積場にされてしまいました……そしてそれから間もなく、ゲシュタポがその存在を明らかにし始めたのです。このような息苦しい雰囲気のなかで、ロケットへの個人的な関心は、すべて消え去る他はなかったのです。」(4)

一九三〇年代も半ばにさしかかり、どこの国も厳しい不安な時期を迎えていた。フォン・ブラウンは、このように歴史の表舞台に登場した。

隠れ咄1　まるでアポロ？――ジュール・ヴェルヌ

一九世紀。ニュートン力学の成功を基盤にして、魅力あるSF（空想科学小説）が多数現れた。その黄金時代を築いたのが、ジュール・ヴェルヌ（1828－1905）である。『十五

図1-8　ジュール・ヴェルヌ『地球から月へ』の挿し絵

少年漂流記』『八十日間世界一周』『海底二万哩』『南十字星』『月世界旅行』……と挙げていけば、このうち少なくとも一冊くらいは手に取った人も多いのではないかと想像される。彼が、一八六五年、人間が月へ行く物語を書いた――『地球から月へ』（邦訳『月世界旅行』）。

　まだロケットが宇宙へ行く手段として「発見」されていなかったので、発射に使われたのは大砲だったが、三人の乗客は、砲弾型の宇宙船に搭乗し、飛行中はぷかぷかと浮いて無重量を経験する。それに何しろ打ち上げ場所がフロリダ、クルーは三人、宇宙船の名前が「コロンビアード」、着水は太平洋などなど、アポロ計画と酷似している（図1－8）。

　もっとも、人類初の月面着陸をしたアポロ11号の司令船が「コロンビア」と命名されたのは、このSFとクリストファー・コロンブスを意識したアメリカ人らしいジョークだった。

ジュール・ヴェルヌは、発射速度を始めとして、ニュートンの運動法則を極めて巧みにこの月旅行に適用してみせている。この本は、世界の大ベストセラーになり、その読者の中から、数々の宇宙開発のパイオニアを生み出すことになった。

◆コロリョフの逮捕

一九三八年六月二七日早朝。モスクワのアメリカ大使館の近くにあったセルゲーイ・コロリョフのアパートを、四人の男が訪れ、数分の後に彼は連れ去られた。妻のキセーニヤは彼に下着を渡すことができず、コロリョフは寝入っていた娘のナターシャに「さよなら」を言う時間も与えられなかった。

連行後ほどなく、彼は自分が「ドイツの反ソヴィエト団体と共謀している」という疑いによって逮捕されたことを知る。スターリンの粛清の嵐が、ロケット開発の現場にも暗い冬をもたらしていた。コロリョフはしばらく歴史の表舞台から姿をかくす。

コロリョフはシベリアの強制収容所へ送られた。木を伐り、土を掘り、手押し車を押しながら寒い冬を過ごした。ひどい食事、住居、衣服、残忍な規則、そして重労働。ここでは一割以上の人々が毎年栄養失調、結核、処刑で死んでいった。コロリョフの歯はこぼれ落ち、このことが彼の健康を一生蝕むこととなった。心臓も弱り、顎に大怪我をした。この顎の怪我が、後の米ソの月面到達競争の結果を左右する。

ところが、この強靭な精神の持ち主は、身も心もボロボロになりながら、祖国の宇宙開発の行く末に思いを馳せた。ロケットの開発現場から遠く離れたシベリアの地で、「誰よりも速く、誰よりも遠くへ飛ぶ」野望が、その分厚い胸に宿っていた。
コロリョフが長い囚人生活からやっと解放されたのは一九四五年の春である。(7)

◆アメリカの一九三〇年代

アメリカでは、一九三〇年三月二一日、ニューヨークにおいて、AIS（アメリカ惑星間飛行協会）が設立された。このころ、AISはもちろん、地方のロケット協会や大学において基礎研究が精力的に行なわれ、また海軍や陸軍でも地道な開発実験が続けられた。大学の機械工学等の教授らを指導者として、各地にアマチュアのロケット・クラブが沢山結成された。それらのほとんどは第二次世界大戦の勃発と共に活動を停止したが、アメリカのロケット技術者にとって、絶好のトレーニングの場を提供した。

そうした中で、「真珠湾」以後も活動をつづけた唯一の組織が、カリフォルニアの「ガルシット」ロケット研究グループである。「ガルシット」（GALCIT）とは、「カリフォルニア工科大学グッゲンハイム航空研究所」の略で、一九三六年にロケットの研究計画を始めた。セオドア・フォン・カルマン（1881－1963）をリーダーとし、後に帰国して「中国のロケット開発の父」と呼ばれることになるシュー・シェン・ツェーン（銭學森）らを含む優秀なグループのロケット開発の成果に、一九三八年、陸軍が目を向ける。

ゆったりとした足取りだったが、ドイツのフォン・ブラウンたちに起きたことが、ここアメリカでも起きようとしていた。ガルシットは、後にアメリカの惑星探査の牙城JPL（ジェット推進研究所）に発展する。(3)

3 V−2の誕生

第二次世界大戦は、世界の列強たちに、ロケットを新しい軍事技術として見直させた。どの国もある程度の資金をつぎこみ、ロケット弾を発射する技術を蓄積した。中でも、軍の豊富な資金で大型液体ロケットの開発を進めたナチス・ドイツは、現代宇宙ロケットの原型ともいうべき画期的なロケット「V−2」を完成し、一九四四年から実戦に投入した。

戦後にアメリカに降伏したドイツ・チームが保有していたノウ・ハウは、大戦後、世界中のすべての国・地域において重要な役割を果すことになる。

◆ドイツ陸軍とフォン・ブラウン

フォン・ブラウンは、大学を出てすぐに陸軍兵器局に入り、潤沢な資金を使って次々とロケットを製作し、一九三七年には、北海沿岸に建設された秘密基地ペーネミュンデにおいて、弱冠二五歳で技術責任者となった。第二次世界大戦の直前、一九三九年には、ジャイロスコープで慣性誘導するA−3型という全長六・五メートルのロケットの打ち上げに成功し、その報告を受けた軍部はより多くの資金と技術者を動員した。

フォン・ブラウンたちは、慣性誘導の成功により、ミサイルA−4の製作へ進んだ。A−4は、約一トンの弾頭を積み二九〇〜三四〇キロメートルの射程を持つよう設計された。全長約一四メートル、直径一・六五メートル、重さ一二トン強——当時の世界最大のロケットだった。酸化剤の液体酸素と燃料のエチルアルコールはターボポンプで燃焼室に供給され、二五トン以上の平均推力を発生した。

画期的だったのは誘導システムである。予め決められたコースをおぼえておき、ジャイロスコープとドップラー・レーダーが示す変化をもとにして実際の飛翔径路を電子回路でチェックする。その結果を記憶している予定のコースと比較して適切な指令を出し、尾翼の舵と噴射板を動かした。慣性誘導方式で飛行する史上初の弾道ミサイルである。

数千度に達する燃焼室の壁を冷却するために液体酸素を循環させるシステム、推進剤を高圧の燃焼室に送り込むためのターボポンプなど、紛うことなき近代ロケットの直接の先祖である。

◆ミサイルV－2の成功

一九四二年一〇月三日、ペーネミュンデの工場からA－4の3号機が姿を現した。打ち上げは、完全な成功を収めた（図1－9）。エンジンは一分近く正常に燃焼し、水平距離一九〇キロメートル、到達高度八〇キロメートルを記録した。

以前ロケット・エンジンのテストを見た時には、ロケットの潜在能力についてあまり関心を示さなかったヒトラーが、この飛翔結果を聞き、急にペーネミュンデに興味を寄せた。A－4は「V－2」と名づけられた。Vは報復兵器（Vergeltungswaffen）の頭文字から取った。

ただし、この成功の後も、V－2の発射テストは苦難の道を辿った。推進剤ポンプが故障する、点火装置が作動しない、燃料パイプが破損する、耐熱設計に問題あり、ジャイロスコープの性能がもっとよくならないか、……史上初の大型ロケットの開発は数知れぬ未知の問題への挑戦の連続と

図1-9　V-2の打ち上げ

なった。

トランジスターも集積回路も発明されていない時代に、マッハ四・五で正確に飛行する大型ロケットを開発する困難さは、今の私たちには想像することすらできない。それはまさしく、個人や一企業の能力を遥かに越えた史上初の巨大科学でもあった。

A－4計画に動員された技術者は五〇〇〇人を越える。その巨額の開発資金は、軍部すなわち国家以外には負担できないほどのものになっていた。

これらのテスト飛行のために数百機のV－2が生産された。

◆SSの介入とフォン・ブラウンの逮捕

一九四三年の暮れのころまでは、ナチスのリーダーたちは少数を除いてペーネミュンデで何が起きているのかをあまり知らなかったが、V－2が素晴らしい新兵器であることがはっきりしてくると、ＳＳ（ヒトラー親衛隊）がペーネミュンデの支配を狙い始めた。初めのうちはドルンベルガーがうまく食い止めたが、ＳＳは執拗に干渉をくり返した。

一九四四年二月、フォン・ブラウンが東プロイセンのゲシュタポ本部に呼び出しを受けた。そこで親衛隊や秘密警察ゲシュタポを統率するハインリヒ・ヒムラーはフォン・ブラウンに言った。

――「陸軍から離れて自分の下で働かないか」

フォン・ブラウンは丁重に断ってその場を去った。

数日後の午前二時、三人のゲシュタポ職員によってフォン・ブラウンが逮捕される。二週間後、シュテッティンの牢獄で告発された。罪状は、

「フォン・ブラウンの関心は、軍事用ロケットではなく、宇宙探査の方に向いている。彼はＶ－２をイギリス攻撃に使うことに反対した。しかもフォン・ブラウンは、ロケットの機密書類を持って、小さな飛行機でイギリスへ脱出しようとした。」

というものだった。ドルンベルガーがヒトラーのもとへ直接赴いた。

――「フォン・ブラウンぬきでは、Ｖ－２は存在できない」

フォン・ブラウンは釈放された。ドルンベルガーの機敏な救出劇。

もっともフォン・ブラウンは、ペーネミュンデで同僚たちに、

――「ボクがロケット研究をしている本当の目的は、人間を月へ運ぶという少年時代からの夢をかなえることだ。戦争が終わったらみんなで夢を実現しようよ」

と語っていたから、ヒムラーは、拒否された腹いせに、あげ足を取ったのである。

◆V−2の実戦投入

一九四四年九月八日、南イギリスへのV−2の攻撃が開始された。最初のころは、オランダのハーグ付近の発射基地から、一日に二機くらいの割合で打たれた。

終戦までに約五〇〇〇機のV−2が製作された。六〇〇機ほどは要員の訓練やテストに用いられ、残りの大部分はイギリスやヨーロッパ大陸の目標へ向けて飛び立った。全てが順調にいけば、V−2を防ぐ方法は当時なかった筈である。V−2が時速五六〇〇キロメートルで目標に命中するのは、発射後わずか五分だったからである。

たとえ打ち上げがうまく行っても（うまく行かないことも多かったが）、この複雑なシステムは色々な原因で不調を来した。誘導システムが故障すると飛翔径路がずれる、大気から脱ける途中で爆発する、大気へ再突入する時に壊れてしまう、などなど。おまけに目標に到達しても弾頭が不発のこともあった。

とはいえ、殺人ミサイルと化したV−2はロンドン市民を恐怖の淵に叩き込んだ。一五〇〇発を越えるV−2が南イギリスに落ち、二五〇〇人以上の命を奪い、多くの住居や施設を破壊した。一九四四年九月八日に実戦に投入されたV−2の攻撃が終わったのは、一九四五年三月二七日。攻撃開始からわずか七ヵ月の「活躍」だった。もうドイツ人には、それ以上戦いつづける力が残っていなかった。ヒトラーの第三帝国は、その二ヵ月くらい前から断末魔の喘ぎを見せていた。

このV−2の破壊力を見せられた各国の政治家・軍人たちは、そろって戦後の自国における活用を思い描いた。そして、実質的には、すべての国の第二次世界大戦後のロケット開発が、ドイツの成し遂げたところ、つまりV－2から出発することになった。

◆ペーネミュンデ脱出

このころフォン・ブラウンは秘密裏にロケット・チームの面々と会合を続け、「ペーネミュンデに残って、進駐して来るソ連軍に投降するか、南へ移動してアメリカ軍と接触するか」について相談を重ねた。実質上全員一致で南へ向かうことになった。

当時のドイツ国内の混乱が彼らの脱出を助けた。フォン・ブラウンはそのころ一ダースもの矛盾した命令を受け取っていた。ベルリンの各省庁、地方軍、陸軍の司令官たち、SS、ナチ党の幹部たちからの思い思いの命令だった。ある命令はペーネミュンデの全てのメンバーに待避を命じ、トップシークレットの研究開発を「究極の勝利まで隠匿せよ」と言う。また他の命令には、ペーネミュンデのスタッフは断固として「ポメラニアの聖なる大地を守れ」とあった。

フォン・ブラウンたちは「移動せよ」と書いてあるナチス親衛隊のカムラー将軍らの命令書だけを身につけた。軍の道路閉鎖やゲシュタポの検問を欺くため、避難に使うあらゆる車両、乗用車、トラックには「特殊作戦計画」と派手派手しい文字を紅白で塗りつけた。このアイディアは大成功だった。

フォン・ブラウンは、親しい友人たち、約五〇〇〇人の働き手とその家族を連れ、膨大な量の文書・図面・論文をひっさげて、一九四五年二月一七日にペーネミュンデを出た。船・列車・乗用車に分乗し、密やかに、しかし整然と、ペーネミュンデから人と器材が消えていった。

南へ！　連合軍の爆撃を避け、ゲシュタポとSSの検問を欺き、ハルツ山脈のブライヒェローデに到着した。

ほどなく、空っぽとなったペーネミュンデはソ連軍に接収された。ドイツのV－2ミサイルを調査・復元するという使命を帯びたソ連のロケット技術者ボリス・チェルトークの一行がこの秘密基地に入ったのは、一九四五年四月二三日。囚人の身分から解き放たれたコロリョフが、最初の任務としてV－2の開発成果を調査・吸収するためのリーダーを命じられ、九月にペーネミュンデに入った。

コロリョフは、自らが「罪人」であった空白の時代に、このペーネミュンデでいかに多くの偉大な技術が達成されたかを目撃して、愕然とした。シベリアで夢見たロケット技術の構想が、大きく先行して実現しているではないか。長期にわたって拘留されたコロリョフは、軍の豊富な資金とチームを得て存分に働き続けたフォン・ブラウンに、圧倒的なリードを許していたのであった。

4　フォン・ブラウンのチーム、アメリカへ

第二次世界大戦のさなか、ナチス・ドイツの科学技術力は圧倒的に他国をリードしていた。ジェット戦闘機「メッサーシュミット262」は「奇跡の兵器」と呼ばれたが、それだけではない。アメリカ政府もイギリス政府も、通信とレーダーの技術を除くほとんど全ての戦争関連技術において、ドイツが連合国を上回っていると認識していた。もちろんソ連にも同様の認識はあり、連合国の勝利が近づくにつれて、ドイツの高い技術をわがものにしようと、必死の闘いが展開され

た。特に米ソ両国は狙いの中心を、ペーネミュンデのV－2に定めた。

◆米軍への降伏

ペーネミュンデを脱出したフォン・ブラウンの一行は、いくつかの経緯を経て、ミュンヘンの南、オーバーアンマーガウ近くにやってきた。四月三〇日、ラジオがヒトラーの死を報じ、事態は急展開した。

ドルンベルガーとフォン・ブラウンは相談して、英語の話せるフォン・ブラウンの弟マグヌスをアメリカ軍と接触させるため、山麓へ派遣した。マグヌスはティロルのロイテという町で第四四歩兵師団に降伏、自分がアメリカ軍に降伏したがっているロケット・グループの一員であることを告げた。

◆ペーパークリップ作戦

現地のアメリカ人たちはマグヌスたちの投降への対応がのろかったが、さすがにアメリカ本国の情報部のトップの人たちは、ドイツのロケット・グループとロケットそのものを所有することの巨大な意義に気が付いていた。

彼らは、既にノルドハウゼン近くにV－2の地下工場があることも知っており、「V－2の関係者を保護したらすぐ、ミッテルヴェルケの工場から船で送ってくれ」と依頼した。ドイツのロケット・チームのリストも作らせた。

これが、一九四五年七月一九日に「オーバーキャスト作戦」と命名され、九ヵ月後に名称を

「ペーパークリップ作戦」と変更されたアメリカ情報部のプロジェクトの始まりだった。

その頃V－2の部品を大量に生産していたミッテルヴェルケの地下工場の活動は、ペーネミュンデ・チームがオーバーアンマーガウへ移ってもあまり影響されなかったが、四月半ばに米軍が接近してくると、四五〇〇人の労働者たちは近隣の村々や田舎に散らばって行った。米軍が巨大な地下工場に入った時、V－2の組立ラインがそっくり手つかずのまま残されているのに驚いたという。

アメリカ人は、ついに史上最も偉大な技術の一つを、狂喜のうちに掌中に入れた。

米軍がV－2の器材を輸送用貨車や無蓋貨車に積み込み、最初の貨車がノルドハウゼンを出たのは一九四五年五月二二日、最後の便は五月三一日。ソ連軍の到着予定日の前日のことであった。全部で三四一台の車両が使われた。それは一〇〇機のV－2に当たる。器材はアントワープでいったん降ろされ、一六隻の輸送船に移され、ニューオーリーンズへ、それからニューメキシコの砂漠へ運ばれた。

タッチの差で、アメリカは、V－2の争奪に勝利をおさめた。

◆一四トンの書類

フォン・ブラウンがペーネミュンデから持って出た膨大な資料は、図面、科学論文、テストや飛行の報告、超音速風洞の研究などで、ドイツで一九三二年から一九四五年までつづけられたロケット研究のかけがえのないエッセンスだった。ペーネミュンデから脱出してブライヒェローデまで多大の困難を経て運搬されたが、あまりに膨大で一緒に持って移動することが困難となった。かといって、それを後に残すことは、ヒトラーの「焦土作戦」の手に委ねることになってしまう。

フォン・ブラウンはそこで、書類を廃坑のような所に隠してくれと部下に依頼し、彼らはハルツ山脈の北端の町デルテンの近くのトンネルに全資料を埋めた。そこは、アメリカの第九陸軍部隊が占領を始めた地域だった。そしてこの書類が、現地に残っていた数人のロケット科学者の助けを借りて、五月二一日、デルテンのトンネルから発見された――一四トンにも及ぶ宝物のような書類。

こうして米軍は、上級技術者、ミサイル、技術文献のほとんどを手に入れた。一九四五年八月初め、フォン・ブラウンやその同僚は、ペーパークリップ計画の下で一年間働くという契約を提案された。この申し出がなされた一二七人の科学者はすべてこれを受諾した。

V－2の地下工場から米軍が撤退するとすぐソ連軍が入ってきて、約三五〇〇人ほどいた下層の要員を確保した。五〇〇〇人いたペーネミュンデ・チームのうち、ソ連軍が進駐してから一〇〇〇人くらいが南へ逃げた。それ以前にフォン・ブラウンの率いた五〇〇人がいたわけである。(7)

5　ソ連のV－2

アメリカに移されたフォン・ブラウンたちが、テキサスのフォート・ブリスという町で慣れないアメリカ生活にもがいていた一九四六年五月、ソ連のコロリョフは、妻や娘とドイツで合流し、八月まで一緒に暮らした。娘のナターシャは、「ドイツでは、父との楽しい思い出がたくさんあります。父はオペルに私たちを乗せて、あちこち面白いところへ連れて行ってくれました。」と語っている。家族との楽しい話があまり語られないコロリョフの、ホッとするようなエピソードである。この後、彼はドイツ人の科学者・技術者たちとの交流や数々の技術上の議論に忙殺された。

◆ソ連にとらわれたドイツの技術者

フォン・ブラウンと共に働いたトップグループの技術者たちの中で、ヘルムート・グレットループだけは、彼の兄の影響を受けて左翼的な思想を持っており、一人だけ南への逃避行から脱けていた。V－2の制御関係の専門家である彼は、V－2の開発でも重要な役割を担っていた。また、ロケット制御の要であるジャイロスコープのプロであるクルト・マグヌスも残っていた。それ以外のトップグループの技術者は、すべてフォン・ブラウンと行動を共にしたので、ソ連としては、グレットループとマグヌスが最重要人物であった。そのため、コロリョフが指揮を執る調査団は、グレットループをチーフとするチームに、V－2の達成した技術を文書にするたくさんの課題を課した。

グレットループ・チームはドイツ人らしく勤勉に働き、一九四六年の秋ごろまでには、ソ連側に指示された事柄をすべて達成していた。これで厄介な仕事から解放されて、家族との落ち着いた生活に入れると考えていたフシがある。

◆二万人のドイツ人技術者をモスクワへ連行

この年の一〇月、ガイズーコフ将軍率いるソ連軍の代表団がドイツのロケット製造工場を視察するために来た。将軍はすべての説明を聞き、いささか大げさな身振りで言った。

――「あなた方の勤勉な仕事ぶりには大きな感銘を受けました。私は今晩みなさんを夕食にご招待したいと思います」

そこの大ホールには大きなテーブルが置かれていた。すべてが賑やかで、豪華な食事が振舞われた。一九四六年の秋と言えば、ドイツには食べるものがあまりない時代であった。ところがそこに並んでいたのは今まで見たこともないような御馳走で、果物もたくさんあり、飲み物も上等なウォッカが揃えられていた。

真夜中少し前にパーティがお開きになるまで、腹いっぱい食べ、したたかに酔い、すっかりいい気分になった彼らを、ソ連軍の将校たちが車で各自の家まで送ってくれた。ところが彼らはその三時間後に、一人残らず、同じ将校にたたき起こされた。

グレットループ夫人は、後に語っている。

――「私は寝ていましたが、午前三時頃に電話で起こされました。誰かが〝ロシア人が玄関に来ている。私たちは連行される〟と言いました。私は冗談か何かだと思いました。そしてその夜、私たちは大急ぎで連れ去られました」

驚天動地の事態となった。実に五〇〇〇人ものドイツ人技術者たちが、その家族と一緒に、列車やトラックに分乗させられてモスクワ郊外まで運ばれていったのである。実は話はこれで終わらない。この日、ブライヒェローデだけでなく、ソ連軍の管理下にあった、ベルリン、ドレスデン、ライプツィヒ、ケムニッツ、イエナ、デッサウなどの各地から、ドイツの自然科学者・技師・職工・その家族が、驚くなかれ合わせて二万人、一網打尽にされ、ソ連に拉致されたのである。(7)

◆ポドリープキからゴロドムリヤへ

強制連行ではあったが、ドイツ人たちは到着したときは丁重に扱われた。ソ連には、戦後の耐乏生活を強いられていた高級技術者たちが少なからずいた。ドイツから連行されたトップの人たちには、彼らと同じような地位のロシア人よりも、モスクワ郊外でずっと広い住居が与えられ、二倍から三倍の給料が支払われ、食料もずっといいものが与えられた。グレットループ夫人は、彼らが、明らかに苦労しているロシア人の隣人よりもずっといいものを食べて快適に暮らしているのを恥ずかしいと思ったと述懐している。

しかしドイツ人の下級技師たちの待遇は、あまりいいとは言えなかった。ただし食料だけは十分に与えられ、当初はポドリープキ近郊の村落に木造の小さな家が与えられた。ポドリープキは、現在ではヤロスラーブリという、高速道路でモスクワから北東に車で約四〇分のところにある。

ポドリープキにいたドイツ人は、少しずつモスクワ西方のゼーリガー湖に浮かぶゴロドムリヤ島に移動させられていき、一九四八年五月以降は、ロシアに連行されたすべてのドイツ人が、そこに集められた。

彼らの最初の仕事は、V－2の組み立てラインを再現する作業をサポートすることだった。ドイツの組み立て工場からV－2三〇機分の部品がここに運び込まれたが、完全に組み立てられたのは半分だった。残りの一五機は、主要部品しかなかったからである。そしてまず、V－2の完全なコピーである「R－1」ミサイルを完成させる作業が始まった。

ドイツのロケットのコピーを作りながら、それをマスターするという方針は、スターリン自身が指示したものだった。コロリョフは主任設計技師にされ、彼自身のコンセプトでなく、まさにV－2のレプリカとも言うべきR－1をテストするよう命令されたことを苦々しく思っていたらしい。そしてそのことをスターリンへのブリーフィングの際に訴えたが、スターリンはただ一言、

――「まず、我々はR－1の作業を完了させなければならない」

と言った。

とはいえ、V－2について学習したいというコロリョフの執念は相当なもので、コロリョフはドイツの専門家たちと個別に議論するために、多くの時間を費やした。(6)

◆カプースチン・ヤール

一九四七年の夏のこと。ドイツ人のグループの中の六～七人が突然姿を消した。「連行されたか」と心配したが、そうではなかった。彼らは、ロシア南部アストラハンのカプースチン・ヤールに送られたのだった。

この大草原には、水はほとんどなく、熱い乾いた風が凄まじい埃を舞い上げていた。ロケットの部品を運んできた特別列車の近くに発射テストの設備がしつらえてある。組立とテストが行なわれる木造のバラックを風が吹き抜けていた。

V－2が引き出され、セットされたが、何度やっても点火装置が作動しない。最初に発射されたのは一〇月一八日。二回目が一〇月二〇日。いずれも飛翔は大きく左にそれた。三回目でやっと正常に飛んだ。

ロシア人部隊の最高責任者ウスチーノフは、現場にいたすべてのドイツ人に、それぞれ一万五〇

図1-10　カプースチン・ヤールのR-1（実はV-2）（1947）

〇〇ルーブルという大きなボーナスと上等なウォッカ一瓶を与えた。コロリョフもその場にいて、喜んだ。この成功は、ロシア人が自力で開発を進める転機となった。

ロシア人だけの手になるミサイルR－1が初めてカプースチン・ヤールから打ち上げに成功したのは、それから一年後の一〇月一〇日。カプースチン・ヤールに持ち込まれた一二機のR－1のうち、九機が発射され、七機が目標に達した（図1－10）。ソ連のミサイル開発は、こうして滑り出た。[7]

とらわれの身のまま、アメリカへ渡って、宇宙へのエネルギーを持て余し始めたウェルナー・フォン・ブラウン（アメリカへ渡った彼を、ヴェルナーではなく、ウェルナーと呼ぶことにする）。フォン・ブラウンの達成をもとに跳躍の道に入ったセルゲーイ・コロリョフ。この時点では、社会主義の優位性を誇示するためにロケットを重視し始めたソ連に対して、アメリカは、陸海空の三軍がバラバラにロケット戦略を追求しており、闘いの環境は圧倒的にコロリョフが恵まれていた。

この二人のライバルは、この時点で、不公平な競争のスタートラインに立った。そして、シベリア生活による遅れを取り戻すべく、コロリョフはジリジリとその差を縮めていく。二人が本当の意味で公平なスタートラインに立つためには、政治の世界におけるライバルが登場して、そのスタートラインを引く必要があった。ニキータ・フルシチョフとジョン・F・ケネディである。

第2章

大統領の号砲——勇気ある決断

月面到達競争のお膳立てを整えたのは、フルシチョフとケネディである。世界最強の国、アメリカが、「たかが」月面到達競争においてソ連に勝つことを国家の目標にせざるを得なかった背景には、どんな事情があったのだろうか。この二人の絡み合いが、スプートニクを生み出し、ガガーリンの飛行を実現し、まさに「あの時期」に宇宙時代を呼び寄せた。そしてコロリョフ対フォン・ブラウンという働き手を介して、両国の月への疾走を始めることになった。まずは、このふた組のライバルを軸にして、その月面到達競争の「ヨーイ、ドン」までを語る。

1 フルシチョフと米ソの衛星計画

一九五三年、ソ連の独裁者スターリンが死んだ。私（筆者）は当時小学生だったが、それまで見たこともないような大きな見出しをつけた新聞記事には、スターリンが目を閉じて横たわっている写真が、デカデカと掲載された。とにかくその見出しの大きさに私がびっくりして、

――「これ、だれ？」

と訊くと、父は一言、

――「スターリンっていうおそろしい人」

と答えて、それっきりだった。新聞記事としては、それが、私の記憶にある生涯最初のものである。

◆フルシチョフの登場

それからしばらくして、一九五六年二月、ソ連共産党第20回大会が開催された。第一書記になっていたニキータ・フルシチョフが、その日「決死の」スターリン批判を、四時間にわたって行なった。スターリン体制下の個人崇拝、反対派の大量処刑などを、次々と具体的な数字を示しながら槍玉にあげた。

スターリンの生前は、彼の演説が終わると、出席者は一斉に立ち上がって、全員が拍手をつづけ、途中で拍手をやめると、その順に死刑になりそうなムードで、少なくとも五分間は拍手がやまなかったという。それとは逆に、この第20回大会のフルシチョフ演説の後は、シーンと静まり返って、誰一人拍手をする人がいなかったらしい。スターリンの死後も、彼を批判することは、あまりに「恐るべきこと」だったのである。

フルシチョフという人は、スターリン時代にはこの独裁者のご機嫌をうかがいながら出世してきた人であり、その粛清にも少なからず手を貸してきた政治家の一人である。スターリンの死後、その側近の中で最も上手に生き抜き、ソ連の頂点に立った。機を見るに敏で雰囲気を読むことの上手な彼は、この20回大会のスターリン批判を、命がけでやったに違いない。それは成功した。

その後フルシチョフは資本主義国との平和共存を打ち出し、ソ連傘下の各国共産党の指導者たちの集まりであるコミンフォルムを解散した。「雪解け」と呼ばれる自由化政策がこうして始まった。月面到達競争のスターターの一人、ニキータ・フルシチョフは、このように登場した。

◆衛星への野望

一九四五年のクリスマス。すでにアメリカ・テキサス州のフォート・ブリスにいたフォン・ブラウンは、仲間たちへのスピーチの中で、V－2を強力にしたロケットによって、人工衛星、月着陸、火星探査を行なうという、情熱に満ちた、しかも技術的に見ても納得のいくストーリーを語っている。

同じ年、V－2の調査にドイツを訪れたコロリョフも、その後緊密な付き合いをすることになるドイツ人クルト・マグヌスに、

――「もし射程距離をどんどん長くすれば、地球の軌道を回り続ける人工衛星を作れる」

と、熱っぽく語ったという。

スプートニクが地球を周回する一〇年以上も前に、人工の星が地球を回る時代を、二人のライバルが奇しくも予言していた。「その日」は確実に近づいていたのである。

◆さまざまな衛星計画

一九五一年一〇月、ソ連の著名な科学者チホヌラーヴォフが国際会議で、人工衛星計画を持っていると表明し、その二年後には、ウィーンの国際平和会議で、ソ連の衛星計画は現実の可能性を持っているという発表もなされた。

一方アメリカでは、フォン・ブラウンの計画を始めとするさまざまな衛星計画が提出され、一九五四年二月に開かれた国際宇宙航行連盟（ＩＡＦ）会議で、フォン・ブラウンのチームが開発した

「レッドストーン・ロケット」の上に固体燃料ロケットを装備したロケットを使うフォン・ブラウンの提案が支持され、同年八月に海軍・陸軍共同の「オービター計画」が誕生した。この年の末にはフォン・ブラウンから、一九五六年夏に人工衛星を打ち上げることが可能であるとの書簡が、カリフォルニアのジェット推進研究所（JPL）に送られている。

しかし、海軍は他方で、「ヴァイキング・ロケット」による衛星計画も進めており、しかも空軍も未開発の「アトラス・ロケット」を用いる衛星計画を発表した。

このような三軍のバラバラな取り組みを背景に、一九五五年七月、ホワイトハウスは、一九五七年から翌年にかけてのIGY（国際地球観測年）に、ヴァイキングを改良したヴァンガード・ロケットを使って人工衛星を打ち上げる方針を決めた。

海軍も陸軍も支持していた「オービター計画」は拒否されたのである。ホワイトハウスとしては、ドイツ製とも言うべきロケットで、アメリカ初の衛星を打ち上げることを潔しとしなかったということか。そしてこの決定を受け、国防長官からフォン・ブラウンのいる陸軍へ「衛星についての作業をすべて中止し、ミサイルの開発に専念せよ」との命令がご丁寧にくだった。

◆リーダーシップと秘策

「オービター計画敗れたり」のニュースが届いた時、フォン・ブラウンのチームの落胆は目を覆わんばかりだった。やがて彼が人々の前に現れたとき、みんなは目を疑った。フォン・ブラウンは、いつもと変わらぬ笑顔で部屋に入って来たのである。

――「われわれの衛星計画にストップがかけられました。しかしわれわれには再突入のテストのためのロケットという任務があります。すぐに仕事にかかりましょう。予定通り、来年にジュピターCを打ち上げます。言うまでもなく、これはミサイルの仕事ですが、しかしわれわれに声がかかれば……もちろん私は必ずやその時が来ると信じています……、すぐに、上にもう一つロケットをとりつけ、誘導制御システムを改良し、衛星を上に組み込んで、再出発です」

この時のフォン・ブラウンが示した態度は、ピンチに陥った際のリーダーのあり方を地で行く見事さである。おそらく一番落胆していたのは本人だったに違いないのだから。チームはあっという間に士気を高めて、新たに作業を再開した。実はフォン・ブラウンには秘策があった。ジュピターCロケット（レッドストーンの上に固体燃料ロケットを2段つけて3段式にしたロケット）のうちの一機を「長期保存テスト用」に「温存」したのである。衛星打ち上げの許可が下りるや、フォン・ブラウンはそれを格納庫から出し、すでにJPLが開発していたサージェント・ロケットを上に加えて、制御システム、点火コマンド受信機を装備するつもりであった。呼応してJPLの「同志」が、いくつものサージェント・ロケットを「推薬の経年変化の研究」と称して、耐爆室にそっと保管した。

◆粘るフォン・ブラウン、されど……

一九五六年三月、「ヴァンガード・ロケット」のテストも始まった。その状況をつぶさに見たフォン・ブラウンは、打ち上げ間近と見られるソ連との競争に勝つには時間が足りないと見抜いた。そのため、実際の飛翔によって性能が確かめられているレッドストーンを「ヴァンガード」の名のもとに使えばよいとの譲歩をしてまで、アメリカがソ連に衛星打ち上げで立ち後れることの怖さを警告した。海軍首脳の答えは常に「ノー」だった。

一九五六年九月二〇日には、テスト飛行を終えた最初のジュピターCが飛んだ（図2−1）。レッドストーンの上には二段式に仕立てられたサージェント・ロケットが装備された。しかしその前に国防総省から、その上にもう一つのサージェントを付けることを禁じる命令が届いた。国防総省は「思いもよらぬ衛星」が軌道に投入されることを心狭くも恐れたのである。

そのころ、ヴァンガードの遅れと、手足を縛られたフォン・ブラウンの状況、ソ連の科学者たちの最近の言動から見て、アメリカのロケット工学の専門家たちの間で、今のままではソ連にしてやられるだろうとの観測が広がり始め、日を追って確信に変わりつつあった。

そして一〇月一日、ラジオ・モスクワが、もうじき打ち上げる衛星の発信周波数を公表した。多くの人がそれに受信機の周波数を合わせた。

図2-1　打ち上げを待つジュピターC
(1956年9月)

2　スプートニク

しかし、コロリョフもまた孤独な闘いのさなかにいた。彼の衛星打ち上げ計画は、軍部の強い反対に直面していた。

――「コロリョフの〝衛星〟とかいうお遊びのために、肝腎のミサイル開発が遅れているのではないか」

コロリョフは、核兵器をアメリカまで運べる大陸間弾道ミサイル「R－7」の打ち上げに五回も失敗しており、軍部の懸念を払拭するためにR－7の打ち上げをどうしても先行して成功させる必要があった。彼は最初の衛星の打ち上げに、このR－7を少し改良したものを使おうとしていただけに、なおさらのことだった。

◆コロリョフの恫喝

そして一九五七年八月二一日、新たなR－7（愛称「セミョールカ」）を打ち上げた。セミョールカは、ダミーの水爆弾頭をつけて、バイコヌールからカムチャーツカ半島までおよそ六四〇〇キロを飛んだ（図2－2）。

世界最初の人工衛星打ち上げまでの関門は、共産党中央委員会だけとなった。コロリョフはこの最後の障害に向け、ただちに動きを開始した。コロリョフの人工衛星打ち上げの提案は、一度目は退けられた。二度目は、別の策略を試みた。つまり「ミサイルか衛星か」という選択ではなく、「ソ連が衛星打ち上げを実現する世界最初の国家をめざしているのか否か？」という文脈を持ち出し、共産党中央委員会の最高会議幹部会に対して「その歴史的責任をとれるのか？」と「恫喝」した。

フルシチョフが無言のうちにコロリョフに許可を与えていることは、みんなには知られていた。それに、誰もスケープゴートにはなりたくなかった。ついに委員会の臆病極まる黙認によって、最初の単純な構造の衛星開発が承認された。実はその衛星の設計と製作はほとんど完了しており、コロリョフは勇躍、最後の仕上げにかかった。(7)

◆ミサイル・ギャップとアメリカの苦悩

一九五〇年代半ば、アメリカは、原爆・水爆を大量に保有していたが、それを運ぶのは、広島・長崎の時のような戦略爆撃機だった。アメリカの見方としては、ソ連が一九四九年に核開発に成功しても、その規模・数・輸送手段すべてにわたって、自国が圧倒的に優位であると信じていた。ロケットで飛ばすことも研究はされていたが、まだそんな時代ではないと考えていた。

当時のアメリカのアイゼンハワー大統領は、核兵器の保有数の優位をバックに、米ソの緊張緩和（デタント）を進め、軍事費の「適度な」削減を行なっていた。しかし、ソ連のセミョールカ（R−7）が長距離を飛んだことで、アメリカ国内では、核兵器の技術では勝っていても、ミサイル技術の遅れが命取りになるのではないかという「ミサイル・ギャップ論争」が巻き起こった。

図2-2　大陸間弾道ミサイル「R-7」の打ち上げ（1957年8月）

◆スプートニクとエクスプローラー

一九五七年一〇月四日、コロリョフ自身の秒読みの中をバイコヌールの空へ放たれたセミョールカは、ぐんぐんと加速し、視界から消えた。そしてやがて人工の星が発する電波は静寂の中を静かに現れて徐々に大きな信号音になっていき、地球を一周してきた証拠を告げた（図2−3）。

喜びに沸き返る人々。キッスの嵐。誰もが抱き合って「ウラー」と叫んでいる。人類史上初の人工衛星「スプートニク」が誕生した。ミサイル・ギャップというアメリカ人の不安に追い打ちがかけられた。

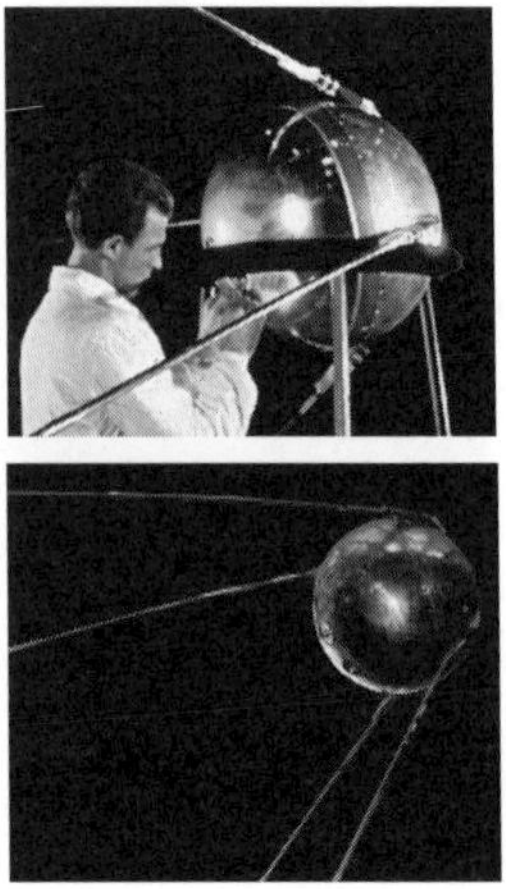

図2-3　世界初の人工衛星スプートニク

この日、後にアメリカ初の衛星を誕生させる場所となったハンツヴィルでは、もうじき国防長官となるマッケルロイを迎えて、カクテル・パーティの真っ最中だった。広報部長が大声で叫びながら部屋に飛び込んできた。

——「ソ連が衛星を打ち上げました！」

その言葉は人々を打ちのめした。フォン・ブラウンがきっぱりと言った。

——「レッドストーンを使えば、二年も前にアメリカが同じことをやったのです！」

そしてマッケルロイに向かって、

——「やれと言ってください。六〇日で衛星を打ち上げてみせます！」

二〇世紀の半ばをちょっと過ぎたこの日、人類は宇宙を新たな活動の領域に加える「宇宙時代」に突入し、米ソの宇宙競争劇の幕が切って落とされた。

アメリカは急いで体制を立て直そうとし、一二月にヴァンガードによる衛星打ち上げに踏み切っ

図2-4　アメリカ初の人工衛星エクスプローラー
（左から）ピカリング、ヴァン・アレン、フォン・ブラウン

たが、発射直後に爆発という大醜態となり、ついに真打ちが登場。フォン・ブラウンがかねて用意した「ジュピターC」が、格納庫から引き出された。これを四段式にし、わざわざ「ジュノーI」と改名し、一九五八年一月三一日、アメリカ初の衛星エクスプローラーを軌道に乗せた（図2-4）。[7]

歓呼したアメリカ人から英雄として喝采を浴びるフォン・ブラウン、CIAの暗殺を恐れるフルシチョフによって名を伏せられたままソ連の宇宙開発の総指揮をとるコロリョフ——ライバルはここに、「月面到達競争の」スタートラインに並んだ。

◆アイゼンハワーの世界戦略とスプートニク

スプートニクが軌道に乗った時、アイゼンハワー大統領の認識は、

——「空に浮かぶ小さなボール」

という軽いものだったらしい。驚くべきことに、

実はフルシチョフも、

——「コロリョフがもう一機ロケットを飛ばしたか」

という程度のものだったという。

コロリョフとフォン・ブラウン——現場のライバルが「次は月だ」と闘志を燃やし始めたとき、その舞台を整えるべき米ソのトップには、人類の宇宙進出の意味は全く理解されていなかったわけである。

第34代アメリカ大統領ドワイト・アイゼンハワーは、西ヨーロッパ連合軍最高司令官としてノルマンディ上陸を指揮し、第二次世界大戦を終わらせた英雄で、「アイク」の愛称で親しまれた。アジア諸国や南米諸国を歴訪しても、各国で大歓迎を受けた（図2-5）。

図2-5　ドワイト・アイゼンハワー
第34代アメリカ大統領

軍人であったことが、かえって彼に不毛な軍拡競争に慎重な態度をとらせた。アイゼンハワーは一九四五年当時、日本に原爆を投下する計画があることを知って、当時のトルーマン大統領に反対し、

——「ほとんど負けている敵に対して、壊滅的な兵器を使用することは避けるべきだ」

と主張したが受け入れられなかった。自分の率いる国が原爆を投下したことは、大統領としての最後の演説をするその瞬間まで、アイクを悩まし続けた。

アイクは大統領を退任する頃には、核兵器は平和の確保には役立たない、核兵器では何も守れないとの結論に達した。国民の不安感をいたずらにあおって軍事力の増強を図ることに警鐘を鳴らし続けた。そして、民主主義においては、指導者は世論の形成と方向づけを導く役割をすべきであると信じ、肥大化する軍需産業が政治や経済を支配することの危険性を憂慮した。(14)

だから、スプートニクを契機にして、ミサイル・ギャップの危機を煽り、一層の軍拡で対抗しようという当時のアメリカで支配的だった声は、アイクには、ひたすら危険に響き、「たかが空に浮かんだ小さなボール」という評価になったと思われる。人工衛星というものが人類の未来にどのような可能性をひらくのかという方面のことについては、頭が向かわなかった。

有人飛行に関しても、アイクは、それがアメリカという国と世界の未来をどのような方向に導いていくのか確信がないまま、煮え切らない態度がつづき、それはソ連が、スプートニクのわずか一ヵ月後に、犬のライカを乗せて、スプートニクの六倍もの重さのスプートニク2号を打ち上げて以降も、変わることがなかった。

◆フルシチョフとスプートニク

スプートニクの衝撃で、アメリカをはじめとする西側諸国が深刻な反省を猛烈な勢いで開始した。そのショックは驚天動地で、たとえば一〇月四日の午後遅くに記事を受信した『ニューヨーク・タイムズ』は、翌朝の紙面で、第一面の全幅を横切る二分の一インチの大きな活字で、滅多に使うことのない三行のヘッドラインを構成した。

ソヴィエト、地球周回衛星を宇宙に発射
時速一万八〇〇〇マイルで地球を周回
球体はアメリカ上空を四回横断

これに対し、スプートニクを生み出したコロリョフを始めとする功労者たちは、インタビューや表彰を受けることもなく、発射翌日の『プラウダ』では、一面の右下の方に、極めて控えめに無頓着に、打ち上げの事実だけを伝えている。

しかし西側の過熱報道を目にしたその翌日（一〇月六日）の『プラウダ』は一変した。第一面トップには「世界初の地球軌道上の人工衛星、ソ連邦で誕生」という大見出しを掲げ、この画期的成功に紙面のほぼ全段を割いている。他国によって目を覚まされるまで、ジャーナリズムすら、人工衛星の価値を認識していなかった。

フルシチョフも、アイゼンハワーとはまた別の意味で、人工衛星というものの意味がよくわかっていなかった。外国のジャーナリズムからその偉大な意義を教えられたフルシチョフは、五日間の休暇をとっていたコロリョフに急ぎモスクワに戻れと命じた。

黒海から帰って来たコロリョフに、フルシチョフは厚かましくも、

――「われわれは、アメリカより先に君が人工衛星を打ち上げるとは思いもよらなかった」

と語った。しかし続いてフルシチョフが口にした言葉は、滅多なことでは驚かないコロリョフを心底びっくりさせた。

――「そこでだ、セルゲーイ・パーヴロヴィッチ。間近に迫った革命四〇周年を祝うため、何か新しい目立つものを打ち上げてくれないか」

この言葉をきくかぎり、それは人工衛星というものを「何かしら西側を驚愕させるもの」くらいに捉えていたのではないかと思われる。革命記念日は一ヵ月後だ。現代の技術をもってしても、そんな無茶な要求はかなえようがない。しかし実はコロリョフは、秘かに次の衛星の準備を整えていた。だからこの「金はいくらかかってもいい」というフルシチョフの無茶苦茶な要請を、政治的に利用しようと決意した。(7)

それが、一一月三日に軌道に乗ったスプートニク2号のイヌの「ライカ」だった(図2－6)。

図2-6　ソ連のスプートニク2号に乗った犬「ライカ」

余談ながら、この場合「ライカ犬」とは言わない。このライカは犬の種類ではなくて、名前だからである。因みに、これから数年後にシェパードも飛んだが、これはイヌではない。人の名前である(笑)。

ソ連は再びアメリカとの技術力の差を見せつけた。

フルシチョフとアイゼンハワーに関する限り、彼らの目に映るロケットは、武器を運ぶものでしかなかった。政治家としては、ロケットを軍事戦略との関連でしか評価できないのは、当時の政治情勢から見て当然かもしれない。しかしやはり人工衛星に未来を見ることができないのは、いささか時代について行けてなかったのではないか。

私ごとで僭越ながら、当時高校生だった私は、故郷の広島県呉市で、スプートニクの点滅する光が、暮れなずむ西の空を移動して行く姿を、ある幸運に恵まれて見つめることができた。漠然とだが高校生の頭にも、(これから何かしら時代が大きく変わっていくような予感)があった。普通の生活をしている人々には、そのように感じられたのだと思う。

その種の圧倒的多数の人々の共感は、巨大な時代のうねりに急成長し、ついには政治家を襲うのであろう。そのうねりを全身にかぶる運命にあったのが、アメリカの次の大統領だった。しかしそれはまだ三年以上も後のことである。

3　NASAの設立とフォン・ブラウン

ソ連に宇宙への進出でリードを許しているという国民の嘆きを、アイゼンハワーはもちろん承知しているので、その方面の活動を正面切って阻止はしないが、さりとて莫大な予算を必要とする方針に転換する決心がつかない。そんな中、宇宙活動の現場ではいち早く具体的な動きが開始された。

◆NASAの設立と「マーキュリー計画」の誕生

陸海空三軍が別々の宇宙開発を志向するという非能率的な体制に終止符を打ち、指揮系統を一本化して非軍事的な宇宙開発で世界をリードする成果をあげるために、それまでの国家航空宇宙諮問委員会（NACA）を発展的に解消する形で、米国航空宇宙局（NASA）が設立された。発足は一九五八年七月二九日、正式に実務活動を始めたのはスプートニクの約一年後、一九五八年一〇月一日のことである。

発足後間もない八月、アイゼンハワー大統領は、すでに空軍が発表していた有人地球周回計画をNASAが引き継ぐことに承認を与えた。

初代NASA長官となったキース・グレナンは一〇月八日、その有人飛行を指揮させるため、ラングレー研究センターにSTG（スペース・タスク・グループ）を作り、その責任者に飛行性研究の第一人者であるボブ・ギルルースを任命した。

NASA本部で宇宙飛行全般の責任者になったのが、長官・副長官に次ぐナンバー3にいるエイブ・シルヴァースタイン（図2-7）である。アイゼンハワーから委託された有人宇宙飛行計画に〝マーキュリー〟という名を付してはどうか、とギルルースから提案され、シルヴァースタインがそれを非常に気に入り、正式の名称になった。——というのが、表向き語られている「マーキュリー」の誕生の経緯である。

しかし、マーキュリー宇宙船の設計者マックス・ファジェイの語るところによれば、シルヴァースタイン自身が、子どものころからギリシャ神話が大好きで、人間が宇宙を飛ぶイメージを想像して、STGのメンバーとの雑談のときなどに、「空を翔けるメッセンジャー」というヘルメス神のことを周囲によく語っていたらしい。

ヘルメスは、ローマ神話の「メルクリウス」（英語ではマーキュリー）である。つまり、深読みすれば、トップの意向が「忖度」されたというのが真相らしい。

図2-7　シルヴァースタイン

そしてこの名は、一九五八年一二月一七日、キティホークで挙行された「ライト兄弟の動力飛行五五周年記念式典」で、キース・グレナン初代NASA長官によって公開された。この日、万人の前に「マーキュリー有人宇宙飛行計画」が登場した。

このような経緯があったために、「巷説」でも、「マーキュリー」の命名者は、エイブ・シルヴァースタインということになっているという。

そしてNASAは早速宇宙飛行士の選抜にとりかかった。(8)

◆宇宙飛行士選抜とライト・スタッフ

この時点では、NASAは「人間を軌道に乗せる」ということが頭にあっただけで、宇宙飛行士に宇宙で何をさせるのかについて、それほどはっきりしたイメージを持っていなかった。何しろ飛行士としては、

――「空中ブランコの曲芸師がいいんじゃないか」

などの提案がまじめに検討されていたらしいからである。

最終的には、アイゼンハワーの直接の指示も受けて、安全性・確実性の見地から、「大学を卒業したパイロット」という必要条件が決められた。設計の進んでいたマーキュリー宇宙船の大きさを

考慮して、体の大きすぎる人物は除外され、候補者は身長一八〇センチ以下、体重八二キロ以下とした。

六九名の候補者を選び、詳細検査のために、彼らをワシントンDCへ連れて行った。身長が高過ぎる六名がまず除外され、次に三三名が検査の第一段階で失格。四名が氷水に足を長い時間浸すなどのテストを拒否。第二段階で更に八名が脱落。残る一八名のうちから七名が選ばれた。「マーキュリー・セヴン」または「オリジナル・セヴン」である。三軍のバランスが考慮され、構成は、空軍・海軍出身者が各三名、海兵隊出身が一名となった。

一九五九年四月九日、当時NASA本部が臨時におかれていたワシントンDCラファイエット広場のドリー・マディソン・ハウスで、最初の七人の宇宙飛行士（マーキュリー・セヴン）が披露された（図2-8）。

彼らの乗るマーキュリー宇宙船の設計の中心にいたのが天才マックス・ファジェイである（図2-9）。このファジェイが私（筆者）の研究所を訪ねてくれたことがある。天ぷらが食べたいというので、夕食を共にし、ついでにしゃぶしゃぶも楽しみながらマーキュリーやジェミニにまつわる話を聞いた。

――「マーキュリー・セヴンのやつらときたら、血気盛んな悪戯好きの連中でね。運動神経は抜群、頭脳は明晰、それであれほど命知らずでなければ、もっと扱いやすかったんだけどね。何しろ、できるだけ飛行士の手をわずらわせるように設計しろと言って聞かないんだから。困ったもんですよ」

これは、アポロ計画の歴史全体を通して展開された、技術者と飛行士の入り組んだ壮絶な闘い

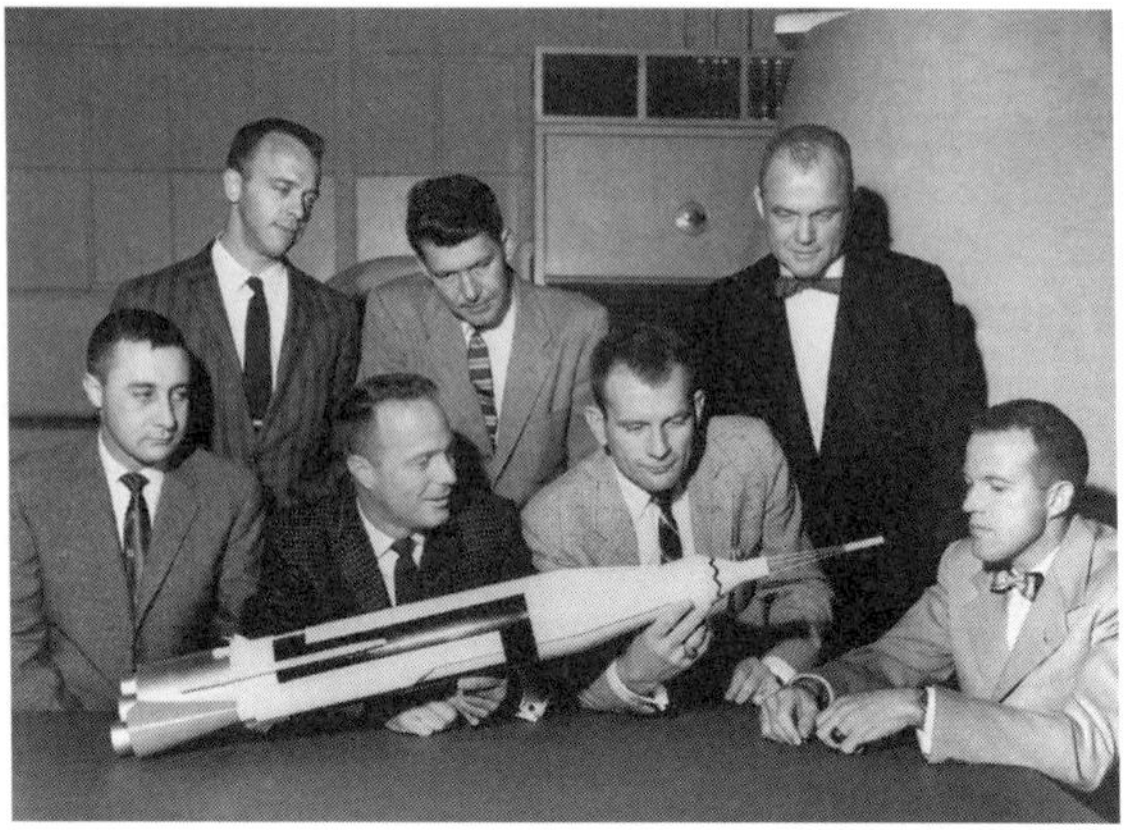
図2-8　マーキュリー・セヴン
（前列左から）グリソム、カーペンター、スレイトン、クーパー
（後列左から）シェパード、シラー、グレン

を、噛み砕いて回顧した話に他ならない。

そして彼らを打ち上げるのは、最初はフォン・ブラウンたちのレッドストーン・ロケットで弾道飛行、次いで当時打ち上げるたびごとに轟然と爆発を繰り返していたアトラス・ロケットということになっていた。この七人は「ザ・ライト・スタッフ」（任務にぴったりの人々）と呼ばれた。

◆フォン・ブラウンの先制攻撃

七人がいずれも一騎当千のジェット・パイロット。彼らは、宇宙へ行くとなれば、ロケットが地上から打ち上げられた瞬間から地球に帰還するその時まで、自分たちが操縦するのだと腕を撫していた。飛ぶ機体を扱うことには絶対の自信を持っている人々。

そうした一九五九年八月、カリフォルニアのサンタモニカで開かれたある会議で、フォン・ブラウンが話をした。

――「私も飛ぶことが大好きで、飛行機の操縦のライセンスをいくつか持っています。だから、これから始まる宇宙飛行においても、テスト・パイロットのみなさんが、宝物のように大事な人たちだということは、心の底から感じています」

ここまではよかった。しかし、つづいてフォン・ブラウンの口をついて出た言葉は、宇宙飛行士たちを打ちのめした。

――「ロケットの打ち上げというのは、人間の脳みそ・目・耳の代わりにテレメトリを使い、あなた方の手と筋肉に代わって自動誘導制御を導入します。ロケット打ち上げの速度や力を考えると、人間が制御に関わることを議論することはナンセンスです。もしその自動制御で作動しているシステムが故障して、ミッション中止の指令が点滅すれば、パイロットは、脱出ボタンを押しさえすればいいのです」(1)

図2-9　マーキュリー宇宙船を持つファジェイ

その場にいた宇宙飛行士たちは、自分たちの操縦技術が馬鹿にされたと憤慨し、次の瞬間には、万人の認める「ロケットの王様」の断言に、絶望的な気分になった。しかしさすがはフォン・ブラウン。宇宙飛行士たちにこうつけくわえた。

――「しかし、ひとたび軌道に乗れば、そこはパイロットの助けが要ります。宇宙は、ロケット技術と航空技術の文化を橋渡しします。パイロットのみなさんの挑戦は未来にあるのです」

これをあけすけに言えば、ロケットの飛行においては、「操縦」とはパイロットが自動システムのお客様になり、ミッション中止のボタンに指を乗せて待機すること。そしてフォン・ブラウンの言う「未来の挑戦」である軌道上の操作は、まだ全く決められていなかった。

その後の飛行士たちの懸命の抵抗にもかかわらず、ロケット打ち上げの際の「お客さま」フェーズでは、飛行士たちは完敗した。軌道上にいる時も、基本的には故障時のみ、飛行士たちが、コンピュータとエレクトロニクスの助けを借りながら活躍する舞台を与えられた。

それでも飛行士たちは必死に粘り、結局は、ファジェイが語ったとおり、できるだけたくさんの（コンピューターに助けられながらの）「手動操縦」のチャンスを入れ込むことに成功した。(1)

政治家とNASAが戦略的に描いた、「アポロ計画では宇宙飛行士を英雄にする」というストーリーは、マーキュリー、ジェミニ、アポロのすべての飛行において、広報的には立派に貫かれることになった。フォン・ブラウンが予言したとおり、宇宙が「ロケット技術と航空技術の文化を橋渡し」したのである。しかしそれにしても、その橋がかかるまでのプロセスには、マーキュリー計画に始まる、技術者たちと飛行士たちの激烈な闘いと、互いに切磋琢磨し合い、最後には力を合わせた美しい物語もあった。

◆フォン・ブラウンの微妙な位置

宇宙活動の大黒柱ともいうべきロケットについて最も頼りになるのがフォン・ブラウンであることは、すでに万人の目に明らかだった。彼が当時所属していたのは、陸軍の弾道ミサイル局（ABMA）だが、発足したNASAにはすでに友人も多く、緊密な協力も進展していた。NASAは当然フォン・ブラウンを欲しかった。

一方で宇宙への情熱を相変わらず保持していた空軍も、フォン・ブラウンのチームを手に入れたいという意思を表明していた。だから、フォン・ブラウンのチームのメンバーは、これから先、自分たちがNASAに行くのか、空軍に移管されるのか不安な気持ちで日々を過ごしていた。

そんな彼らに共通の想いがあった。一つは、フォン・ブラウンのもとで働きたいということ。もう一つは、どこへ行くにしてもみんな一緒にロケットの開発をやりたいということだった。ただ一人、非常に厳密かつ慎重に中立を保っていたのが、フォン・ブラウンである。彼の主張は、頑なに一貫していた。


――「大型のブースター・ロケットを開発することがアメリカにとって不可欠」


ということだった。

人間を運ぶロケットとして、国防総省は、エクスプローラーを打ち上げたフォン・ブラウンのジュピターCを発展させたものに、〝木星〟(ジュピター)の次は〝土星〟だというわけで、「サターン」と命名して開発を開始した。

◆フォン・ブラウン、NASAへ

有人飛行計画に拒否反応を持っているのは、莫大な予算を恐れるホワイトハウスだけではなかった。有人をやると科学に金が回って来なくなると怖れる科学者たちからも反対の声はあがり、それを大統領の科学諮問委員会が代表して、アイゼンハワーに進言した。

そして大統領の意向を受けるかたちで、一九五九年六月九日の覚書で、国防総省はサターン計画をいったんはキャンセルしている。これにＮＡＳＡが猛烈に抵抗した。特別委員会が組織され、激論の末、サターンの継続は認められたが、国防総省は、「いまわしい金食い虫」のサターン計画とＡＢＭＡのチームを、そっくりＮＡＳＡに移管し、有人飛行の予算もＮＡＳＡが面倒を見ろと要求した。

陸軍では検討の結果、仕方なくフォン・ブラウンのチームを手離すことを決意し、ＡＢＭＡの四八〇〇人の人々とすべての施設を、フォン・ブラウンと共にＮＡＳＡに移すことを、一九五九年九月に提言した。ＮＡＳＡにとっては、渡りに船の展開となった。

ちょうどこの時期、ＮＡＳＡ本部の有人飛行局で宇宙船飛行ミッション部長をしていたジョージ・ローが、人間の地球周回飛行（マーキュリー計画）が達成された暁には、次の目標を人間の月面着陸にすべきだとの提言を行なった。このローの提言により、不安定だったジュピターＣは「市民権」を獲得し、フォン・ブラウンたちがＮＡＳＡに「移籍」されることが必然となった。

こうしてＮＡＳＡは、二〇世紀最高・最大のロケット・チームを、ＡＢＭＡまるごとやすやすと手に入れ、ハンツヴィルのＡＢＭＡはそのまま「ジョージ・Ｃ・マーシャル宇宙飛行センター」として発足した。

ここは誰が見ても、月へ人を飛ばす正真正銘の拠点だった。その初代所長は、ウェルナー・フォン・ブラウンその人であった。子どものころから夢見ていた月飛行――いまそれが現実の課題となって彼の目の前にあった。

フルシチョフの当時の言動をみるかぎり、彼はアイゼンハワーと同様、人工衛星の人類史的意義を理解していたとは到底思えない。彼はスプートニクの成功を背景として、ミサイル戦略の対米優位を強調し、アメリカとの直接対話を強く要求した。世界の人々の驚きと称賛を交渉の道具として使うことに彼の狙いがあった。

4 ケネディ

◆ケネディ登場

アメリカがキューバと断交し、南ヴェトナム解放民族戦線が北のヴェトナム民主共和国と連携してゲリラ戦を展開し、さらにスプートニクの成功によって、宇宙分野でもソ連にリードされ、国内においては南部の人種差別制度の廃止を要求する公民権運動が高まり——これ以上の厳しさはないと思える政治情勢の中、一九六一年一月二〇日、ジョン・F・ケネディが第35代アメリカ合衆国大統領に就任した。

アイゼンハワーはホワイトハウスを去った。彼はアポロ11号が月面着陸を達成する一九六九年の初めまで生きたが、着陸を見届けることはなかった。スプートニクが拓いた世界を、彼はその後のような思いで見守っていたのであろうか。その感慨を聞いてみたかった気がする。

それはともかく、新しくホワイトハウスの主になったジョン・F・ケネディは四三歳八ヵ月。合衆国史上最も若くして選ばれた大統領。カトリック教徒として初めての大統領でもある。

この若い大統領は、ニューフロンティア政策を掲げ、内政の改革においても、外交面においても非常に積極的な姿勢を見せた。国内的には、キング牧師率いる公民権運動にも理解を示した。

◆ミサイル・ギャップとケネディ

ミサイル・ギャップの論争が始まった当初から、ケネディはこの問題への意識が高く、アイゼンハワー政権のミサイル開発への消極性を批判する急先鋒に立っていた。

アメリカはソ連に続く人工衛星「エクスプローラー1号」の打ち上げを成功させ、大陸間弾道ミサイルを中心としたミサイル戦略を進めてはいたが、ソ連のミサイル配備が鉄のカーテンの向こうでどれくらい進んでいるのかわからない中で、国民の不安は募るばかりであった。

大統領選挙の期間中、ケネディは宇宙開発やミサイル防衛の分野でソ連を凌駕する国を作り上げることを公約の柱の一つにした。宇宙開発を国家の威信の象徴として位置づけ、ミサイル・ギャップに警鐘を鳴らし、アメリカをこれに必ず勝利させると約束した。ただしその宇宙開発がどのような姿なのか、具体的なヴィジョンを描けてはいなかった。

◆幻のミサイル・ギャップ

当時のアメリカは、ＩＣＢＭ（大陸間弾道ミサイル）こそソ連に遅れをとったが、すでにアイゼンハワー大統領の時代に、アメリカの偵察衛星がソ連国内を細部にわたって撮影した結果、ソ連の保有するＩＣＢＭはそんなに多くないことを知っていた。おそらくアメリカの方が一〇倍以上保有していることは明らかと考えられた。

しかしアイゼンハワーは、軍事力でこれだけ優位に立っている立場さえあれば、ソ連を刺激して過激な軍事化をさせることは愚の骨頂と見ていたこと、逆に優位が誰の目にも明らかになると、アメリカの大幅な軍事費削減を叫ぶ人びとを必要以上に元気にさせることも警戒し、アメリカがミサイルの質・量ともにソ連を大きく引き離していることを誇示することもしなかった。そのためにアメリカ国内のタカ派が、ミサイル・ギャップを根拠として一層の軍事化を唱える勢いを、止めることもできないでいた。

そのアイゼンハワーの煮え切らない（ように見えてしまう）態度は、ミサイル・ギャップの存在を信じる国民にも、ソ連に対する弱腰の姿勢とみられる傾向にもなった。それはニクソン対ケネディの大統領選挙のムードに少なからぬ影響を及ぼしただろう。

◆ミサイル・ギャップの終焉

皮肉なことに、このミサイル・ギャップが虚構であることが、ミサイル・ギャップ脱却を叫んでいたケネディが大統領に就任した後、一九六一年二月、ケネディ政権のマクナマラ国防長官の口から、明らかにされた。

その一ヵ月前にフルシチョフが、

――「ソ連のミサイルの優越性はひろがりつつある」

と述べたのに対し、マクナマラがそのこけ脅しを非難し、

――「愚かな発言だ。両国はほぼ同数のミサイルを配備している」

と一蹴したのである。

当時、実際には、ミサイル弾頭の保有数は、ソ連が約三〇〇、アメリカは約六〇〇〇と言われており、にもかかわらず「同等」とマクナマラは発言した。そのココロは、「アメリカ有利」を明確に公表しないのは、軍事費を減らしたくないからだろうし、だからといってミサイル・ギャップの存在を認めることにすれば、もっと軍事費を増やす必要が生じて、それでなくても金のかかる他の分野に回せなくなる。その辺のさじ加減を考慮してマクナマラは「同等」と言ったのだろう。

ところが、この控えめな発言すら、ケネディはすぐに取り消し、「ミサイル・ギャップ」を認めている。このあたり、政治家というのは、なかなか腹の中がわかりにくい。その発言の効果をケネディはどう考えたのだろうか。

とにかく一時的には「アメリカ優位」を否定した。それが一九六一年二月だった。ところが結局一〇月になると、ケネディ政権は、「アメリカはソ連に対して核戦力で優位にある」というギルパトリック国防次官の声明を出して、ミサイル・ギャップ論争に終止符を打った。

◆チンパンジー「ハム」君の災難

——「アラン・シェパードがレッドストーンによる最初の弾道飛行を行なう。次にガス・グリソムが二番目の弾道飛行。ジョン・グレンはこの二回の任務のバックアップにつく」

この飛行士室長ディーク・スレイトンが飛行士たちに告げた順序にグレンが憤慨し、NASA長官に直訴しようとして思いとどまったことが、ずっと後に判明した。

NASAは世間に対しては、

——「グレン、グリソム、シェパードのうちの誰かが宇宙に行く」

とだけ発表して、NASA内部には厳重な箝口令を敷いた。また、NASAは、フォン・ブラウンの主張に賛意を表し、人間が飛ぶ前にチンパンジーを宇宙に送り込むことも決めた。

その翌日、NASAの二代目の長官に、ジェームズ・E・ウェッブが任命された。NASA史上最も大物と言われる多彩な経歴を持つ実力者である。

一九六一年一月三一日、チンパンジーの「ハム」君がレッドストーンで打ち上げられた(図2-10)。これに付き合わされたマーキュリー・セヴンたちは不満タラタラだったが、これさえ順調ならばシェパード(イヌではない)が三週間後に飛ぶというのでじっと耐えた。

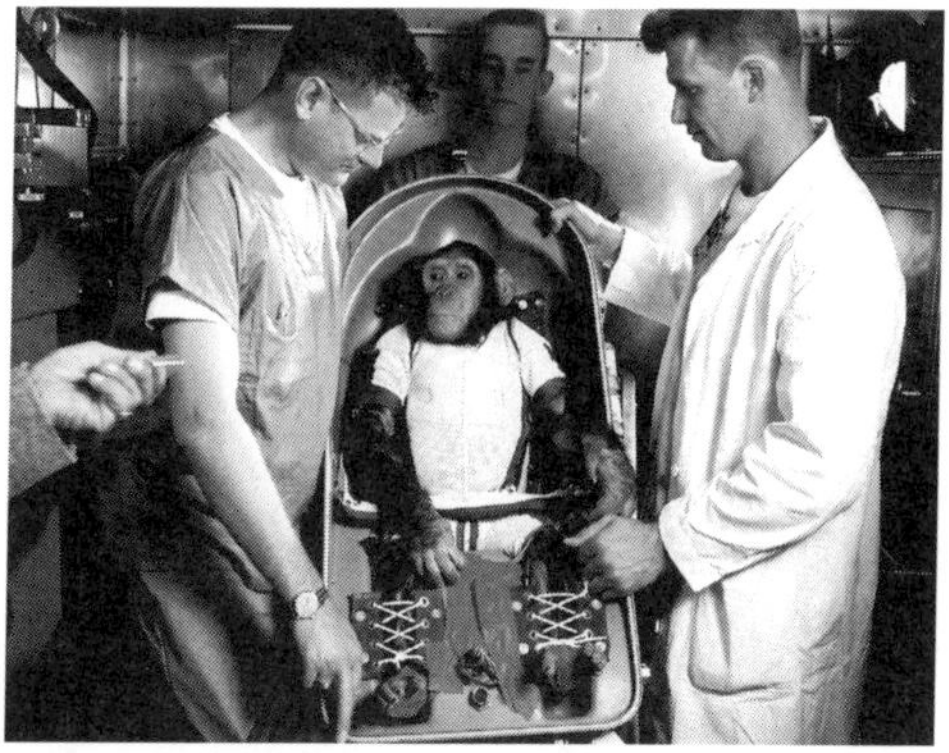

図2-10　レッドストーンのテスト飛行に臨むチンパンジー「ハム」

全米から「最も賢いサル」とのお墨付きをもらったチンパンジーの「ハム」君が、大きなGを受けるレッドストーン上でも正常に行動できるかどうかがテストされる。テストの内容は以下のように設計された。

ハム君が入れられた箱型の装置の中で、いくつかの色のライトが瞬くと、その瞬き方に応じてハム君は右あるいは左のレバーを押すように訓練されていた。指示された通りに行動すれば、ご褒美としてディスペンサーからバナナの丸薬が口に注入される。正しいレバーを押さなかったら、微量の電気ショックが脚に走る、というもの。
ところがである。ロケットのエンジンが燃料を予定より五秒早く使い切ったため、自動操縦装置が「どこか狂っている」と判断し、ただちにマーキュリーの上にとりつけられた脱出用タワーロケットに点火して、ハム君の乗ったマーキュリー宇宙船をロケットから切り離した。マーキュリーはハム君を乗せたまま、空中に送り出された。

医師たちは、ハム君が八倍の重力で締め付けられるだろうと計算したが、実際にはハム君は事前の見積もりの二倍以上の重力にさらされた。その上、船内の電気系統に故障が起きて、ハム君は、すべて正しくレバーを押したのに、その努力はことごとく踏みにじられ、バナナの丸薬ではなく、陰険な電気ショックに見舞われたのである。

褒美がもらえなくてがっかりしただけでなく、訓練通りにやったにもかかわらずの災禍に、彼はわけがわからなくなって歯を剥き、飛行そのものも、予定された四八〇キロメートルよりはるかに短い二〇〇キロメートルに終わった。

急激な減速をともないながら降下し、パラシュートが開くと、チンパンジーは船内に叩きつけられ、耳をつんざくような音とともに宇宙船は海面に落下した。それから、うねる大海原でもみくちゃにされ、回収用ヘリコプターが現れて水面から引き上げたとき、宇宙船は横倒しになり、大量に浸水していた。ハム君は、口をパクパクさせ、むせ返り、なかば溺れた状態で救出された。

ヘリコプターはハム君をケープ・カナベラルに連れ帰った。NASAの職員たちはそれでも、予定通り、「馬鹿げた」公式祝賀会を催した。しかし、カプセル内から出されたハム君は、人といわず物といわず、手近なものに片っ端から噛みついた。(3)

フォン・ブラウンが、

――「もういちど無人のレッドストーンを」

というので、それが三月二四日に飛び、その完璧な飛行を見て、アラン・シェパードの番が来た。

5 アポロ計画始動への道

アメリカがミサイル保有でも圧倒的にリードしていることを知っていながら、それを公にはケネディが認めなかった一九六一年二月から、それをあっさりと認めて論争を葬ってしまった一〇月までの間に何があったのか。時間の順に主な事件を追っていこう。

◆ガガーリン

ソ連の活動が鉄のカーテンで見えなくなっているのに対し、アメリカはすべてオープンで活動しているという不公平もあるにはあったが、シェパードが腕を撫しながら打ち上げの準備をしていた四月一二日、見計らったようにショッキングなニュースが舞い込んだ。ユーリ・ガガーリンが飛んだのである（図2-11）。

――「地球は青かった」

という彼の言葉と共に世界中を駆け巡ったこのニュースは、執務を開始してからわずか三ヵ月しか経っていなかったケネディに、潮のごとく襲いかかって来た。彼は、リチャード・ニクソンとの選

図2-11　ユーリ・ガガーリン

挙戦で「アメリカは宇宙に属している」「宇宙はわれわれのニューフロンティア」と雄弁に訴えた人だった。

これは有人飛行こそは先行しようと意気込んでいたNASAにとっても、大変ショッキングなニュースであった。ウェッブは、早速記者会見を開いている（図2−12）。

ガガーリンの飛行を目の当たりにしたアメリカ国民が、ソ連との宇宙開発競争において立ち後れているという不安を増大させるのを目の当たりにしたケネディには、宇宙は自身が公約として掲げた「ニューフロンティア」にふさわしいプロジェクトかも知れないという閃きがあった。

――「これは、政治上の安っぽい取引ではない。この時代のアメリカ大統領として本気で取り組まなければならないかもしれない」

しかし何と言っても莫大な予算を必要とする計画である。決意をするにしても、慎重に事を運ぶことに決めた。

折しもガガーリンの飛行の翌日に開かれた下院の科学・宇宙航行委員会で、アメリカがソ連に確実に追いつくことを目的とした宇宙の緊急プログラムの支持を多数の議員が表明したが、この時点

図2-12　ガガーリンが飛行した後のNASAの記者会見
（左から）シーマンズ、ドライデン、ウェッブ、シルヴァースタイン

でもまだケネディは表面的には動かなかった。
しかも、このソ連の若者の宇宙飛行は、まさに同じ時期にＣＩＡが仕掛け大統領が承認した「キューバ亡命者によるピッグズ湾への侵攻」の大失敗と重なってやってきた。

◆ピッグズ湾

ケネディは就任当初からフィデル・カストロ率いる社会主義キューバと一触触発の危機を迎えていた。キューバからの亡命者たちは武力でカストロ政権をくつがえそうとあせっており、これに全面的な援助を与えなければならない政治状況だった。しかし、ガガーリンの飛行の五日後、キューバのピッグズ湾へ未明の侵攻を開始した自由キューバの反乱兵士に、予定されていたアメリカ空軍の支援は行なわれなかった。ケネディがぎりぎりのタイミングで空軍の艦載機の出撃を中止させたのである。

「第一次キューバ危機」――キューバから奇跡

的に帰還した兵士たちやマスコミの轟々たる非難のなかで、四月一九日、ケネディからジョンソン副大統領にメモが渡された。

――「私は、NSC（宇宙評議会）の議長であるあなたが、アメリカが宇宙に関してどのような位置にあるのかを総合的な観点から明確にする責任があると信ずる。……アメリカがソ連を負かすには、宇宙に実験室を運べばいいのか、月を回ってくればいいのか、月面に着陸するロケットを打ち上げればいいのか、それとも人間を月へ運んで戻ればいいのか……」

そして多くの細かい質問が列挙され、「このことに関し、できるかぎり早急にレポートを提出していただきたい」と結んでいる。つまり決意の方向に足を大きく踏み出したのである。

◆フォン・ブラウンの回答とジョンソンのメモ

ジョンソンは、国内のたくさんの組織・個人にまたがって質問状を送った。数多くの回答が寄せられる中、ジョンソンはフォン・ブラウンからの回答を最も期待していた。必ず月面着陸計画の技術的詳細が書かれているに違いないと予想していたからである。そしてそれはついに届いた。

――「宇宙に実験室を送るというような方法では、ソ連を打ち負かすことは決してできません。しかし我々は、人間を月面に着陸させるという絶好のチャンスを持っています。……月に人間を着陸させましょう。国の他の宇宙計画をすべて後回しにしてでも。……宇宙の競争で我々が闘っているのは、平和な時代の経済が戦時の体制をもとにしている国だと、あえて申し上げます」(13)

実績を基礎に置いた確信に満ちた文章であった。このフォン・ブラウンの判断が、闘いの始まりを告げる狼煙となった。フォン・ブラウンからの回答を受け取ったその日、ジョンソンはケネディにメモを送った。

そのメモは、ソ連の宇宙技術の重点化によって、アメリカの国家威信が重大な危機に瀕していると述べた後、それを救えるのは、ただ一つ、大統領が宇宙への強力なリーダーシップを発揮することであると、「勇敢な決断」を促した。大統領の個々の技術的な質問については、ほぼ全面的にフォン・ブラウンの回答を下敷きにして答えている。(7)

◆実況：アラン・シェパード

ケネディのあせりの陰で、追撃のニュースもあった。

一九六一年五月五日、アラン・シェパードは、レッドストーン・ロケットの先端にいた。この宇宙船をアランは「フリーダム7」と命名した（図2-13）。

いくつかの原因が重なって打ち上げ時刻が小刻みに延期されるなか、どうしても小用を足したいシェパードが、トイレのない室内でそのまま生理現象にしたがった（隠れ咄2）後、ついにその時がやってきた。

アランのヘッドフォンを通して、親友ディーク・スレイトンの落ち着いた秒読みが聞こえる。レッドストーンの内部ポンプが稼働を始め、カプセルが振動でガタガタと揺れ始めた。数万人の人が見つめる中、アランは、明るい陽光の降り注ぐフロリダの空へ消えて行った。

すべては自動操縦の飛行計画に沿って、順調に作動していた。フリーダム7がゆっくり回転を始めた。制御エンジンが点火し、円錐の底が再突入の方向に向くよう方向転換をした。ここまではほとんどアランのすることはない。

宇宙船の「お客様」から「操縦者」に変身するときがきた。手動操縦モードをテストしてみる時間だ。手袋をはめた右手を操縦桿に伸ばす。スウィッチに手をのばし、自動から手動に切り換える――（一軸ずつやるんだぞ）。自分に言い聞かせる。

「手動操縦に切り換え」

ディークに告げた。待ち構えていた。

「了解」

操縦桿を片側に倒した。左舷から過酸化水素が小さく吐き出された。たちまちフリーダム7の底部が前後に揺れるのが感じられる。

――（こいつめ、オレの思い通りに動いてやがる）

動きは滑らかである。

――「ピッチ、OK。ヨーに切り換え」

――「了解。手動、ヨー」

今度もスムーズだ。

――「ヨー、OK。ロール手動に切り換え」

――「了解。ロール手動」

アランは感動していた。

――「オレは、宇宙で仕事をしているぞ。宇宙船の手動操縦。こいつはすごい！」

宇宙飛行士が乗っていることに、いろいろな意味を探るプロセスが開始されていた。宇宙飛行士自身が、手動操縦システムを信頼すること――それが第一歩だ。

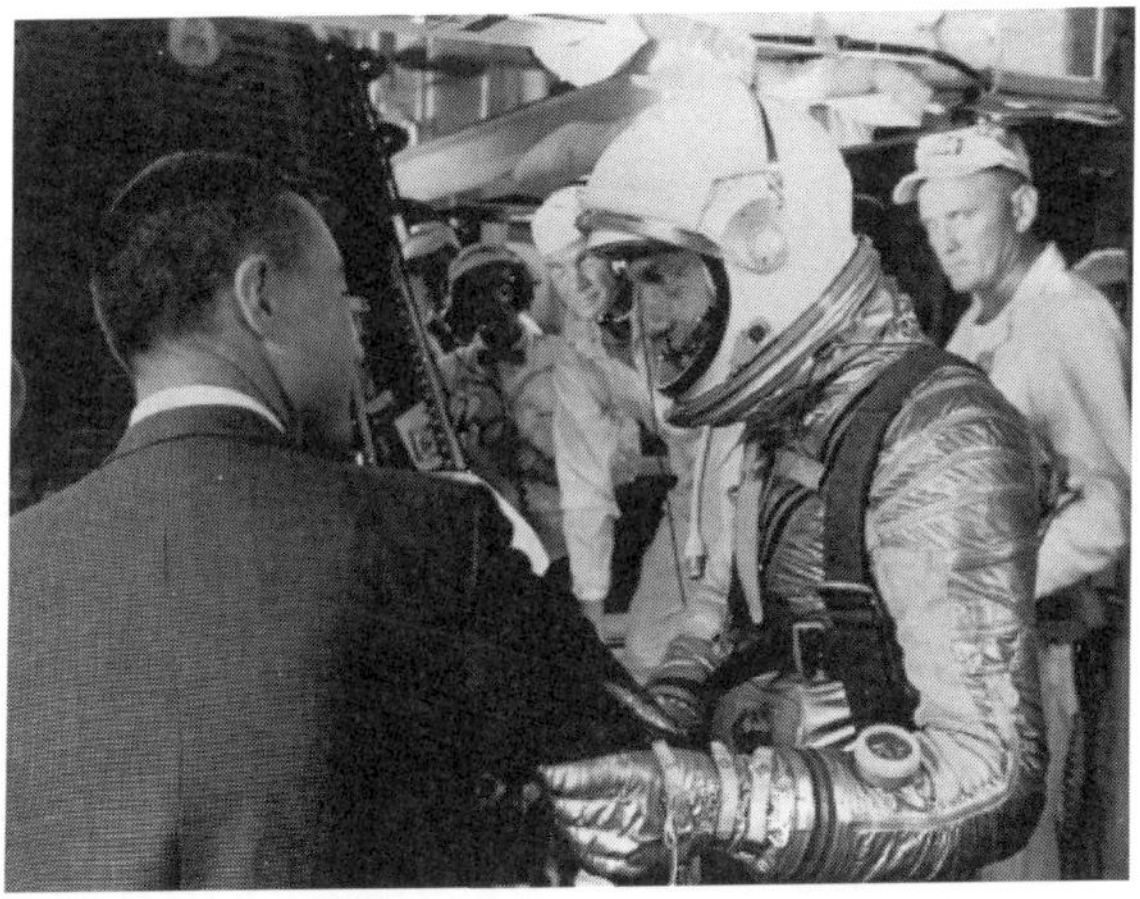

図2-13 「フリーダム7」に乗り込む前にガス・グリソムに激励されるアラン・シェパード

――「ロール、OK」

――「ロール角、OK。こちらから見ても順調!」

アランは、三基の逆推進エンジンの試験点火を試み、実地に検証した。

ディークの満足そうな声が聞こえてきた。

――「点火ボタン、すべて完了」

フリーダム7が大気圏に突入した。無重量の状態は、瞬時に消え去った。すると、アランはG荷重の中で、できるかぎり操縦をしてみようと、スウィッチを手動にし、小型の制御用エンジンが高いG荷重に対抗できなくなるまで、操縦装置を操りつづけた。そしてタイミングよくモードを切り替え、残りの降下を自動操縦に任せた。

自分の体重が普段の一一倍になるGに耐え、パラシュートが開いて、着水した。(9)

隠れ咄2　アラン・シェパードの尿意

一九六一年五月五日、アラン・シェパードは、マーキュリー・カプセルに乗り込み、打ち上げを待っていた。雲が出てきたり、電気部品のちょっとした故障などがあって秒読みが何度も停止し、狭い室内に閉じ込められてイライラ苛立つアランは、突然おしっこがしたくなった。彼の弾道飛行は、わずか一五分強でしかない。だれも宇宙飛行士や宇宙船に採尿装置をセットする必要を思いつかなかった。さあ、困ったアランは発射前の通信を担当している宇宙飛行士仲間のゴードン（ゴード）・クーパーに語りかけた。

「ゴード」

「どうした、アラン?」

「小便がしたい!」

「何がしたいって?」

「小便がしたいんだ。オレはずっとここに座ってるんだからな。ガントリーはまだそこにあるんだろ。ちょっとここから出して、体も伸ばさせてくれよ」

「ちょっと待て」。ゴードは数分後に戻って来た。

「ダメだってさ、アラン。ウェルナー（フォン・ブラウン）が、ホワイトルームをもう一回組み立てる時間はないと言ってる。そこにじっとしていろってさ」

「ゴード、どうしてもしたいんだ!」

シェパードが怒鳴る。

「これからまだ何時間もここにいなきゃいけないかも知れないんだ。膀胱が破裂しちゃうよ！」

「ウェルナーがダメだとさ」

アランの怒りは燃え上がった。

「そうか、わかったよ、ゴード」

と彼は言った。

「じゃあ、やるしかない。畜生！　俺は宇宙服の中にやると連中に言ってくれ！」

「やめろ！　そりゃいかん！」

ゴードも怒鳴り返す。

「お医者さんたちが、検査用のコードが全部ショートするって言ってる！」

「だったら、電気を切るよう言ってくれ！」

答えは簡単だった。ゴードが笑いをこらえて言った。

「それもそうだ、アラン。電気は切った。やってくれ」

シェパードは尿意をこれ以上我慢できなかった。しかし、半ば上を向いて斜めの姿勢をとっているので、腰のくびれに尿がたまった。宇宙服は、まるでこのような緊急事態のためにデザインされていたかのように、分厚い下着が尿を吸い込んでしまい、一〇〇パーセントの酸素が宇宙服の中を流れていたせいで、すぐに乾いてしまった。シェパードがつぶやいた。

——**「なんだ。どうってことないじゃないか！」**

◆大統領の決断

アメリカ国民の歓呼の中、アランの帰還を祝う公式の祝賀行事が一段落すると、ケネディ大統領は、宇宙飛行士、ジョンソン副大統領、数名のスタッフやNASA高官を連れ、オーヴァル・オフィスに入った。彼は、シェパードの飛行についていくつか質問し、それから単刀直入に問題の核心に入った。彼はNASAの現在の活動について質問した。

NASAのウェッブ長官と有人飛行を司るギルルースがそれに答えた。

――「月に人間を送りたいと考えています」

そして、数年あればアメリカは月へ人間を送れるとも付け加えた。飛行計画表も見せた。ケネディは、微笑んだだけだった。

五月八日、ウェッブ長官とマクナマラ国防長官の署名したメモが大統領に届けられた。

――「宇宙での劇的な偉業の成就は、国家の技術力と組織力を象徴するものです。だからこそ、宇宙で何を達成したかは、国家の威信に貢献するものです。……私たちは、国家計画の中に、一九六〇年代の終わりまでに、有人月探査を行なうという目的が含まれるべきであると考えます」

五月一〇日、ケネディはこのメモに書かれた計画を承認した。

シェパードがわずか一五分あまりの弾道飛行をした二〇日後、一九六一年五月二五日、ケネディ大統領は、アメリカと人類の歴史に記憶されるべき重大な決意を固めた。上下両院合同議会での「国家の緊急な必要性」と題するその演説は述べている（図2-14）。

——「まず私は、一九六〇年代の終わりまでに、人間を月に着陸させ、安全に地球に帰還させるという目標の達成に、わが国が取り組むべきだと確信しています。この期間のこの宇宙プロジェクト以上に、より強い印象を人類に残すものは存在せず、長きにわたる宇宙探査史においてより重要なものも存在しないことでしょう。そして、このプロジェクト以上に完遂に困難を伴い費用を要するものもないでしょう」

歴史的な演説である。原文も掲げておこう。

"First, I believe that this nation should commit itself to achieving the goal, before this decade is out, of landing a man on the Moon and returning him safely to the Earth. No single space project in this period will be more impressive to mankind, or more important in the long-range exploration of space; and none will be so difficult or expensive to accomplish."

ケネディがこの演説をした時点では、アメリカは、そのわずか一ヵ月前に一人の飛行士を宇宙に送ったばかりであり、しかもそれは、地球を周回せず、わずか一五分二八秒の弾道飛行にすぎなかった。月までは遥かに遠く、ましてや月面着陸など、まともに考えれば無謀の極致であった。

しかし、宇宙技術を理解しているわけではないケネディの大きな政治的な賭けを、もろ手を挙げて大歓迎する人たちが、NASAの現場には大勢いた。私たちはすでにその一人の名を知っている——ウェルナー・フォン・ブラウン。子どものころから描いてきた夢を今こそ実現する時が来た。

ケネディの想いの強さは、翌年にテキサスのライス大学で行なった演説にも如実に感じられる。

——「我々が一九六〇年代のうちに月に到達し、そしてさらに次の取り組みをすることを選択しました。それが容易だからではありません。むしろ困難だからです。この目標が、我々のもつエネル

図2-14　ケネディ大統領による議会での「アポロ計画」の演説（右）。ケネディはライス大学でも「アポロ計画」について述べた（左）

ギーと技術力の最善といえるものを組織し、それを測ることに資するだろうと考えるからです。その挑戦こそ、我々が受けて立つことを望み、先延ばしすることを望まないものだからです。そして、これこそが、我々がかちとろうと志すものであり、我々以外にとってもそうだからです」

これも原文を読んでいただこう。

"We choose to go to the moon in this decade and do the other things, not because they are easy, but because they are hard, because that goal will serve to organize and measure the best of our energies and skills, because that challenge is one that we are willing to accept, one we are unwilling to postpone, and one which we intend to win, and the others, too."

こうして一九六九年の終わりまでに人間を月面に着陸させるというケネディ提唱の「アポロ計画」はスタートした。

第3章

冒険者と匠の対立と接近
——マーキュリー

一九六一年五月二五日、ケネディ大統領の演説がソ連に挑戦状を叩きつけ、議員全員が起立して賛成の声をあげ、喝采の波が巻き起こる中、月面への到達競争が幕を切って落とされた。

1 はじまった闘い

◆ウェッブの際立った手配

議会は「まるで濃いビタミン剤を注射されたかのように」活発に活動を始めた。最初の予算折衝で、議会はこの壮大な計画を実行に移すべく、一七〇億ドルの小切手をNASAに発行した。

NASAのウェッブ長官は、全米に大規模なネットワークを作り上げ、各州の主要産業や科学界の主だった部分から最高の頭脳をスカウトするよう手配した（図3－1）。その後、（何という気の利かせ方だろう）各々の選挙区に平等になるように気を配りながら、できるだけ多くの人々との雇用計画を作り上げていった。

自分たちの州だけがとり残されたと言って知事や議員が押しかけると、このケネディの国家の命運をかけたプロジェクトが妨げられてしまう。ウェッブのスマートで敏速な行動と相まって、「アポロ計画」は、広範な支持を獲得していった。

ジェームズ・ウェッブは、もとを正せば、ジャイロスコープ製造の雄、スペリー・ジャイロスコープ社でとんとん拍子に出世をした航空弁護士で、宇宙業界とも深いつながりを持っていた。彼は、有人宇宙飛行を正当化するには、科学や技術のレベルを超えて議論されなければ、到底世論の支持はもらえないだろうということを理解していた。彼は、

――「政策の意思決定は、〝技術〟に基づくのではなく、〝社会目的〟に重点を置くべきだ。世界の想像力を豊かにするのは、宇宙にいる機械ではなく人間だ」

と断言した。この主張は、一方では、

――「月を科学的に研究するのに費用のかさむ有人飛行をする必要はない」

と強硬に言い張る科学者グループへの牽制であり、また裏を返せば、「宇宙飛行士を英雄に仕立てて国民を鼓舞する」という戦略の宣言でもあった。

ウェッブの頭脳には、宇宙にアメリカ人がいることが、どれほど国民を興奮させ元気にするか、鮮やかに浮かんでいた。同じ意見を持っていたロバート・マクナマラ国防長官と手を組んで、ケネディの心を懸命に有人宇宙飛行に向けようと口説いた。そしてそれに成功した。

その人間を乗せてまず宇宙へ飛ばすのは、そろそろ形の見え始めていた宇宙船「マーキュリー」である。

図3-1　NASA第２代長官ジェームズ・ウェッブ

◆スペース・タスク・グループ

一九五八年の夏、設立間もないＮＡＳＡは、夢

図3-2　スペース・タスク・グループの幹部たち
（左から）ドンラン、ギルルース、ファジェイ、ピランド

も大きく月ロケット計画を立ち上げた。その際、ＮＡＳＡはラングレー研究センターに、飛行技術の研究で知られたボブ・ギルルースをトップとするＳＴＧ（スペース・タスク・グループ）を発足させた（図3－2）。このＳＴＧが、七人の飛行士を一人ずつ乗せるはずの「マーキュリー宇宙船」の開発にとりかかった

チャレンジングな仕事をしたい——ＳＴＧに集められたのは、ラングレーから三五人、ルイス研究センターから一〇人の若者たちで、優秀な頭脳をもち、実行力に溢れた技術者ばかりだった。

その中には、ＮＡＣＡにいたころから有人宇宙飛行の仕事に携わり、マーキュリー・ジェミニ・アポロ三代の宇宙船とスペースシャトルの基本形を考えたマックス・ファジェイもいたし、後にアポロ宇宙船にデジタル・コンピューターを乗せることを提案したロバート・チルトンもいた。

後日譚だが、このＳＴＧが後にヒューストン有人宇宙船センターになり、次いで現在のジョンソン宇宙センターになった。いずれも発足時のトップはボブ・ギルルースだった。ＳＴＧは、結局マーキュリーにとどまらず、ずっとＮＡＳＡの

有人飛行の指揮を執り、アポロ計画の最後まで重要な役割を果たすことになる。

◆おそるべきパイロット文化

アメリカは空を飛べる人の数が他国を圧倒して多い国である。二〇一四年末の統計では、航空機のパイロットが六〇万人弱を数えたという。だから、大半のアメリカ人の常識としては、「空を飛ぶ」というのは、「人間が操縦する」ことだった。

そのパイロットたちのさまざまな集まりの中に、一九五六年に設立された「実験機パイロット協会（ＳＥＴＰ）という組織がある。その初期の会員の中に、後に宇宙飛行士となるパイロットが一人だけいた。ニール・アームストロングである。

ライト兄弟が世界初の動力飛行をしたのが一九〇三年。その設計・製造に従事する技術者たちの考え方も、科学・技術の進歩と歩調を合わせて、大きな変貌を遂げていった。その中間点に若きジェームズ・ドゥーリトルがいる。鉱山労働者からパイロットに転身した。

一九二〇年代、ドゥーリトルは書いている。

――「技術者たちは、パイロットが少し変な奴らだと思っている。そうでなければあれほど危険に身をさらす仕事を選ばないだろうと。でも逆にパイロットは、技術者が定規を前後左右に動かすばかりで、欠陥だらけの機体を作っていると非難している」

ドゥーリトルは、時代が「操縦にも設計にも通じた人間」を求めていると考えた。そして、ＭＩＴで航空工学をもう一度まじめに勉強し、「製図版とコックピットの間を往復する」テスト飛行のプロになり、米軍の責任者となった（図3－3）。(11)

図3-3　ジェームズ・ドゥーリトル

ライト兄弟は、「機体は不安定であるべきだ」と言った。「不安定な機体をすぐれた操縦スキルで乗りこなす」ヒーローの姿は、いつの時代も人々の賞賛と憧れの的だった。とりわけ「飛ぶ人口」の多い国であってみれば、飛行の危険を承知で任務に就くテスト・パイロットの世界は、新しく生まれ出ようとしている「宇宙飛行士」の姿とダブって来ることが、いわば自然の勢いだっただろう。

そのような航空文化に、人間の感覚が及びもつかない高速飛行を掲げて一石を投じたのが、フォン・ブラウンだった。

一九五九年八月、「マーキュリー・セヴン」たちも出席したＳＥＴＰの会合で、フォン・ブラウンが、宇宙飛行に旅立つ飛行士たちを、「ロケット打ち上げフェーズでは乗客、軌道に乗ったら操縦者」と宣言した経緯についてはすでに述べた。

◆マーキュリー宇宙船の操縦——チルトンの考え方

その宇宙飛行士たちを乗せる船をつくるＳＴＧ（スペース・タスク・グループ）の技術者たちは、パイロットとしての宇宙飛行士の技術レベルは十分にわかっていたが、心の底から「安全で完璧にミッションを成し遂げる自動操縦の宇宙船」をめざしていた。その代表選手が、チルトンとファジェイである。

ロバート・チルトンは、マーキュリーが備えるべき制御システムの仕様をまとめ、マックス・ファジェイが飛行の力学を考慮して、宇宙船の形態設計の指揮をとった。

チルトンは、第二次世界大戦中、B－17爆撃機を操縦した猛者で、パイロットの能力をよく知っていた。マーキュリー宇宙船が飛んでいる間、正常なフライトであれば、フィードバック制御で飛行の安定はできる。自動制御のシステムが故障した場合、飛行士が操縦を引き継ぐとしても、チルトンの考えでは、人間ができるのは、せいぜいそれまでの姿勢を維持させることくらいだろうと思った。

それが叶わなくなれば、ミッションを中止するわけだが、チルトンの考えでは、ミッションをやめるかどうかの状況の判断力は、どう見ても機械よりは人間の方が優れている。だから、宇宙船には、宇宙飛行士が乗っていて欲しい。チルトンは、宇宙飛行士の任務を、「宇宙船のさまざまな機能の進行状態を見極める船長」と位置づけた。

これは、フォン・ブラウンが言及した「軌道に乗ったら操縦者」という位置づけから見ても非常に後退している感じがして、飛行士たちの厳しい非難に会った。彼は、人間は絶対必要と言いつつ、あくまで自動制御が主体という基本方針を打ち出していたのである。

ただ、この「宇宙船にとって飛行士の判断力が絶対に必要」という原則は、人間工学という新たな分野の専門家からも支持され、もちろん宇宙飛行士を英雄に仕立てたいNASA上層部からも、ニュアンスの違いはあるがそれなりに後押しされた。(11)

2　せめぎ合う技術者と飛行士

トム・ウルフ著『ザ・ライト・スタッフ』は映画化され、人気を博した。この作品では、操縦したいと願う宇宙飛行士と自動化にこだわる技術者の争いをテーマにしている。しかし、それは一面的な取り上げ方であって、現実のマーキュリー・セヴンの飛行士たちと、宇宙船の設計に関わった技術者たちは、お互いに溝を深め合うことばかりやっていたのではない。

「打ち上げ時は乗客、軌道に入れば積極的なパイロット」という「表向きの」謳い文句を掲げて、マーキュリーの飛行が、一九六一年五月五日、アラン・シェパードの「フリーダム7」から始まった。アランの飛行については、前章で紹介した。

マーキュリーの各々の飛行で、技術者と飛行士の闘いがどのように現れるか、双方が期待半分、不安半分で見守った。実際にマーキュリーの飛行が始まると、宇宙飛行士たちは、スキルを存分に発揮し、故障に対して自分で選択しながら、大小さまざまな事態に対応していった。

◆ファジェイの宇宙船マーキュリー（図3-4）

マックス・ファジェイは、NASAの前身のNACAの時代から、ラングレーの研究所にいた。そのころ極超音速機X-15の設計に携わっていたことから、彼が、マーキュリー宇宙船の設計責任者になった。ファジェイのアイディアに基づき、宇宙船は、円錐形・鈍頭の形となり、突入の際に前面となる底面は少しカーブさせ、熱シールド（アブレーション材）で覆う構造になった。船体の

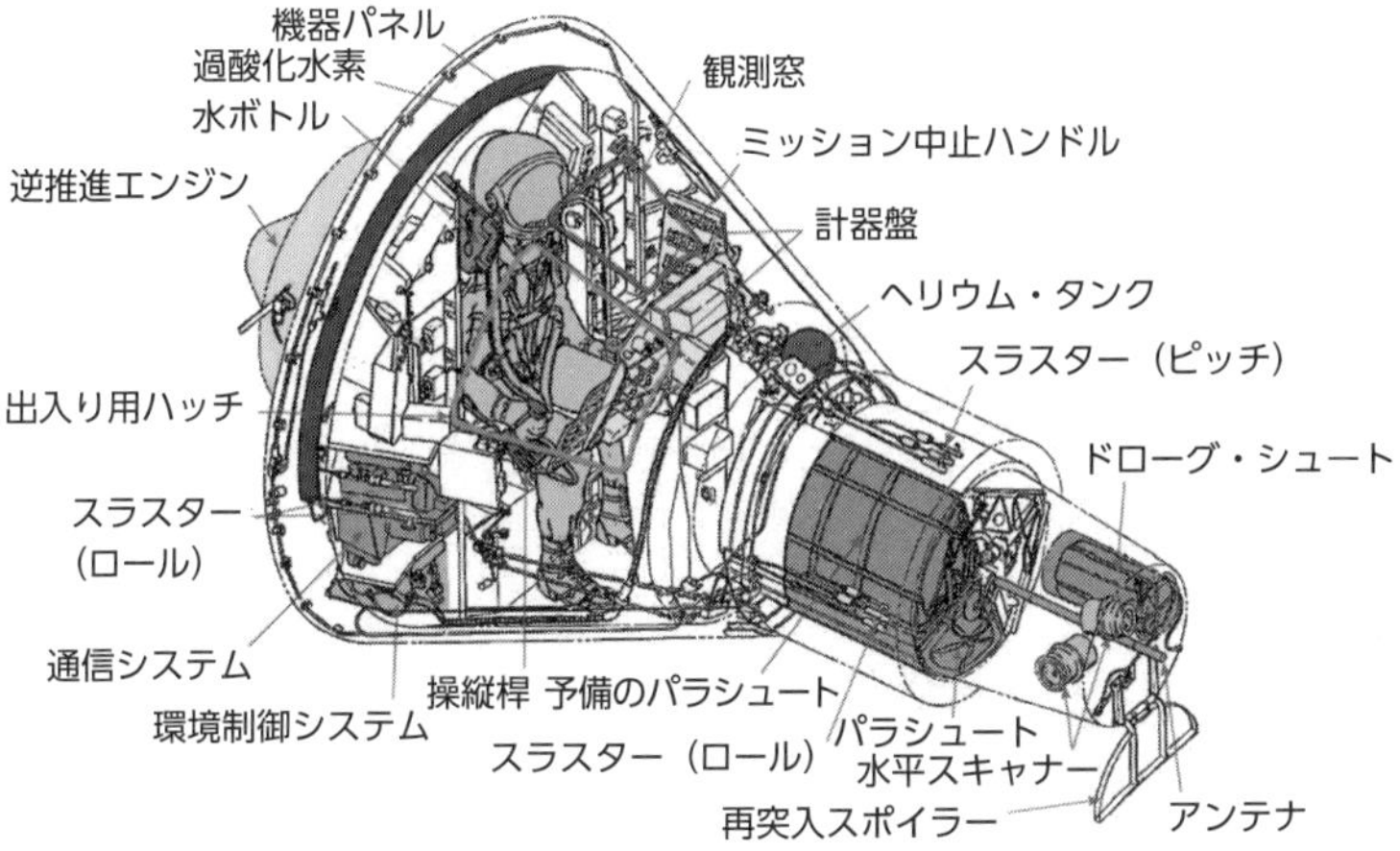

図3-4　マーキュリー宇宙船の仕組み

材料は高温に強いニッケル合金。着水の前にはパラシュートを開き、後は海軍の回収艦に任せるという筋書きである。

大きさは、宇宙船そのものの高さが三・三メートル、直径が一・八メートル、これもファジェイが設計した緊急脱出用ロケットを加えれば、全体は約八メートルの高さとなった。内部の居住空間は、宇宙飛行士一人がやっと入れるくらいの大きさで、二・八立方メートル。この内部と周囲に、宇宙飛行士が一人、飛行し生き抜き帰還するための道具立てがぎっしりと積み込まれた。

• 内部——飛行士は、それぞれの身体の形に合わせたシートにベルトで縛りつけられ、目の前には計器盤。制御機器として、五五個のスイッチ、三〇個のヒューズ、三五個の機械式レバー。シートの下には環境制御装置。

• 外部の底面——船内底部と熱シールドの隔壁の間にエアバッグが入っており、着水直前に膨らんで衝撃を和らげる。熱シールドには、帰還の際に使う三基の逆噴射エンジンがストラップで固定され、その間には打ち上げフェーズで宇宙船をロケットから切り離して軌道に投入する小型エンジンが装備されている。

• 外部の先端部――キャビンの前方外側にはパラシュートを収めた部屋があり、さらにその先にアンテナを格納。そして最先端の緊急脱出用ロケットには、三基の固体燃料ロケットがついている。

◆マーキュリー宇宙船の「操縦」

STGが設計したマーキュリー宇宙船は、有人飛行の宇宙船として認められるまでに、レッドストーンで四回、アトラスで三回、全自動の無人テスト飛行が実施され、技術者たちには、自動制御を基本とすることで大丈夫との確信があった。

しかし、「人間の判断力は不可欠」というチルトンや人間工学的見地からの指令で、マーキュリー宇宙船の製作は、自動制御を主体とし、故障時・緊急時にのみ、飛行士がバックアップとして「操縦」することで決着した。

飛行中に通常の自動制御が失われた場合、その後をどうするかは、そのときの状況によってさまざまだろう。再び自動制御でバックアップするのか、それとも飛行士が手動でやるのかについては、飛行士の「総合的な」判断に委ねることとし、バックアップには自動制御と手動制御の両方を準備し、それぞれ専用のスラスターを装備した。

こうしてマーキュリーの飛行は、飛行における飛行士の「操縦」がどのようなものになるかを検証し、バックアップの自動と手動の在り方をテストするデータを獲得するためのフライトとなった。同時に、「宇宙飛行士の対応能力も試す」――これは技術者たちの暗黙のねらいであった。また、マーキュリーでは、構造上、重心まわりの姿勢を変更できるが、速度の変更はできなかった。

◆ガス・グリソムとリバティ・ベル7

アラン・シェパードの弾道飛行では、スラスター漏れで宇宙船がロール軸まわりにわずかに回転を始めた。これはアランがフライバイワイヤ制御を使って巧みに修正した。

アランの次のレッドストーンには、「リバティ・ベル7」と命名されたマーキュリー宇宙船が搭載され、ガス・グリソムが乗り込んだ（図3－5）。準備を進める技術者たちに常に最高を要求するガスは、小さなミスがあると猛烈な癇癪を起こし、苛立ち、その人をチームから外そうとした。言い訳をして彼から「役立たず」と罵られた技術者は数えきれない。

ある日、元大統領のハリー・トルーマンがマーキュリー宇宙船を見て「いったいこれに乗る連中は、どうやって用を足すんだ？」と訊ねた。みんなどう答えたらいいかわからず、走り回った末に「ええと、大統領。彼らはしないんです」と答えた。トルーマンは、苦笑いをしてその場を去った。

アラン・シェパードが膀胱の中身を分厚い下着に吸い込ませて（隠れ咄2）から、航空医官ビル・ダグラスが答えを探していた。彼は、ガスの搭乗にあたって、宇宙飛行士専属の看護婦に命令してパンティ型コルセットを買って来させた。この体にぴったりの衣類は、液体容器に打ってつけと考えたのである。ガス・グリソムは、女性用の下着で宇宙へ飛び立った最初で最後の男性飛行士となった。

図3-5　マーキュリー宇宙船「リバティ・ベル7」のそばのガス・グリソム

一九六一年七月二一日に飛び立ったガスは、フリーダム7とそっくりの飛行をやりとげ、着水も完璧だった。ただ、その後ヘリコプターによる回収を待つ間、後ろに寄りかかってチェックリストを見直している時に、宇宙船の片側で爆発が起き、海水が船内に入り込んできた。一・四トンの宇宙船が四五〇〇メートルの海底に沈んで行くのを横目で見ながら、ガスは命からがら泳いで脱出した。

その爆発の原因については、いろいろな説が出されたが、肝腎の証拠物件が海に沈んでいるので、結局わからず仕舞となった。ただし、技術者たちは、カプセルの設計は偶発的な爆発はありえない構造になっていると主張し、グリソムがうっかり緊急用のプランジャー（つまみ）にぶつかってハッチの開放装置が作動してしまったのだろうと推測した。グリソムはこの嫌疑を否定し、

――「あれが勝手に爆発したんだ」

と繰り返し主張した。グリソムは、このことを

後々まで根に持った。

事故調査委員会はこの件に関し、ガスに一切の落ち度はないと裁定した。原因がわからない中でのこの結論には、疑問を提出する技術者たちもいたが、英雄になるべき宇宙飛行士に責任を負わせる愚を、NASAは選ばなかった。技術者が自動操縦を基本とする設計を断固として進める過程で、宇宙飛行士の役割についての考えが徐々に成熟していったが、このエピソードも、数あるその闘いの中の一幕である。

このガスの着水から数えて六〇日目、ソ連は、バイコヌールから、ゲルマン・チトフが搭乗するヴォストーク2号を舞い上げた。重さは約五トン。チトフは軌道にまる一日留まっていた。アメリカはまた驚いた。(9)

◆アトラス・ロケット

ゲルマン・チトフの軌道飛行で、ガス・グリソムの弾道飛行が色褪せる中、一九六一年のうちにどうしてもアメリカも軌道飛行に漕ぎつけなければとの気運が大いに高まったが、軌道へ宇宙飛行士を運ぶ肝腎のアトラス・ロケットが、関係者を悩ませ続けた。これまでに三回、無人のマーキュリーを先端に付けたまま発射時に吹き飛び、うち二回の飛行では、この大型ロケットは爆発して残骸が海に飛び散った。

アメリカの兵器工場にあるすべてのロケットの中で、アトラスだけがマーキュリーを軌道に運ぶ能力を持っている。大陸間弾道ミサイルとしての実績はあったのだが、外板が薄いため、マーキュリー宇宙船や人命保護の装備で増大した重さが原因でしばしば爆発した。有人飛行用として見ると、今のところは、危険いっぱいのロケットだった。

しかしNASAの厳しい命令、技術者たちの夜を日に継いだ働きのおかげで、多くのシステムが改良され、変更され、脆弱な外板も、宇宙船と接続している最も弱い部分が補強された。九月一三日、最後の失敗から五ヵ月後に、アトラスの試験飛行が行なわれ、アトラスは無事に無人のマーキュリーを軌道に送りこんだ。宇宙船は地球を一周した後、地上からの信号で逆噴射エンジンを点火し、地球に帰還した。

技術者たちは、フォン・ブラウンの信条に沿って行動した。最初に軌道飛行をする予定のジョン・グレンも、アラン・シェパードと同じように、チンパンジーの「イーノス」君がまずテスト飛行するのを苛つきながら待たなければならなかった。アトラスは今度もきちんとした飛行を見せ、「イーノス」君はすこぶる元気に帰還した。この飛行では、自動化のためにシーケンス制御を加えただけで、機体への変更を加える必要はほとんどなかった。

◆実況：ジョン・グレン

待ちに待ったアメリカ初の軌道飛行のチャンスがやってきた。ガガーリンが飛んだ同じ年にアメリカも軌道飛行を達成すべく、飛行は一二月二〇日に予定された。しかしそれは特別な難産となった。

グレンの乗るアトラスとマーキュリー宇宙船「フレンドシップ7」が発射台に移動した日から、機器のトラブル、故障、悪天候……一連の苛立たしい遅れの原因が次から次へと起こり、結局、打ち上げは年を越した。

図3-6 「フレンドシップ7」に乗り込むジョン・グレン

一九六二年二月二〇日朝、実に八二日の延期の後、グレンはフレンドシップ7に乗り込んだ（図3－6）。

──「三秒……二……一……ゼロ！」

三基の大推力のエンジンから炎が吐き出され、二基の補助エンジンがきしるような音を立てた。高速道路、ビーチ、ビルの屋上、あるいは道路に集まった大群衆が熱狂する中、アトラスは、轟音と共に飛び立っていった。

グレンは高度一六〇キロメートルに達した。エンジン停止。緊急脱出用のタワーがはずれた。ふたたびエンジン噴射。フレンドシップ7はブースターから分離して一人旅に移った。

グレンは、インド洋を越えたところで、アメリカ人として初めて宇宙から日没を眺め、信じられないほどめまぐるしく展開していく地上の素晴らしさに我を忘れた。最初の夜を切り抜け、背後の闇からかすかな銀色の光が現れ、あっという間に多彩なぎらぎらとした輝きに変わった。夜明けだ。そしてグレンは不思議なものを見た。

　フレンドシップ7の周囲に、まるで小さな生き物のようなかけらが集まって来る。グレンは、それらが霜と氷でできているらしいと思った。宇宙船のまわりを、無数の妖精が群舞し旋回している。

　地上に連絡した。太平洋上のカントン島の地上追跡ステーションの管制官たちは、強い好奇の表情を浮かべている。太平洋を越え、明るい陽光のもとに出ると、妖精たちはフッと姿を消した。しかし次の周回もまた次の周回も、太陽が昇ってくると姿を現した。

　地上の管制センターが、突然当面の差し迫った問題に気づいた。グレンの飛行が緊急事態に陥っている。管制センターのモニター用パネルで、〝セグメント51〟と書かれた表示の下のランプが点灯した。警報が胃のねじれるようなうなりを発し、フレンドシップ7の熱シールドを留めている接続が緩んでいる可能性を知らせている。

　熱シールドが正しい位置にないと、大気圏に再突入した宇宙船のグレンは、四〇〇〇℃もの高温で火葬に付されてしまう。宇宙飛行士と宇宙船を救うにはどうすればよいのか。管制センターはもてる力をフル動員してこの問題に取り組んだ。彼らは思いつく限りの解決策を検討し、経験豊富な技術者たちが知恵をしぼった。

　そしてある提案が浮上した。

　救出のカギは、どうやらシールドの外にストラップで止めてあるレトロパック（逆推進エンジン自動発動装置）にある。レトロパックは六個の小さなロケットからなるパッケージ。小さい方の三基は、すでにブースター切り離しの時に使用済みだった。大きい方の三基は再突入を開始する時に、減速のために使う。

このレトロパックを燃焼後も分離しないで残しておけば、ストラップは、マーキュリーが一定の高度に降下するまでシールドを正常な位置に保ってくれる強度を持っているはずだ。そしてその辺まで来れば、気圧も上昇しているし、レトロパックが燃え尽きてもシールドは正しい位置に維持される……。

フライト・ディレクターのクリス・クラフトは、グレンには、問題が起こる可能性があるとだけ告げ、警告は発しないことにし、二周目の終わり近く、カントン島の地上ステーションからグレンに、「逆推進エンジンを噴射後も、レトロパックをそのまま残しておくように」と指示した。

ケープの管制センターがつながったとき、アラン・シェパードが、レトロパックを残す理由を説明してくれた。グレンは、もっと早く知らせてくれなかったことに憤慨したが、センターが至った結論には賛成した。

打ち上げから四時間。カリフォルニア沖合の上空で、三つの逆推進エンジンが五秒間隔で点火し、フレンドシップ7は大気圏に再突入した。室内の温度が上昇し、カプセルが左右に揺れた。突然、後方でバンと音がして、注意がそっちに向いた。グレンはテキサスの追跡基地を呼んだが、イオン化された空気層が宇宙船を覆い、通信を途絶させていた。

激しく燃え上がる火の玉に包まれて、グレンは地球に向かって突進していた。窓のところに悪夢のような光景が現れた。レトロパックのストラップが壊れたのか、あるいは焼けきれたのか、さかんに窓を叩いている。しかしそれはやがて燃え上がり飛び去った。火のついた大きな金属の塊がくるくる回転し、窓にぶつかりながら通り過ぎた。

気になる宇宙船の横揺れを安定させようと、グレンは必死に闘っていた。G荷重が増えてきた。グレンは急に嬉しくなった。Gが増加したということは減速が開始したということだ。背後の保護膜の温度は三〇〇〇℃に達していたが、剥離を示す熱波は感じられない。

通信は途絶えている。管制センターは、通信の回復をひたすら待った。予定通りだが、四分二〇秒のブラックアウトは長かった。

ディーク・スレイトンがアラン・シェパードの背後に立った。

アランが呼びかけた。

──「アラン、もうじき通信が戻る。ずっと話しかけてくれ」

──「フレンドシップ7。こちらはマーキュリー管制センター。聞こえるか？　どうぞ」

それは天使の声のように響いた。

──「大きくはっきり聞こえる。こちらの声はどうだ？」

シェパードが笑った──「了解。よく聞こえる。元気か？」。

──「やあ、とても元気だ。しかしこっちは本当に火の玉だ！」

管制センターが大騒ぎになった。再突入の減速で7Gの加速度を受けていた。カプセルが激しく左右に振れた。グレンはスラスターを使って補正しようとした。しかしあまり効かない。大気が急速に濃度を増していた。

高度一六・五キロメートル。グレンはここで、自分の判断で自動操縦をやめ、補助パラシュートを開くことにした。自動操縦取消スウィッチに手を伸ばした。フレンドシップ7は回収担当の駆逐艦ノアに近い海面に着水した。

図3-7　ジョン・グレンのニューヨークでのパレード

ジョン・グレンは、ワシントンに、リンドバーグさながらのヒーローとして凱旋した。国全体が、地球周回軌道を飛行した最初のアメリカ人に沸き返っていた。ソ連のリードも、自分たちの手の届くほどに縮まったと考えられた。ホワイトハウスはグレンを招待し、二五万の人々が豪雨をおして宇宙飛行士の通過を見守った。彼はそれから急いでニューヨーク市に向かった。そこでは絶叫し、歓声を上げる四〇〇万の人々が、怒濤のような歓呼とテープが舞うパレードで彼を迎えた（図3−7）。[9]

月への距離は縮まり始めていた。

隠れ咄❸　グレンを助けた「ヒューマン・コンピューター」キャサリン

「マーキュリー計画」が緒に就いた一九六〇年代の初め、電子計算機が登場してはいたが、まだ日が浅く、世の中の信頼性に乏しかった。ほとんどの計算は「コンピューター」と呼ばれ

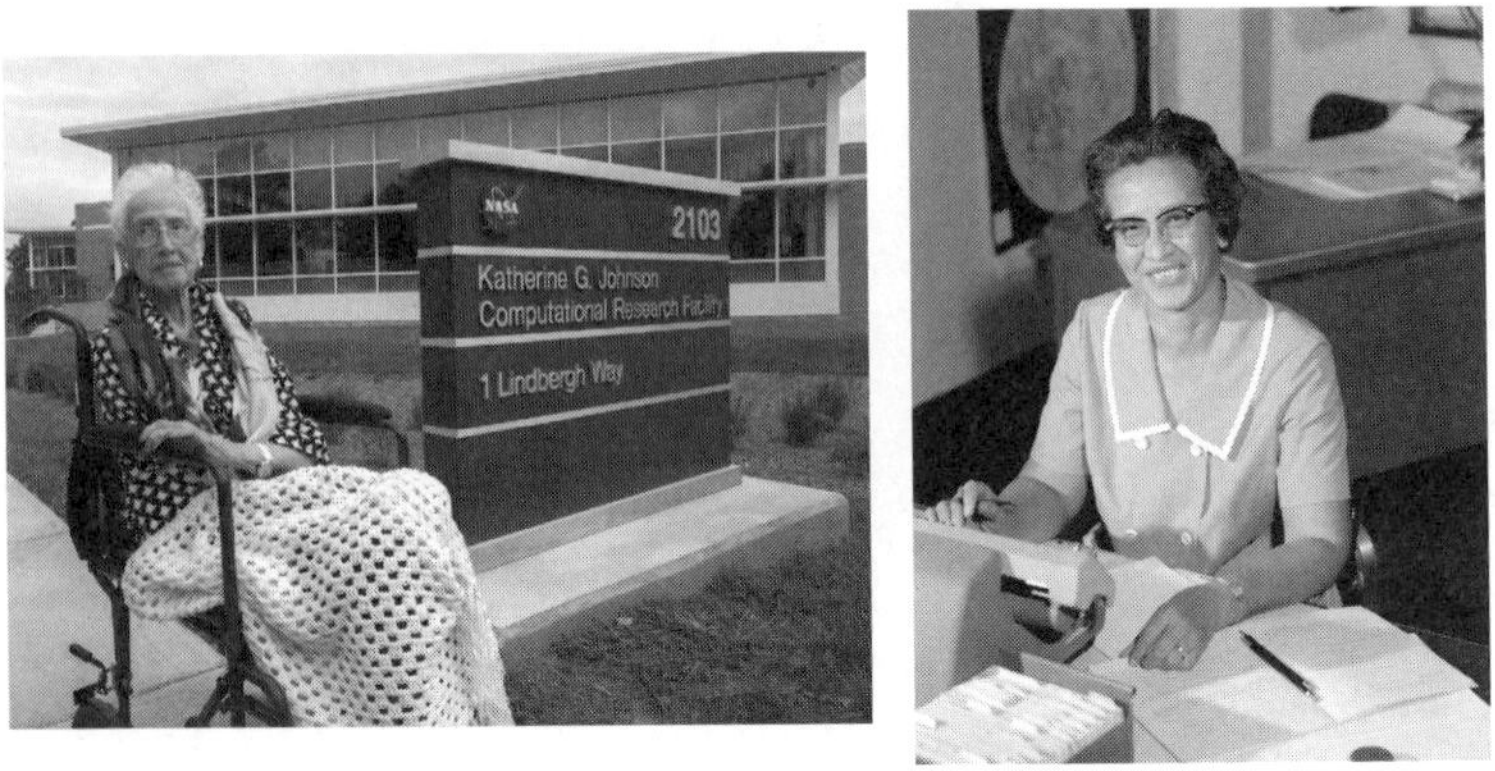

図3-8　若き日のキャサリン・ジョンソン（右）と開設されたセンターの前のキャサリン

る女性たちの人手に頼っていた。当時「コンピューター」という言葉は、機械ではなく、「計算をする人」を指していた。

　ボブ・ギルルースをトップとするＳＴＧ（スペース・タスク・グループ）は、最初、ヴァージニア州ハンプトンのＮＡＳＡラングレー研究センターで立ち上がった。そこには、その「コンピューター」女性がたくさん働いていた。

　ロケットの打ち上げに必要不可欠な計算を行なう黒人女性グループの中に、天才キャサリン・ジョンソンがいた。彼女は、一〇歳で高校に入学し、一八歳で数学とフランス語の学位をとった後、人種差別を撤廃したウエスト・ヴァージニア大学の大学院に、二二歳で進学した初めてのアフリカ系アメリカ人。

　キャサリンの余りに優秀な「手」計算能力に、ギルルースは、ＳＴＧのメンバーに彼女を加えて頼りにした。グレンが初の軌道飛行をする際には、すでにＩＢＭのコンピューターが導入されていたが、グレンは、一秒間に二万四〇〇〇回の演算をするマシーンを信頼できず、その計算結果をキャサリンに、かつての「ヒューマン・コンピューター」の手法で検算して欲しいと依頼した。彼女の手計算で正しいことが証明されなければ、飛ぶのは嫌だというのである。

すでに彼女は、IBMを使っており、その数値計算で軌道を算出する「オイラー法」を用いた手法を提案していたが、グレンのためにせっせと「手」計算したところ、計算結果は、IBMとぴったり一致した。グレンは安心して、マーキュリー宇宙船に乗り込んだ。

キャサリン・ジョンソンは一九八六年に引退するまで、宇宙開発のために働いた。二〇一七年九月、ラングレー研究センターに開設されたコンピューター・センターは、彼女の功績を称え、「キャサリン・G・ジョンソン・コンピューター研究センター」と命名された（図3-8）。

このキャサリンを含め、「ヒューマン・コンピューター」たちのラングレーでの黒人差別との闘いを描いた『ドリーム』は、ぜひ一見をお薦めしたい素敵な映画である。

◆マーキュリー計画の完遂

グレンの次に予定されたディーク・スレイトンの飛行が、彼の心臓の不整脈のために主役交替となるハプニングはあったが、マーキュリー宇宙船の飛行はその後順調につづけられた。

スコット・カーペンターのオーロラ7（一九六二年五月二四日打ち上げ）は、宇宙船のスラスターに次から次へと操作を加え、高度操作用の燃料をほとんど使い果たした。写真も山ほど撮影し、最後は「漂流モードで飛行してよい」という一周のボーナスが与えられた。

ところがこの一周の途中に、頭を内壁にぶつけ、その時、あのジョン・グレンの見た「蛍」の群れが宇宙船の周囲に現れた。もう一度再び宇宙船の壁を叩くと、さらに多くの蛍が、降るように現れた。そこでカーペンターは、残り少ない燃料を噴射してカプセルを揺らし、あの不思議な蛍が、宇宙船から出た蒸気であることを証明した。それは人間の体から発せられた蒸気だったのである。

ウォーリー・シラーのシグマ7（一九六二年一〇月三日打ち上げ）は、地球を六周し、六時間飛行した。そして、管制センターがびっくりするほどたっぷり燃料を残して帰還した。しかも飛行中の技術上のチェックリストを見事に最も効率的にやりとげていた。完璧な軌道飛行と完璧な帰還――これこそNASAとアメリカが待ち望んでいたものだった。技術者が意図した自動操縦と宇宙飛行士の手動のプログラムは、このフライトで検証された。

シラーの飛行の少し前、第二世代の九人のテスト・パイロットが選ばれた。「ニュー・ナイン」と呼ばれた。マーキュリー計画の次の二人乗りのジェミニ計画を支える予定の九人の新人たち。シラーの飛行は彼らを夢中にさせた。

◆自己主張と認め合い

マーキュリー計画のそれぞれの局面では、飛行士と技術者は自己の主張とアイデンティティを通すべく激しい闘いを繰り広げながらも、飛んでは議論し、飛んでは考えしながら、相手の長所にお互いが次第に気づき、改めて自分の立ち位置を見直すという試行錯誤が、間断なく続いていた。個性の強い集団同士なのにそれが可能になったほど、彼らはどちらも実に優秀なグループだったのである。

その橋渡しと融合を演出したのが、スペース・タスク・グループ（ＳＴＧ）である。ＳＴＧは、マーキュリー宇宙船の設計を変更するときの意思決定には、必ず飛行士が関与するように配慮した。喧嘩もしたし険悪な雰囲気で議論もするが、付き合えば気心も知れてくる。互いに考えていることが誤解なく伝わるようになり、それぞれの立場から、相手が「なかなかやるな」と思えるようになっていった。

本書に登場する「匠」たちは、大きく分けると技術者と管制官が含まれる。冒険者たる宇宙飛行士たちは、この匠の力を借りて任務を遂行する。匠の設計・開発・製作するハードウェア・ソフトウェア・コントロールの目標は冒険者の身体によって実現されていく。匠と冒険者は絶えず闘いと連携の中にある。

3 アポロの飛行計画をめぐって

マーキュリーは、複雑な心理戦を内包しながらも、順調な飛行をしていたが、この時点では、アポロ計画にどのように宇宙飛行士が関わっていくのか、まだ青写真は描かれていない。極端な言い方をすれば、はっきりしていることは、この地球にいる誰かが月へ飛んで着陸して帰って来るということだけである。

選ばれた宇宙飛行士についても、その人たちが月へ行くかどうかは不明。飛行士たちを月へ運ぶことのできる大型ロケットは、まだ存在しなかった。フォン・ブラウンがリードして開発中のロケット「サターンI」ならば、方法によっては月飛行用の宇宙船を軌道に乗せることは可能だったが、その初飛行はまだ先の話だった。

ケネディが指し示したアポロ計画の到達点を成就するためのカギをにぎる中枢の技術者たちは、この設定された目標に対し、生命への危険やコスト、あるいは技術者や飛行士の能力への要求を最小限に抑えるために、どのような飛行方式を選べばいいのだろうか？　マーキュリーのフライトの陰で、最も大事な事柄が決定を待っていた。

◆四つの飛行方式案

どのように月へ行って、どのように着陸して、どのように帰還するのか——以前から提出され、俎上に上っていたのは、四つの案である。

- 直接降下方式——最もストレートな方式で、ただ一つ地上から打ち上げた宇宙船で月に向かい、そのまま着陸して帰還するというもの。この方式では、計画されただけで実現することのなかった「ノヴァ」のような、非常に強力なロケットが必要とされる。
- 地球周回ランデブー方式（ＥＯＲ）——複数のロケットで部品を打ち上げ、直接降下方式の宇宙船および地球周回軌道を脱出するための宇宙船を組み立てる方式。軌道上で各部分をドッキングさせた後、宇宙船は単体として月面に着陸し、そこから打ち上げて地球に帰還する。
- 月面ランデブー方式——二機の宇宙船を続けて打ち上げる方式。燃料を搭載した無人の宇宙船が先に月面に到達し、その後人間を乗せた宇宙船が着陸する。地球に帰還する前に、必要な燃料は無人船から供給される。

- 月周回ランデブー方式（LOR）——いくつかの単位から構成される宇宙船を、1基のサターンVで打ち上げるという方式。着陸船が月面で活動している間、司令船は月周回軌道上に残り、その後活動を終えて離昇してきた着陸船と再びドッキングする。他の方式と比較すると、LOR方式はそれほど大きな着陸船を必要とせず、そのため月面から帰還する宇宙船の重量（すなわち地球からの発射総重量）を最小限に抑えることができる。

図3-9　ジョン・フーボルト

◆LOR方式へ——劇的転換

一九六一年の初めまでは、NASA内部では直接降下方式が支持されていた。多くの技術者たちにとっては、地球周回軌道上においてすらいまだ行なわれたことのないランデブーやドッキングを、月周回軌道上で実現させることへの不安が大きかった。

しかしながらラングレー研究所のジョン・フーボルト（図3－9）などは、LOR方式によって得られる大幅な重量削減という利点を強調し、一九六〇年から翌年にかけて、LORこそが最も確実で実践的な方式であると、各方面に訴えて回った。

そんな中で、NASA副長官のロバート・シーマンズが一九六一年七月にゴロヴィン委員会を立ち上げた。この特別委員会がアポロ計画で使用すべきロケットを推薦するためには、まず月着陸の方式を決定することが重要な要素だった。

委員会は当初、地球周回方式と月周回方式の混成案を推薦していたが、フーボルトらの陰の働きかけもあり、LOR方式の検討が、だんだんと注目を浴びるようになっていった。

図3-10　ロバート（ボブ）・ギルルース

一九六一年の終わりから一九六二年のはじめにかけ、ヒューストンのギルルース（図3-10）をリーダーとする技術者集団STG（スペース・タスク・グループ）も、LOR支持に意見を変えはじめ、フォン・ブラウン率いるマーシャル宇宙飛行センターの技術者たちもやがてLORのメリットを確信するようになった。

マーシャルの方針転換は一九六二年七月に、ウェルナー・フォン・ブラウンが非公式に発表した。NASAがLOR方式採用を正式に表明したのは、同年一一月のことだった。

◆ LOR方式とは？

ここであらためて、月周回ランデブー（LOR）方式の筋書きをひととおり説明しておくことは無駄にはなるまい。すでに一九一〇年代に、ウクライナの若き天才コンドラチュクによって提出され

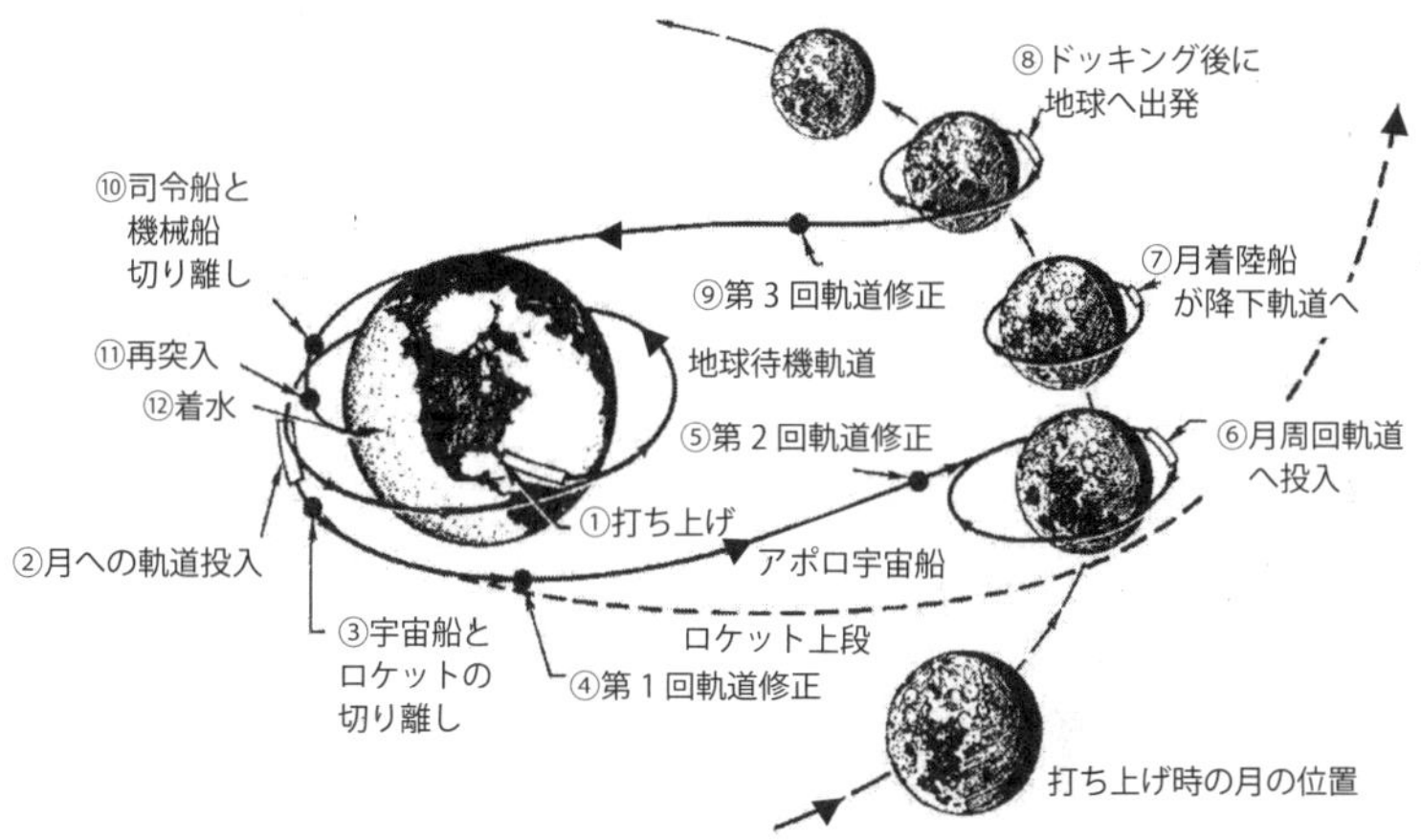

図3-11　LOR（月周回ランデブー）方式

ていた方式を人類史上初めて実現しようというLORは、次のようなストーリーである（図3－11）。

フォン・ブラウンのチームが完成を急いでいる超大型ロケット「サターンV」によって、アポロ母船（司令船・機械船）とそれに比べて小さいアポロ月着陸船の結合体を一緒に打ち上げ、月への軌道に乗せる。三人の宇宙飛行士が乗る。

両船は共に月周回軌道に入ったのち、分離し、一人の飛行士が残る母船が月周回軌道を巡る一方、月着陸船は二人の飛行士を乗せて月周回軌道から離脱して月表面に降下する。

月面に降りた二人が月での活動を終了した後、月着陸船は、その下半分を発射台にして上半分を打ち上げ、上昇して月周回軌道に戻り、待ち受けていた母船とランデブーし、ドッキングする。月面にいた二人と機材・試料等を母船に移動させた後、月着陸船を投棄し、母船だけが地球に戻ってくる。

一九六一年にケネディが、一九六〇年代の終わりまでに最初の月着陸を達成するという目標を掲げたことを受けて、NASAが実際に作業を始めたころは、地球から打ち上げた宇宙船をまるごと月に着陸させて帰還するという直接方式が主流の考え方であった。それには、結果として四五トンを超える巨大な宇宙船を月に送りこむ必要があった。想像を絶するそのためのロケットは、当時議論されていた「ノヴァ」クラスのものとなるが、直径が大きすぎるため、新たな製造設備を建設しなければならない。

フォン・ブラウンは、現実に目標を達成する技術的課題と日程とをにらんで、ひと回り小さい「サターン」を提案し、初めは複数のサターンで宇宙船を分割して打ち上げて地球軌道上でランデブー・ドッキングさせる案を支持していた。サターンの規模なら、ニューオーリンズ郊外の既存の設備で建造可能である。月周回軌道におけるドッキングという未知の技術は将来の課題としようという意図だった。フォン・ブラウンは、月の向こうも睨んでいた。火星飛行にも木星飛行にも適用できる最適な方法を考えていたのである。

しかしLORが支持を広げる中で、決定期限が迫っていた。この「ロケットの王様」は最終的には「勇気ある妥協」に踏み切った。

◆LORのすぐれている点

マーキュリー宇宙船以降、設計に辣腕を振るったマックス・ファジェイが、相模原の天ぷら屋で語った話は、LORの利点を実によく把握したものだった。

――「コンドラチュクが二〇世紀の初めに構想したLORは、月軌道に入った宇宙船のうち、着陸に必要な部分だけを月面に降下させることによって、月面着陸・月面発射に必要な燃料を節約できるという利点を持っています。その燃料の節約はエンジンの重量をも大幅に節約することにつながり、結果的にフロリダから打ち上げる重量そのものを節約できるわけです」

——「大事なことがあります。LORに使われる月着陸船では、宇宙飛行士たちは月の地表から四・六メートルくらいの高さの窓から着陸する場所をはっきり見ることができるのに対し、直接降下方式の司令船では一二〜一五メートルの高さからテレビを通して見ることしかできません」

——「それに、月着陸船を二人だけが使うことにすれば、電力供給も生命維持装置もエンジンも、何もかもシステムに冗長性を与えられる。しかも司令船・機械船に重大な故障が起きても、月着陸船を宇宙飛行士の救命ボートに使える。この救命ボートとしての機能は、アポロでは公式に設計しようとして採用はされなかったのですが、あの一九七〇年のアポロ13号の緊急事態には、思いもかけず〝死に体〟の三人を救うことになりました。LORでなかったら、あの三人は帰って来れなかったでしょう」

天ぷらとしゃぶしゃぶの勢いも手伝って、ファジェイが雄弁に語るLOR談義は、実に説得力があった。しかし、彼は最後に付け加えた。

——「もちろん、LORには危険性もありました。月から打ち上げられた月着陸船が司令船・機械船とのドッキングに失敗したら、着陸船の二人は地球に戻ることができません。フォン・ブラウンの懸念はそこにあったのです。彼は、サターンの仕事に集中し、基本的にはジェミニには参加しなかったので、ジェミニでその点は必ず確かな腕を磨くと確約することで、彼は〝大人の決断をして〟LORに手をさしのべてくれたのです。懐の深い、同僚の技術者たちを信じる素晴らしい人物でした」

◆すわ、第三次世界大戦!?

ＮＡＳＡがＬＯＲ方式を実質上決めた一九六二年七月ごろ、ソ連とキューバは極秘裏で軍事協定を結んだ。ソ連はキューバに密かに核ミサイルを輸送した。それから三ヵ月が経過した一〇月、アメリカが偵察飛行で核ミサイル基地の建設を発見、ケネディはただちにカリブ海を海上封鎖してキューバを孤立させ、核ミサイル基地の撤去を迫った。

発見が一〇月一四日。ケネディに情報が伝えられたのが一六日。全面核戦争の予感をはらむ緊張が高まる中で、ケネディとフルシチョフ首相は一触即発の交渉をつづけ、一〇月二八日、ついにフルシチョフはミサイル撤去を伝えた。

この「第二次キューバ危機」を乗り切って、ケネディのアポロ計画への決意は一層燃え上がったと伝えられる。

◆ゴードン・クーパーとフェイス7――マーキュリー計画最後の飛行

ＮＡＳＡがＬＯＲ方式の採用に劇的に踏み切った一九六二年が暮れた。新しい年を迎えて、それまで五回のマーキュリーのフライトをしっかりと総括したＮＡＳＡは、一九六三年五月一五日、ゴードン・クーパーをフェイス7に乗せて、マーキュリーの最後を飾る旅に出発させた。

ところが、元来が行動のつかみにくいこの男。秒読みの遅延で待たされたクーパーは、発射台の上で深い眠りに落ちた。必死で起こそうとする同僚たち――しかし誰も彼を起こせなかった。

クーパーが地球を一九周したとき、突然マーキュリー管制センターは全員が警戒態勢に入った。モニター・パネルに緑色のランプが点滅している。

――「何てこった。あいつ、地球に戻ろうとしてるぞ!」

そのランプは、カプセルが大気圏への降下を開始した時に点灯するはずのものだ。途中で予定を自分勝手に変更して帰還する――日頃の行動から見て、ゴードン・クーパーならいかにもやりそうなことだと思い、管制センターは泡を食った。

急いでフェイス7に連絡を取って、離脱したのかと問い合わせた。いかにもクーパーらしい言い方で返答が来た。

――「ここまで来ておいて誰が帰ったりするか!」

それで「これは故障だ」ということになり、管制センターは、誤信号の原因を究明する大急ぎの作業を開始した。このタイプの故障は電線網に何かが紛れ込んでいることを示している。電線にトラブルがあると故障は拡大していく。そして、実際そうなった。やがて、航行用の機器が次々と故障し、二一周目に入って、自動操縦システムが横揺れし、停止した。

クーパーは、手動で逆噴射エンジンに点火し、カプセルを大気圏再突入の際の激しい高熱をすり抜けて着水するよう操縦しなければならなくなった。しかしこの人を食った男は、

――「あれ?」

と、管制官に話しかけ、呑気な声で、

――「こちらはちょっと、水漏れが出たみたいだ。この船は自分で操縦しなきゃいけないようだよ」

残り時間はちょうど一時間。その間に、管制センターは、手動の操作手順を詳細に記したスケ

ジュールを作成し、クーパーに伝えた。彼はそれを正確にやり、すべての中継点を時間通りに通過し、難局を完璧に乗り切った。その手動操縦は、過去のどの自動操縦をもしのぐものだと管制センターをうならせた。

この〝無軌道野郎〟（と仲間から呼ばれていた）は、マーキュリー計画のしんがりを、

――「これまで最高の操縦さばきだった」

とディーク・スレイトンに言わしめたほどの正確さで締めくくった。

もちろんクーパーは、自分の操縦の手順が管制センターにつめた技術者たちによって大急ぎで見事に作られたことを、ずっと感謝した。マーキュリーの最後は見事な「持ちつ持たれつ」となった。

4 悲しみを乗り越えて

◆マーキュリーの遺産

マーキュリーのすべてのフライトが終わった。こうして眺めると、ほとんどの飛行時間を自動で行なったマーキュリーも、故障や緊急時は、確かに飛行士の手動の操縦によって、最後は事なきを得ていることがよくわかる。宇宙飛行士は、「オレはマーキュリーを操縦した」と豪語し、NASAも、「機械の故障を飛行士の卓越した操縦が救った」と称えたが、実はその「手動」のハードウェアもソフトウェアも技術者たちの汗の結晶だった。

技術者の中には、「飛行士がいなければ、あんなにややこしい手動の仕組みを工夫する必要はないし、もともと人がいなければ、故障しても宇宙船をあんなに苦労して救うことはなかったのだ」と嘯く輩がいなかったわけではない。

しかしアポロ計画が掲げた「人間の月面着陸」という大目標は、それをなしとげる宇宙飛行士を主人公にして、初めて人々の感動を呼ぶということを、誰もが感じていた。だから、マーキュリーのプロセスで、技術者と飛行士がお互いにかなり挑発的な会話を交わしながらも、飛行の実際を通じて、相手の実力に対する互いの「信頼感」が醸成されていった。

連携プレーの絆は間違いなく強化されていたのである。

◆ヒューストン

アポロ計画という大計画を実現するための新たな本拠地探しが、政治的な駆け引きという十字架を背負いつつ進められていた。このセンターのトップには、ボブ・ギルルースが就任する予定だったが、彼は、本音を言えば、有人飛行の拠点は、これまでどおりヴァージニア州のラングレーがいいと思っていた。

しかし客観的に見て、ラングレーには、必要な大きな拡張を行なえるだけのスペースがなかった。大きく膨れ上がった宇宙飛行士のチームのためのスペースも、数々のシミュレーションを実施する設備を建設する場所も、宇宙を飛行する人間と交信する飛行管制官の働くところも、月面から持ち帰った「虎の子」の岩石を分析・研究する研究センターを建造する場所も、何千人もの公務員や契約エンジニアを収容する場所もなかった。

ＮＡＳＡ長官のウェッブは、カリフォルニアかテキサスを考えていた。この両州には、宇宙計画を強力に支持する政界の大物たちがいる。ギルルースは、ウェッブに言われて、その用地を探す委員会を設立し、カリフォルニアとテキサスから数ヵ所を選び出し、候補地のリストを、最終決定のためにウェッブに回した。ウェッブはカリフォルニアのメア島を選び、これを第一候補として副大統領リンドン・ジョンソンに推薦した。

しかし一方で、ＮＡＳＡが最近、ケープ・カナベラルに隣接する土地八万八〇〇〇エーカーを購入したばかりだ。ここにすべてを集中すればいいではないかと主張する人たちも相当数いた。テキサス、カリフォルニア、フロリダ。三つの州出身の議員たちを軸に、三つ巴の激しい闘いが始まっていた。権謀術数がめぐらされ、最後には、権力を握るジョンソンが勝ちをおさめた。そう、テキサス州ヒューストンはジョンソンの地元であった。

◆ソ連のストライド

ＮＡＳＡがヒューストンの拠点建設に忙殺されている間に、コロリョフの努力は衰えを知ることなく続けられていた。

まず一九六三年六月一四日、クーパーの完璧な飛行を見てからちょうど一ヵ月後、ソ連はヴァレリー・Ｆ・ブィコフスキーとヴォストーク５号を軌道に乗せた。何と彼らは、一一九時間も軌道にいた。あまりの長さにアメリカの人々は愕然とした。しかしこれもまたまもなく見出しから消える。その二日後には、ヴォストーク６号がバイコヌールから飛び立ち、今度は女性の宇宙飛行士を軌道に乗せた。軌道上で「私は〝カモメ〟」と語りかけたのは、ヴァレンチーナ・テレシコーワ。

彼女は軌道に七一時間とどまった。

ヴォストークが頭上を飛びぬけているあいだ、アメリカ国民の間から、「お願いだから、何かやってくれ!」との切ない声が上がっていた。

◆大統領の死

一九六三年一一月一六日、ジョン・F・ケネディがフロリダ州に来た。空軍の発射場と付属のメリット島に建設中の月ロケット発射場を視察した。

図3-12 ケネディ大統領とフォン・ブラウン

ケープ・カナベラルで、フォン・ブラウンは、初のオールアップ(全備重量)テスト飛行への準備を済ませた巨大なサターンIロケットをケネディに見せた(図3-12)。一九六一年に初飛行をしたサターンIは、一七トンをはるかに超えるペイロードを地球軌道に打ち上げる力を示したことを語り、

——「このロケットによって、アメリカはソ連を追い抜くのです」

ケネディにきっぱりと言い切った。

フォン・ブラウンと別れたケネディは、ガス・グリソムとゴードン・クーパーと一緒にヘリコプターに乗り込んだ。アポロという名は、日増しにこのフロリダの地で存在感を獲得しつつあった。ジュール・ヴェルヌの物語が実現

図3-13　ケネディ大統領の葬儀

に向けて大きく歩を進めていた。

しかし、ジョン・F・ケネディは、アメリカ人が月へ向かって飛び立つのを目にすることはなかった。アポロの施設を視察してから六日後、テキサス州ダラスでのパレード中に暗殺者の銃弾に斃れた（図3－13）。

衝撃を受け、動転するアメリカは歩調をゆるめ、立ち往生したかに見えた。人々は、アメリカを月に向かう道に乗せた大統領の喪に服した。

ＮＡＳＡの最高最大の支持者がこの世を去り、不安のヴェールがアメリカの宇宙計画を覆っていた一九六三年末、ソ連の有人飛行にも、奇妙な疲労感がひろがっていた。マーキュリーとヴォストークが最後に飛行して以来、両国とも、有人軌道飛行は一年以上ストップしていた。それはちょうど中間地点にさしかかり、計画全体を見直して再編成し、未来に向かって新しい取り組みを開始する時期に当たっていたからである。

その見直しの中で急にクローズアップされてきた言葉は「ジェミニ」である。

第4章

アポロへの美しい橋 ——ジェミニ

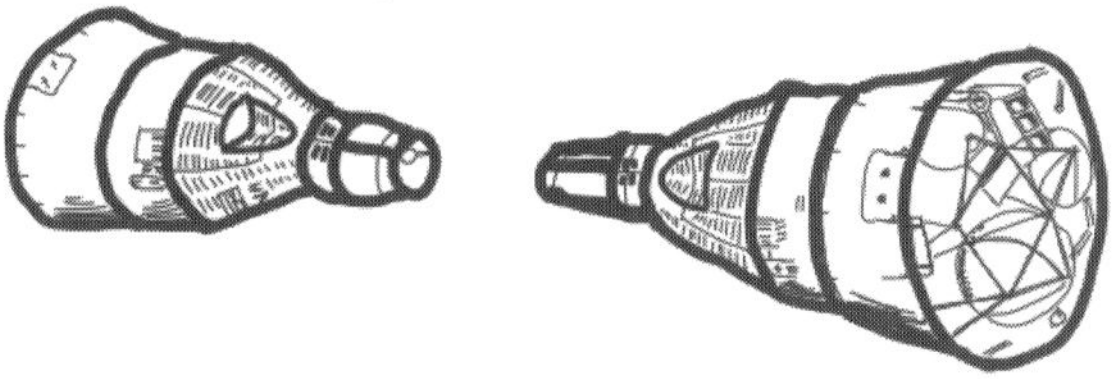

Gemini 6·7 Docking

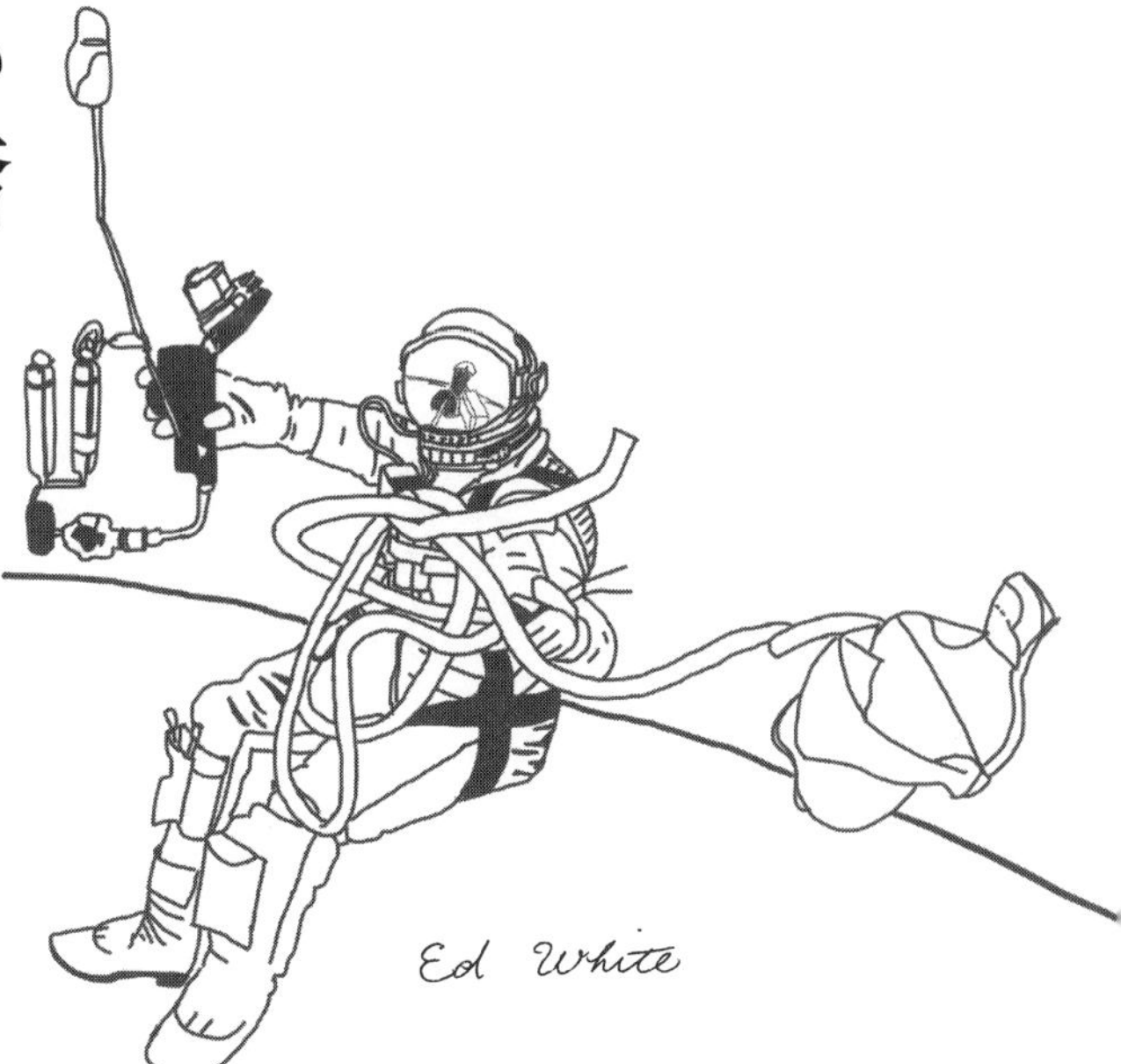

人間を月に着陸させることをめざす「アポロ計画」は、そもそもはアイゼンハワー政権のもとで発足した。そのころは、一九七〇年代のどこかで実現すればよいというのんびりしたペースのものだった。ジェミニ計画もNASAの少数の技術者がマーキュリー宇宙船を改良するために思いついた、言ってみればマイナーな計画のはずだった。

ところが一九六一年五月、「一九六〇年代の終わりまでにアメリカ人を月へ送りこむ」というケネディ大統領の劇的な発表によって、NASAは早急に計画の検討に移り、種々議論の結果、ジェミニ計画にはアポロ計画の先導となる不可欠の役割が与えられた。

とはいえ、ジェミニ計画をNASAが正式に承認した一九六一年一二月は、アポロ計画がスタートして一八ヵ月も経っていたにもかかわらず、その具体的な姿はなかなか詳細には定まらなかった。月面着陸の方式についての議論がつづいていたからである。

一九六二年一一月にLOR方式への転換が発表されたとき、マーキュリー計画の飛行は最後の一機を残すだけとなっていた。ジェミニ計画の具体的な中身を、LOR方式に即して系統的に検討しスケジュール化する作業が、ついに猛烈な勢いで開始された。

1　立ちはだかるソ連の「晴れのち雨」

ジェミニを打ち上げる任務を負うロケット「タイタンⅡ」は、アトラスに替わる空軍の第二世代のICBM（大陸間弾道ミサイル）で、一九六二年に開発された。推進剤はアトラスの液体酸素／

ケロシンから、タイタンでは四酸化二窒素／ヒドラジンに変更された。これは混ぜ合わせただけで発火するので、点火装置などが要らず、構造はすこぶる簡素になった。

長期間の保管も可能で発射オペレーションの手順がおそろしく簡略化できるのはいいが、この推進剤の唯一の弱点は、きわめて毒性が強いということである。

初期によく発生したポゴ振動も何とか克服し、一九六四年四月と一九六五年一月に無人のジェミニ1号、2号のテスト飛行を成功させて、一九六五年三月二三日にいよいよ初の有人ジェミニを勇躍打ち上げるため、スパートをかけた。

◆シェパードのメニエール氏病

有人ジェミニの初飛行、ジェミニ3号の飛行士には、アラン・シェパードとトム・スタッフォードが任命されていた。訓練が始まって六週間、順調に進んでいたある朝、アランは吐き気を感じて目を覚ました。立ち上がると部屋がぐるぐる回り、倒れてしまった。ディーク・スレイトンに会ったとき、それを報告し、包み隠さず打ち明けた。

数日でよくなったが、五日目、また倒れた。左耳にガンガンする音が繰り返しやってくるようになった。詳細な検査の結果、告げられた。

――「メニエール氏症候群です」

シェパードは、コンビのスタッフォードとともにジェミニ3号から外された。そして宇宙飛行士室の管理責任者ディーク・スレイトンと力を合わせる地上任務に回った。

ジェミニ3号の搭乗員にガス・グリソムとジョン・ヤングが指名された。猛訓練を経て、一九六五年三月二三日のフライトがすぐそこに迫ったとき、鉄のカーテンの向こうから、またまた衝撃のニュースがもたらされた。

◆レオーノフ、宇宙を泳ぐ

すでにアポロ計画の船出とその後のアメリカの準備状況を、つぶさに知っているフルシチョフは、いまだに一人乗りで飛び立っているヴォストークと、二人乗りにステップアップしようとしているアメリカとの「わかりやすい」ギャップに、苛立ちを隠せないでいた。

コロリョフは、複数の飛行士を搭乗させて月へ飛ばすため、ヴォストークをひとまわり大きくした「ソユーズ宇宙船」の開発に全力を注いでいた。しかしジェミニに勝つためのソユーズの準備が整わないうちに、焦りの極致に達したフルシチョフから電話が飛び込んだ。

――「すぐにでも宇宙飛行士を三人乗せて打ち上げろ！」

コロリョフはこの強引な命令を彼らしく政治的に利用した。フォン・ブラウンと同様に拙速を嫌うコロリョフにしては珍しいことながら、彼はフルシチョフに対し、将来月面に人間を着陸させる巨大ロケットN－1の建造計画に一層強力なサポートをもらうことを取引材料にして、単座式のヴォストークの中に三人の飛行士を詰め込むよう、安普請の改良を施すことを請け合ったのである。

狭すぎる？――「それならば宇宙服を脱がせろ！」。

重すぎるから脱出装置を三つ用意するのは無理だ？――「それならそれも外せ！」。

この危険極まる滅茶苦茶な設計を、断腸の思いで実行し、「ヴォスホート」と呼ばれる宇宙船と

図4-1　レオーノフによる人類初の宇宙遊泳

してデビューさせたのは、一九六四年一〇月一二日。プロジェクトの承認後、わずか七ヵ月。しかも無人の飛行をしたのは、そのわずか六日前だった。「ヴォスホート1号」は、フェオクチーストフ、コマロフ、医師エゴーロフの三人を乗せて地球を一六周した。

もちろん再び世界は喝采した。三座席の素晴らしい新型宇宙船として広報されはしたが、実のところ三人は身動きもままならないまま、本当に座っていただけで何もしなかった。

にもかかわらず、ＣＩＡも見事に騙された。コロリョフは危険な賭けを巧妙にやってのけたのである。

この普段と違うコロリョフの冒険は、アメリカの動きを見極めた上での、やむにやまれぬ焦りのように見える。おそらくは体調も関係したか？　そして何たる皮肉、三人が帰還した翌日の一〇月一四日、ニキータ・フルシチョフが失脚したのである。

ヴォスホート1号から五ヵ月後の三月一八日、パーヴェル・ベリャーエフとアレクセイ・レオーノフがヴォスホート2号でバイコヌールを飛び立った。すでに人口に膾炙しているとおり、レオーノフはこの一七周回の飛行において、約一二分間の人類史上初の宇宙遊泳（船外活動）を演じた（図4－1）。

宇宙服のテストも十分でなく、「泳ぎ」を終えてヴォスホートに帰ろうとしたが、宇宙服が膨らみ過ぎてハッチから入れない。それを自ら減圧して自分を小さくして機内に戻るまで、一二分の苦闘を強いられた。(7)

◆コロリョフの苦悩

コロリョフもＮＡＳＡも、一九六三年から翌年にかけての時期は、計画の遅れにつながる技術的な問題で苦労していた。しかしＮＡＳＡは、議会から財政上の支持を失うようなことはなかった。対照的に、月計画に対するフルシチョフの支持は気まぐれで不安定であり、一九六四年にフルシチョフがその座を追われてからは、月へ人を送るＮ－１ロケットに対して懐疑的なレオニード・ブレジネフとやり合うという難題が真正面からのしかかって来た。

おまけに、アメリカのジェミニ計画が立ち上がり、アメリカという強国の大規模なチームプレーによって、徐々に着実に追いつめられていく自国の脆弱な取り組みの姿に、急速に不安と焦りを感じ始めたに違いない。

宇宙遊泳についても、もともとコロリョフの構想では、もっと落ち着いてやるべきものだった。チェルトークによれば、コロリョフは、人間の前にイヌをまずは船外に出すことを考えていたという。しかしジェミニによる船外活動の噂がちらほらと聞かれるようになると、気になって仕方なくなった。なまじ相手の動きが見えているために、コロリョフは疑心暗鬼の布石を数多く準備せざるを得なくなった。フルシチョフは、何でもアメリカより先でなければ機嫌が悪かったからである。

実際には、レオーノフが宇宙を「泳いだ」時点では、アメリカの宇宙遊泳はまだ日程に上ってすらなかったのに……。

◆総帥の死

ここ数年、コロリョフは体が弱っていた。外見は頑丈でたくましく見えるが、数多くの病気で苦しんでおり、とりわけ心臓の不整脈に悩まされていた。一九六四年二月には心臓発作で一〇日間の入院。その六日後には激しい胆嚢炎に見舞われて再び入院。しかもスケジュールはどんどん過密になっていった。

一九六五年は特に忙しく、三月にレオーノフの宇宙遊泳、四月に通信衛星モルニヤの打ち上げ、三基の月探査機ルナの打ち上げなどという始末。嵐のような日々が過ぎた後の一二月、コロリョフは診断を受け、直腸に出血性ポリープが発見された。すぐにポリープの摘出手術を指示されたにもかかわらず、その予約を延ばした。

一九六六年が明けた。一月四日、オフィスで遅くまで仕事をしていたコロリョフの姿が目撃されており、翌日、国家や党の高官が行く特別の病院、通称「クレムリン病院」に入院した。耳がよく聞こえなくなっていた。

一月一一日、アカデミー会員の医師ボリス・ペトロフスキーが、ポリープの手術をする前段階として、胃腸の管からポリープの小片を削り取った。このささやかな手術が、止血できないほどの出血を引き起こした。

一月一二日、コロリョフは最悪の状態で誕生日を迎えた。ペトロフスキーはこの手術を甘く見ていた。一月一四日朝八時、ポリープを内視鏡で摘出するため、直腸鏡を使って手術を開始した。コロリョフは手術台の上で血を流していたが、止血できないほどだった。ペトロフスキーは、出血を止めるために腹部を切開したところ、癌性腫瘍を見つけたが、それはその前には気づかなかったものだった。

図4-2　コロリョフの葬儀

彼は腫瘍摘出のために、直腸の一部を取り去ろうとした。これには長い時間がかかった。コロリョフは麻酔用のマスクを八時間つけていた。コロリョフは異常なほど首が短く、そして明らかに彼の顎はシベリアで砕かれていた。マスクよりもある種のチューブを肺に挿入すべきだったかもしれない。このことはペトロフスキーも知っていた。しかしコロリョフの心臓が持つかどうかが不安で踏み切れなかった。手術は終わった。しかし三〇分後、コロリョフの脈がとまった。[6]
一九六六年一月一四日、セルゲーイ・コロリョフが死んだ（図4－2）。

2　ジェミニ、滑り出し好調

ジェミニ宇宙船は、次に控えるアポロ宇宙船の月面着陸において必要な技術を、LOR方式に沿って確実に実行できるよう準備するために特化されて設計された。

LOR方式を前提とすると、月面から打ち上げた着陸船が月周回軌道で待つ司令船とランデブーしドッキングをするためには、宇宙船の速度を変更し、高度の異なる軌道にある宇宙船同士を接近させる能力を持たなければならない。一人乗りだったマーキュリー宇宙船は、軌道変更ができなかった。

そして、非常時にはいつでも船外活動ができるように準備をしておくことも必要と判断された。つまり、ジェミニはランデブー、ドッキング、船外活動の練習用宇宙船なのである。

宇宙飛行士の役割に関して言えば、その基本にある考え方は、ジェミニ計画もマーキュリーと同じ「打ち上げ時は監視、軌道上は操縦」だった。

◆二人乗りになった宇宙船――ジェミニ

ジェミニの段階でマスターすべき課題を一つ一つ解決しながら進んで行くために、ファジェイは、ジェミニは二人乗り、最長一四日の宇宙滞在ができる宇宙船とし、基本的な形状はマーキュリー宇宙船と相似形で拡大したものとして描いた。

設計の実際に当たっては、カナダ人のジム・シャンベルリンが、STGにおけるジェミニ技術部

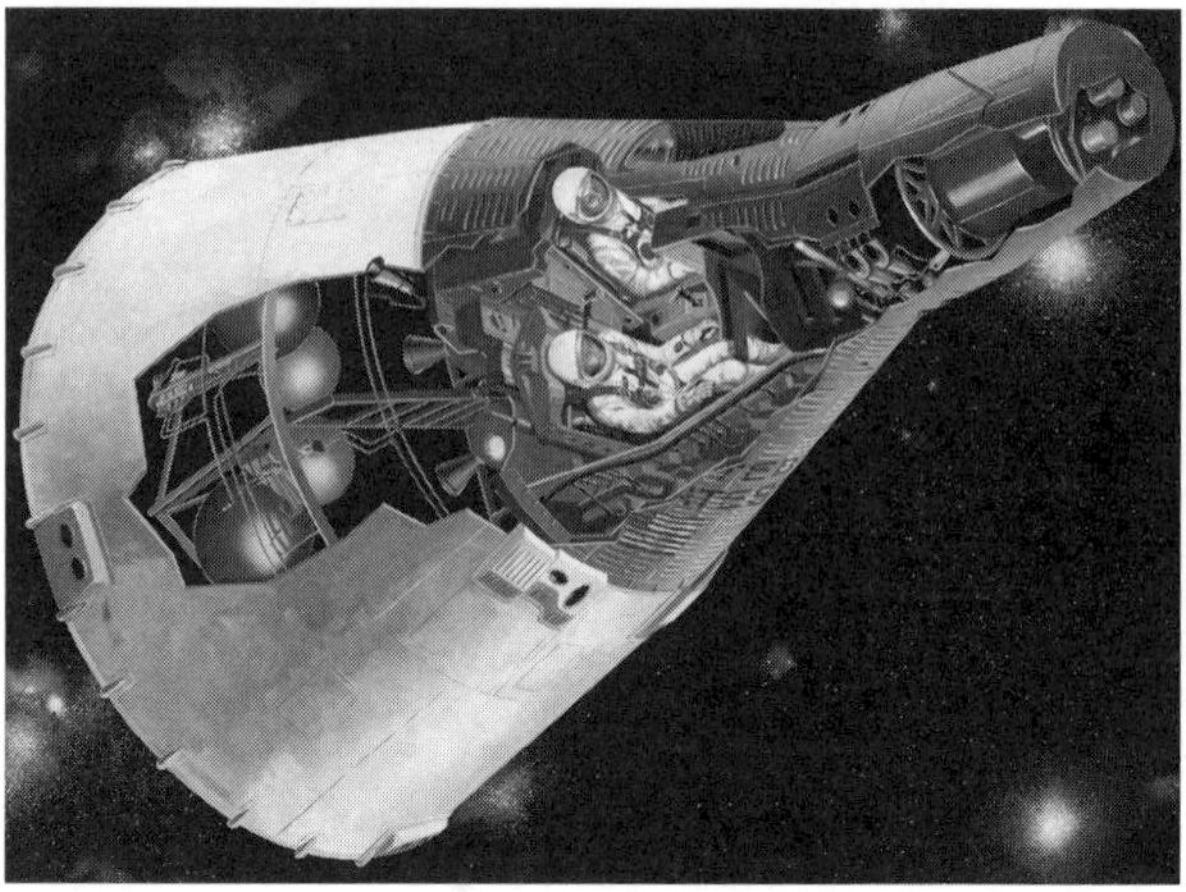

図4-3　ジェミニ宇宙船の構造

門の責任者として指揮を執った。この設計に、「宇宙飛行士ができるだけ操縦に参加できるように」という従来からの根強い要求を「入れこませる」ために、初期の段階から「派遣」されたのが、ガス・グリソムである。

彼は、マーキュリーに自分が乗るチャンスはもうないだろうという見通しがはっきりするや、ジェミニの設計に心血を注ぎ始めた。シャンベルリンは、ガスのしつこさと口汚さに辟易しながらも、時がたつにつれて、その着眼の優れた点や操作能力の高さも理解できるようになり、宇宙飛行士が「信頼できない乗り物に乗りたくない」という本音を迸らせているのだと思うようになった。結果的に、ジェミニは技術者と飛行士の双方にとって、「非常によい宇宙船になった」と振り返っている。飛行士仲間はジェミニを「ガス・モバイル（ガスの車）」と呼んでいた。

ジェミニ宇宙船はマーキュリー宇宙船とほぼ相似の形のまま大きくした円錐形。キャビン内はやはり狭く、体を動かす余地はあまりない。以下にマーキュリー宇宙船との大きな違いだけ簡潔に述べる（図4－3）。

左側のシートに船長、右側に操縦士が座る。再突入部にはチタン合金が使われ、それを熱シールドで覆っている。それぞれの飛行士用に二ヶ所のハッチも設けられた。これは、軌道上において宇宙遊泳を行なうためにも用いられる。大気圏内での非常脱出用に射出座席も装備された。

ランデブーとドッキングのためのレーダーとドッキング・ポートが円錐先端部にある。再突入時の姿勢制御用スラスタが先端部に装備されている。底部には、マーキュリーよりも強力な逆噴射エンジン四基と、軌道・姿勢変更用の小型ロケット一六基からなる推進部がある。再突入する際のオペレーションは、まず推進部を分離し、逆推進エンジンを噴射、さらに逆推進エンジンを分離して再突入部だけが地球に帰還する。

◆宇宙飛行士の進化

振り返ってみると、ジェミニで飛んだ一七人の飛行士のうち、「オリジナル・セヴン」は三人しかいない。他のメンバーは、二番目の「ニュー・ナイン」と三番目の一四人の中から選ばれている。テスト・パイロットの肩書に加えて、高学歴で高度なスキルを持つ飛行士たちである。それは、飛行中の任務が変化し、身体能力より職業プロフェッショナルとしての訓練を重視するようになったことを示唆している。

ファジェイによれば「ジェミニ時代になると、飛行士も少しずつ物わかりがよくなってきたように感じた」とのこと。より高度な仕事は、より緊密な人間関係を必要とする。

マーキュリーの自動制御はシーケンス制御装置に大きく依存したが、その六回のフライトで宇宙飛行士の緊急事態への対応が機敏かつ的確であることが検証されたことで、設計に関わる技術者たちの飛行士たちへの信頼も高まったものと見え、シーケンス制御のほとんどが宇宙飛行士に移された。そのため新たなスラスターや装置を加えたが、システム全体としては簡素になった。

基本的な流れはもちろん自動制御であることは変わらないが、宇宙飛行士は、マーキュリーに比べると非常に忙しくなり、常に何かを操作していなければならなくなった。ジェミニでは、ミッション中止から再突入まで、常に宇宙飛行士が「船長」として総合的に判断しながら、何らかの操作をするのである。

宇宙船の中にいる宇宙飛行士は、自分たちを取り囲んでいる慣性航法装置やデジタル・コンピューターを通してだが、あらゆることに「介入」できることになり、「ジェミニは宇宙飛行士が操縦する宇宙船だ」と胸を張った。

当初の予定では、ジェミニではハンググライダーのような形のパラシュートを使って、宇宙飛行士自身が飛行最終段階の数千メートルを「操縦」し、自分で着地点を探しながら「陸地に」華々しく降りる方針だったのだが、技術・予算両方から検討した結果、残念ながら手動の着地はキャンセルされ、その代わり、大気圏に再突入するときに、いくらか操縦できる方式になり、結局はマーキュリーと同じように海上への着水となった。

◆ジェミニ3号の宇宙船チェック

レオーノフが宇宙を泳いだ五日後、一九六五年三月二五日、ガス・グリソムとジョン・ヤングを乗せたジェミニ3号が、有人ジェミニの火蓋を切った。

実はこの宇宙船に、グリソムが「モーリー・ブラウン」と愛称をつけた。モーリー・ブラウンとは、あのタイタニック号の生存者の一人であるが、生前の本名は「マーガレット・トービン・ブラウン」。それが死後に彼女の人生がミュージカル・ドラマとして描かれた時に、タイトルが「沈まないモーリー・ブラウン」になった。

ガスがマーキュリー2号で帰還した際、事故で宇宙船が沈んだ原因がガス・グリソムにあったのではないかと嫌疑をかけられ、不満だったのだろう。「沈まないモーリー・ブラウン」という命名は、いかにも「あてこすり」であり、「腹いせ」である。マスコミには気に入られて喝采されたが、NASA上層部が機嫌を損ね、その後は宇宙飛行士が宇宙船に名前を付けることが禁じられた。

グリソムとヤングは、五時間にわたって軌道周回をつづけながら、宇宙船の点検を行ない、新たに加えられた操縦用のスラスターをすべて試験操作した。マーキュリーでは飛行士が制御できるのは姿勢だけだったが、今回は速度制御も試み、初めて有人宇宙船を高い軌道から低い軌道に誘導したりして、アポロの飛行に必要な技術要素を少しだけ引き寄せた。

搭載した宇宙船の新設計の機器はすべて前宣伝通りの働きをし、ガス・グリソムは、

——「ジェミニはとても扱いやすい宇宙船だ」

と管制センターに報告した。

グリソムとヤングは、使用済みのロケット上段を相手にランデブー飛行にも挑戦し、それなりの成功を収めた。(9)

◆エド・ホワイトの船外活動──ジェミニ4号

ジェミニ4号でまずチャレンジしたのは、使用済みのロケットの上段を相手にしたランデブーを完成させることである。ジム・マクディヴィットは、パイロットとしての経験そのままに、力づくで操縦してターゲットに接近していこうとしたが、どうも飛行機同士の編隊飛行と勝手が違っていた。

「空での操縦をそのまま適用しても、ランデブーが成功しない」と早期に見て取った管制センターは、ランデブーのテストを中止し、船外活動に挑むことにした。

NASAのもともとの計画では、船外活動を年末のジェミニ6号で行なおうとしていた。それをレオーノフのパーフォーマンスが煽った。危険と利点を秤にかけた上で、船外活動のスケジュールを早めることにした。

一九六五年六月三日、ジェミニ4号の四周目、エド・ホワイトが非常用酸素の詰まったパックをストラップで胸にくくりつけた。太陽光線を遮るため、ヘルメットには金色のバイザー。彼は文字通りの命綱となる七・五メートルのテザーを点検した。酸素を送り込み、マクディヴィットとの通信を可能にし、宇宙空間に漂流するのを防いでくれる文字どおりの「命の綱」。

オーストラリアの上空で、船室の減圧を開始した。太平洋上空でハッチを開けた。眼下には地球が毎分四五〇キロメートルで回転している。ハワイとメキシコの中間あたりで、ホワイトは、用心深く身を乗り出し、真空の真っただ中へ進み出ていった。

エド・ホワイトは、ポケット大のエア・ガンを噴出させるたびに、ニュートンの法則に忠実にし

図4-4　エド・ホワイトによるアメリカ初の宇宙遊泳

たがう体を楽しんだ。とんぼ返りをし、だらしなく仰向けになったりした。ジェミニのチタニウム合金の船体の上に立ってニコニコした。テザーの届く限りで最大限の二一分間、動き回って（図4－4）、ハッチから船に帰還した。

ホワイトの成功は、4号のランデブーでの失敗を公には覆い隠した。後にマクディヴィットは、失敗を照明不足のせいにし、技術者もランデブーの複雑な力学を説明することにこだわらなかったので、その場はそれきりになった。

しかしマクデヴィットが「照明不足」を原因にしたのは、大きな間違いである。実際にはこれは「失敗」というよりは「無知」というべきである。軌道上のランデブーでは、速度と高度の微妙な調整が必要で、前方のターゲットに追いつくためには軌道を少し高めに変える必要があり、そのために速度をいったん落とさなければならない。

「ランデブーは宇宙飛行士の目視だけに頼ってはならない」――アポロ計画に重要な教訓を残した貴重な経験だった。[11]

◆有人宇宙船同士のランデブー

ジェミニ5号が飛行を八日間まで延ばし、つづく6号で再度ランデブーに挑むことになった。ところが標的となる無人のアジーナ衛星が軌道に向かう途上で爆発。急遽予定を変更した。まず、ジェミニ7号を先に打ち上げ、それを6号に追跡させるという代替案を採用した。7号に乗ったフランク・ボーマンとジム・ラベルは、最初の一〇日間を「トイレに閉じ込められたように」過ごし、一一日目に無聊が破られた。

追跡してきたウォーリー・シラーとトム・スタッフォードのジェミニ6号が7号をとらえ、有人宇宙船による最初のランデブーを開始した。今回は飛行士の腕と目視に頼らず、きちんとコンピューターに相談しながらチャレンジした。相談の相手は、IBMが開発しジェミニ3号から搭載している「デジタル・コンピューター」である。

管制センターにいたディーク・スレイトンの回想によれば、交わされた会話は、楽しそうな雰囲気に終始した。

――「仲間が来たぞ」

ラベルが、最後の数メートルを縮めるために操縦しているシラーに話しかけた。

シラーが応答する。

――「こっちは混んでるぞ!」

ボーマンが口を挟む。

――「警察を呼べ!」

二基の宇宙船は、編隊を組みながら五時間も飛行した。旋回したり、相手のまわりをゆっくり回ったりし、シラーは互いの距離が二〇センチくらいになるまで近づき、後退と接近を繰り返した。接近後に離れていく7号を6号から撮ったくっきりとした画像が話題になった(図4-5)。

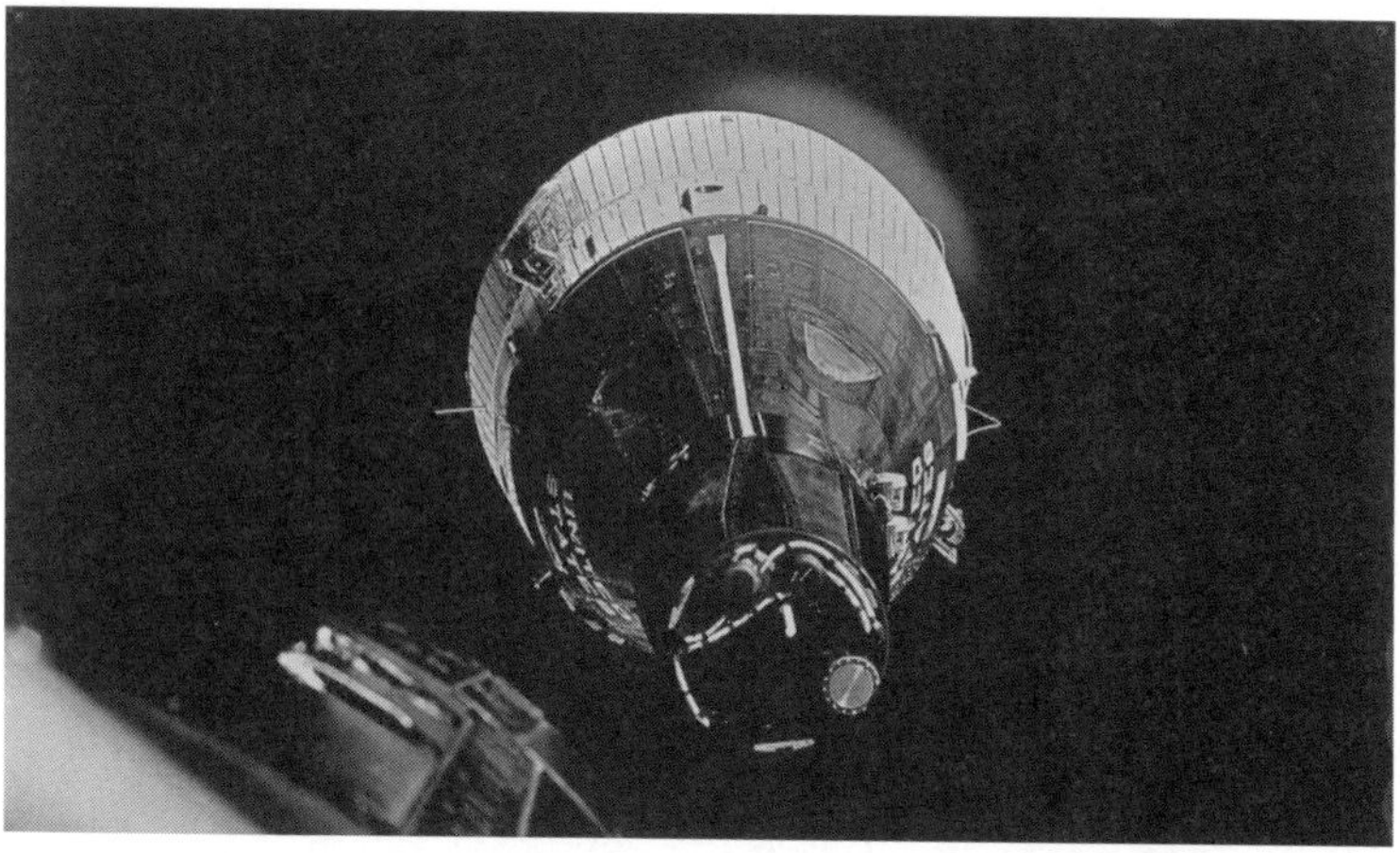

図4-5　ジェミニ6号から離れ行くジェミニ7号（ジェミニ6号から撮影）

月に向かうハイウェイの里程標が、またひとつ打ち立てられた。(9)

ご愛嬌だが、このフライトでトイレが故障して、宇宙船に黄金色の水玉がプカプカと浮いた。飛行士たちは必死で除去に務めたが、結局完全には排除できなかった。帰還後の記者会見で感想を求められたラヴェルが答えた。

——「トイレで2週間過ごしてみればわかるよ」

まあそれはそれとして、好調な滑り出しを見せたジェミニ計画のスタートの情報は、コロリョフが崩れ落ちそうになる体調を周囲に見せまいと、必死で最後の力を振り絞っているモスクワに、華々しく届いた。彼はどんな気持ちでこれらの快挙を聞いていたのであろうか。

そして一九六五年は暮れ、新年を迎えた一月、コロリョフは斃れた。ジェミニは、つづいて二基の宇宙船を軌道上でつなぐ仕事にかかっていた。

3　襲いかかる恐怖――ジェミニの仕上げの苦闘

◆ドッキングは成功した。しかし……

ドッキングは、ジェミニ8号のニール・アームストロングとデイヴ・スコットに託された。目標のアジーナ衛星が、一九六六年三月一六日に今度は無事軌道に乗り、九〇分後、「ジェミニの最も輝かしい」打ち上げが行なわれた。コロリョフが死んで、二ヵ月が経っていた。

最初はアナログでないと信じる気になれなかった宇宙飛行士たちだったが、アームストロングとスコットは、今や伝家の宝刀になった感のあるデジタル・コンピューターが表示するディスプレイ画面の指示と協力しながら、先行するアジーナに五時間で追いつき、船長のアームストロングは三〇分以上かけて、長さ八メートルのアジーナのまわりを回って点検した。それからジェミニの先端をアジーナに装着されたドッキングポートに慎重に当てた。カチリとはまった。二基の宇宙船は一体となった。

――「フライト、われわれはドッキングした。非常に滑らかだった。まったく振動は感じなかった」

アームストロングが告げた。

ここまでは順調だった。次は、そのままアジーナのエンジンを使ってより高い軌道に移る操作である。中国の上空に達し、一時的に地上の追跡ステーションとの交信が中断している間、スコットがこの結合体の動きを観察していた。みるみるうちにドッキングした時の安定した感じが失われていく。スコットがアームストロングに話しかけた。

――「ニール、宇宙船が傾いているみたいだよ」

その言葉が終わらないうちに、宇宙船が激しく揺れ始めた。二人は一瞬のうちにサバイバルの闘いに放り込まれた。ロールとヨーはどんどん激しい速さになっていく。地上との連絡はまだとれない。アームストロングが、必死で回転を落とそうと格闘する。

アームストロングには、(アジーナとのドッキングを外せば、ジェミニの制御は回復できる)という自信があった。自分は、あのX-15の操縦者だったのだ。

苦労の末、ドッキングを外しても安全だろうと思える回転になり、バンと音がして、ジェミニがアジーナと離れた。ところが驚いたことに、二人の乗っているジェミニの回転が前より速くなった。故障は、アジーナではなく、ジェミニの側にあったのだ。どうやらジェミニの一六基の操縦用スラスターのうちの一つが開きっぱなしになっており、激しいきりもみの原因となっている。早く止めなければ、ジェミニが壊れるか、飛行士が気を失うか、いずれにしても大ピンチ！　そしてやっと、ジェミニを追跡するコースタル・セントリー・クイーン号が、ジェミニの声をとらえた。アームストロング。

――「こちらは重大な危機に陥っている……ものすごい勢いで回転している。アジーナからは離れた」

飛行管制センターにも知らせが届いた。その間にも回転は加速している。アームストロングはマニュアルを放り出した。(この操縦用スラスターはやめて、再突入のときに使う先端部のスラスターを使ってみよう！)

彼はひとつずつ、残りの一五基の操縦用スラスターを止めていき、すぐに再突入用スラスターに点火した。

時間との競争だった。例の開きっぱなしの操縦用スラスターはまだ燃料を使い切っていない。それが全部なくなるまで、再突入用スラスターが噴きつづけることを祈った。

（よしよし、少しずつ制御が回復してきたぞ。どうか間に合ってくれ！）

三〇分かかった。ジェミニ8号は制御を取り戻した。しかし今や猶予はできない。再突入用スラスターにいったん点火すると、どんな理由があろうと、宇宙飛行士はただちに地球に帰還しなければならないことになっている。

管制センターは二人に、太平洋西部の緊急着水地域をめざして再突入を開始するよう命じた。アフリカのコンゴ上空、闇の中で逆推進エンジンは点火され、三二分間の大気圏飛行が開始された。

彼らはわずか一一時間の飛行を終えて、沖縄の東七七〇キロメートルに着水した。

調査の結果、彼らをきりもみ状態に陥れたのは原因不明の電気の閃光で、これによって第八スラスターが最大出力に固定してしまったのだった。

切り離したことが正しかったのか問われたが、ヒューストンは、宇宙飛行士の判断が正しかったと称え、

――「あの見事な飛行技術がなければ、おそらくクルーを失っていた」

と締めくくった。

――「そもそも人間が乗っていなければ、宇宙船を救う必要などなかったんじゃないですか？」

という声も出たが、質問はやり過ごされ、報告書にも載らなかった。

◆地獄の船外活動――ジェミニ9号

こうしてランデブーもドッキングも何とか実施はしたものの、完成の域には達していない。次に飛んだジェミニ9号でも、当初の目標だったアジーナ衛星の発射が再び失敗したため、予定のドッキングができず、三種類の異なる方法のランデブーを実施するにとどまった。ニールたちがやってのけたランデブーとドッキングをもう一度成功させて「熟成させる」課題は、ジェミニ計画最後の三回の飛行に委ねられることになった。

ところが、このジェミニ9号では、エド・ホワイトがジェミニ4号であれほど楽しそうにやり遂げた船外活動が、意外なことに最も手ごわい相手となった。第一回目が楽だったので、飛行計画の作成者たちは船外活動など大したことないと完全に高をくくっていた。

ホワイトが「泳いで」から一年が過ぎていた。ジェミニ9号で船外活動を行なうのは、ジーン・サーナン。ホワイトが軽やかにやったようだったので、設計者たちは自信たっぷりに、ジェミニ9号の機械モジュールの後ろにAMU（宇宙飛行士操縦ユニット）を搭載した。

サーナンはこれを背負い、スラスターを使って自由自在な飛行をすることになる。このジェット・パックを開発した空軍は、その信頼性に自信を持ち、NASAにこう告げた。

――「このバックパックをもたせて送り出すだけでいい。あんなテザーなんか要らない。あれはからまるばっかり」

NASAはそれでも空軍の言い分は聞かないで、安全性を理由に、サーナンに四〇メートルのテザーをつけてこの装置をテストすることにした。

ジェミニ9号の外に出たサーナンは、とりあえず八メートルの命綱につながれていた。彼はエド・ホワイトが経験した解放感を味わうのを楽しみにしていたが、まったく期待に反した船外となった。

ホワイトは船外で短い時間スキップしたり跳びまわったりしただけだったが、サーナンには別の任務が与えられている。二時間以上船外にとどまらなければならないし、第一、こうしていると体が自由に動かない。一九九〇年代に会ったとき、サーナンが私を笑わせた。

「なんだか油を塗ったポールに昇ろうとしているナマケモノみたいだな、と感じたよ」

AMUを着けるためには、サーナンは宇宙船の後部にある機器収納部まで進んで行かなければならない。そこまで行けば、AMUと四〇メートルの命綱が待っている。そろそろと後部に向かって移動を始めてすぐに、これは想像していたような楽しそうな体験ではないらしいと気づいた。つかまるものの何もないところで、目的とする方向に向かって進むことがこれほど難しいとは！

彼は手袋をはめた手で手あたり次第、どこでもいいから必死でつかまろうとしたが、滑らかな船体のどこにもそんなものがない。絶えず足を滑らせ、格闘しながら後部へのろのろと進まなければならない。数分で終わるはずの五メートル足らずの「散歩」は、一時間近い「長旅」になった。

しかし、とうとう後部までたどりついた。船内のトム・スタッフォードに無線で知らせた。

「休憩をとれよ」

――トムが言ってくれた。サーナンには、後部のいくつかの装置につかまれるだけでも有難かった。短い休憩の後、宇宙服の上からAMUを取り付ける作業にかかった。これがまた難敵だった。バックパックの装着は、単純に手を通すだけの仕事ではない。電気を接続しなければならないし、一つ一つの動作に予想よりずっと時間がかかった。

ようやく作業に少し慣れたところで、彼は頼りなく宇宙船から離れて漂い出た。バックパックが加わって、体を安定した姿勢に保つことは一層困難になっていた。何でもいいから「てこ」の原理を利用できるような足がかりがほしかった。

すぐにパックも負担になってきた。パックは酸素を宇宙服の中に送り込み、体から発散する余計な水分を排出する。彼は猛烈に汗をかいている。そのせいでヘルメットのバイザーが曇り、凍りついた。熱と汗と氷を同時に耐えなければならなかった。

バイザーからは外がほとんど見えなくなった。安全な宇宙船の船室がほんの数メートル離れたところにありながら、ぬいぐるみの人形みたいに回転しているサーナン——いのちの危険を感じていた。

スタッフォードに話しかけた。

——「トム、ひどく曇ってしまったよ」

スタッフォードは飛行管制センターを呼んだ。

——「問題が起きた。ジーンは蒸気のせいか視界がひどく悪くなっている」

トムは、サーナンの声の調子が気に入らなかった。もう一度地上チームに言った。

——「パイロットのバイザーが完全に曇った。交信の状態もひどく悪い。うがいをするような声だ。この状況が改善されないようなら、……」

トムは突然黙った。それから抑えた声でつづけた。

——「AMUのテストは中止だ！　パイロットは何も見えない！」

──「テスト中止を確認した」

と飛行管制センターは応答した。

現在のサーナンの関心事は、何としても宇宙船に戻ること。注意深く帰路をたどる。片手ずつ探りながら足をすべらせ、数センチずつ這うように進んだ。バイザーは、息がかかって霜が溶けているほんの一部だけしか外を覗けない。地上の管制センターの医師たちが、脈拍を毎分一八〇と計測した。

苦闘する友の声を聴きながら、スタッフォードは、打ち上げ前にディーク・スレイトンと交わした内輪の話を思い出して冷や汗が流れるのを感じた。あのときディークは言った。

──「なあトム。ジーンが宇宙でやろうとしていることは、きわめて危険なことだよ。彼が外に出てトラブルになったら、そしてもし宇宙船が、例えば燃料切れとかの理由で故障したら、そしてジーンを宇宙船にもどすことができないとなったら……」

ディークは口ごもったが、気を取り直して、口を開いた。

──「このことはどこにも書いてない。飛行規約にもない。が、つまり、わかるだろ？　その種のことが起こったら、ジーンのテザーを切るんだ」

スタッフォードは、彼の言葉が信じられなかった。しかしディークは真剣だった。

──「絶望的な状況になったら、少なくとも一人のクルーと宇宙船を救うべきだ」

仲間のパイロットを自分の手で死に追いやる？　そんなことが……。

しかしサーナンはついにたどり着いた。アメリカ人として二番目に宇宙遊泳をした男は、二時間九分という船外活動記録を樹立した。そのほとんどは地獄の中で。

こうして、ジェミニ9号は、軌道を四四周したにもかかわらず、ランデブーとドッキングの「熟成」を、ジェミニ計画最後の三回の飛行に委ねることになった。しかも、この厄介な船外活動も何とかしなければならなかった。(9)

◆ついに船外活動をねじふせる――ジェミニ12号

最後の三回のジェミニ(10号~12号)の飛行で、クルーは空中でエンジンを操作してアジーナを追跡し、ドッキングした。アポロの月着陸船が月面を飛び立って月周回軌道上で母船とドッキングする際に必要な動きをすべてテストした。

愉快な話もあった。11号の飛行の三日目、コンラッドは、大西洋上空の日差しの中で、与圧服に包まれた腕を前に突き出したまま、つい居眠りをしてしまった。ハッと目を覚ました彼が相棒に声をかけた。

――「ヘイ、ディック。信じられるか? オレ、いつの間にか眠っちゃったよ」

ゴードンの間抜けた声が返ってきた。

――「はぁん、なんか言った……?」

時速二万七四〇〇キロメートルで飛行しながら、二人とも眠っていたのである。

ジェミニが最後にやり残したことは、厄介な船外活動だった。ジェミニ9号の帰還後、NASA首脳部は宇宙遊泳が確実性を高め、極度の疲労をもたらさない水準に達するまで、今後AMUのテストを中止するよう命令した。

ジェミニ10号のマイケル・コリンズも、11号のディック・ゴードンも、宇宙船から離れる操作をするのにひどく手こずった。

ジェット・ガンを使ってアジーナまで移動したコリンズの弁。

――「手すりがないことが大変な障害だと思った。アジーナにつかまることはできたが、反対側へ回って行きたいと思っても行けなかった。これは大問題だ」

ゴードンもサーナンのように体が火照って、汗ダクダクになり、バイザーも曇った。彼は遊泳を早めに切り上げ、

――「ヘトヘトだよ」

とだけ言った。

もう一回だけチャンスが残されていた。ジェミニ12号は、ベテランのジム・ラヴェルが船長を務め、宇宙遊泳を行なうのはバズ・オルドリン。

バズは、これまでの飛行士の遊泳の記録を徹底的に研究し、「装い」も新たにこの難題に挑んだ。まず、飛行に際して、手首にはめるテザーのような装置と、窓拭き職人が横木から落ちないために使うのと同種のつくりのテザーも用意した。オランダの木靴に似た足止めのスリッパ、そして自ら考案した携帯用の手すりを準備した。

一九六六年一一月一一日、ジェミニ計画の最後を飾る12号が地球を後にした。オルドリンは、さまざまな小道具を気密服に納め、船外へ出てからは、これらをジェミニやアジーナに取り付けながら身体をコントロールして移動した。(9)

バズは、宇宙遊泳の難関を完全に克服した。まるで愉快な散歩をしているように船外活動を楽しみ、悠々と自在に「泳ぎ」ながら、三〇メートルの綱の先端をアジーナからジェミニに引いてき

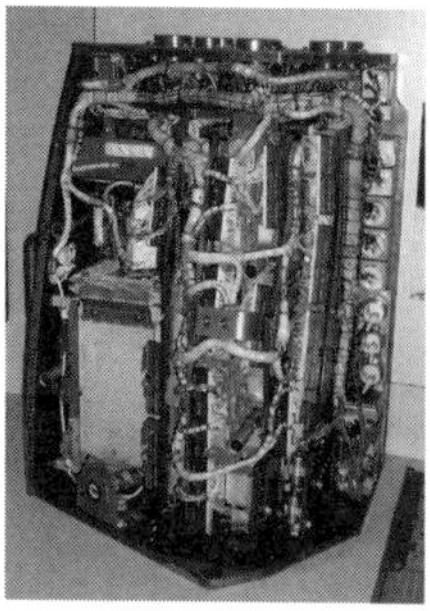
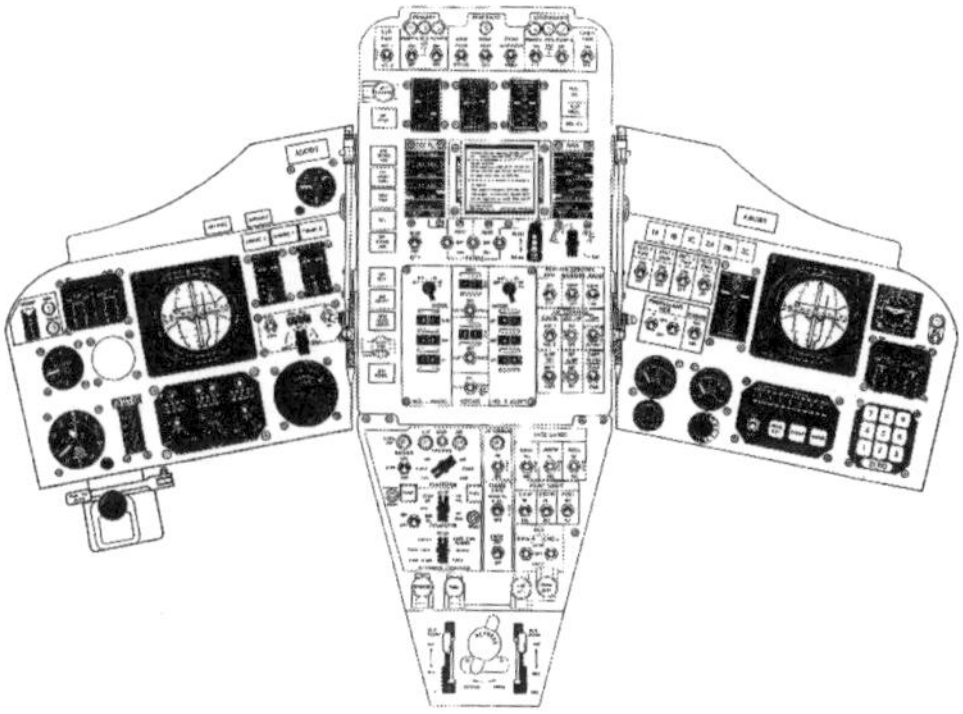

図4-6　ジェミニに搭載したディジタル・コンピューターと飛行士の前の表示盤

た。すべて時間通りに行動し作業を完遂した。ジェミニ計画のどんづまりになって、未解決の重大な課題が撃退された。

◆デジタル・コンピューターの威力

ジェミニに搭載されたデジタル・コンピューターは八面六臂の仕事をした。①打ち上げ前の自動点検、②打ち上げ上昇中にロケットの誘導のバックアップ、③ロケットのコンピューターが故障すると制御の引き継ぎ、④「キャッチアップ」モードでは、ランデブーを開始できるよう、宇宙飛行士に方向ベクトルなどのデータを提供、⑤「ランデブー」モードでは、ランデブーに必要とされる値をレーダーと慣性航法装置から取得しディスプレイに表示、⑥「再突入」モードでは、手動操作の参照データを飛行士に提供した。

ジェミニ8号からは、コンピューターに磁気テープのメモリーが乗り、宇宙飛行士は必要なプログラムや変数をそこから呼び出した（図4-6）。ミッションの要求が肥大化し、従来の記憶容量ではデータが収まり切れなくなったからである。アームストロングとスコットは、宇宙船が回転し始めたとき、初めてこの機能を使用し、大気圏再突入プログラムを呼び出し、ミッションを中止した。そして彼らの命は救われた。

◆ジェミニにおける宇宙飛行士とコンピューター、そして技術者

ランデブー飛行を例にとると、宇宙飛行士はデジタル・コンピューターからデータを読み取り、プリントアウトされたデータと突き合せる。地上の技術者は、航路や更新値を計算して無線でジェミニに連絡する。このコンピューターを媒介とする技術者と宇宙飛行士の助け合いがあって、初めてランデブーが可能であることを、ついに飛行士も納得した。

正確な値が計算され予定通り入力されると、操縦は普通の機械操作になる。宇宙飛行士はサーボ機構のように機能し、後はコンピューターの指示に従うだけだった。アポロではスラスター操作も自動化され、操作卓に何回か入力することで最初から最後までコンピューターが制御を担当した。大気圏突入操作もそうである。宇宙飛行士が命令し、コンピューターを介して自動制御された。上空一二〇キロメートルの軌道から大気圏に再突入する際、コンピューターが宇宙飛行士に傾きを指示し、宇宙飛行士は手動で水平線を基準に宇宙船の姿勢を合わせた。コンピューターが姿勢制御システムを直接制御することもできた。(11)

ジェミニ6号では、宇宙飛行士からの入力一切なしで宇宙船の着水目標点の五キロメートル圏内に着水でき、ジェミニ7号でも成功した。

宇宙飛行士たちは、宇宙船の操縦や複数の搭載装置が極めて複雑なものだということに気づき、そのソフトウェアを作成している技術者の頭脳と苦労を尊重するムードも育っていった。ヒーロー

を誰にするかは決まっていたが、アポロ計画の目標を達成する死闘を通じて、技術者と宇宙飛行士が、その専門と能力に応じて真に協力する姿を、飛行のさまざまな局面で引き寄せつつあった。新しい時代の足音が近づいてきていた。

二〇ヵ月間、一〇回の有人宇宙飛行によって、ジェミニ計画は、マーキュリーを継いで、重要なもう一歩を刻んだ。月をめざす人々が、三八万キロメートル彼方の天体に着陸して帰還するために必要なあらゆる重要な手順をテストし、負った課題をすべてやり遂げた。

一九六六年一一月、アポロへの数々の貴重な遺産を残して、ジェミニ計画は終了した。セルゲーイ・コロリョフがモスクワで息を引き取ってから一〇ヵ月。実際には、ソ連に追撃する力は残されていなかった。アメリカは、ジェミニの完遂によって、自分ではっきりとはわからないまま、ソ連との競争では、実質上の勝利を決定づけていた。アポロ計画に残されているのは、実際に人間を月面に降り立たせ、その人間が地球に帰ること。
ゴールが見えるところまでやってきていた。

4　アポロへ渡る橋

ジミー・ドゥーリトルが一九二〇年代末に、離陸から着陸まですべての飛行を、航空機の窓を布で覆ったまま、計器と無線だけで完遂した。この後を受けたチャールズ・ドレイパーは、飛行計器の研究に新境地を拓き、ＭＩＴ（マサチューセッツ工科大学）に、ＩＬ（器械工学研究所）を設立した。ドゥーリトルもめざした「技術者とパイロット」の絆を太くしようという志があった。

◆アポロ計画最初の契約

人間を月の地面に着陸させて地球に帰還させる――ケネディが熱烈にアメリカ国民に呼びかけた時には、次々と地球周回の人工衛星を軌道に投入する時代を迎えていた。しかし三八万キロメートルも離れた月面で、人間をそっと降ろして、また出発させ、故郷の星まで連れ帰って回収するなどということが本当にできるのだろうか。

すでにアイゼンハワー政権のときに、月ロケットの計画は存在し、夢と面白さであれこれ研究もし、検討もしてきたが、今度は本当に予算までついてしまった。大統領の演説をよく読むと、「一九六〇年代の末までに、人間を月へ送り、地球に帰還させる」とある。誰がそれをやるのか？　もちろん宇宙飛行士は自分ひとりの力で飛ぶことができない。

それを達成するのは、われわれ技術者だ――ＭＩＴのＩＬ（器械工学研究所）に、真剣にそのことを熟考しはじめた若者たちがいた。ＮＡＳＡは本気だ。それが証拠に、あの演説のわずか二ヵ月後に、先陣を切ってこのＩＬに、アポロのための誘導コンピューターを開発してくれとの依頼が来た。(11)

それは異例の秘かな契約だった。ＮＡＳＡは、ポラリス・ミサイルの慣性誘導システムを開発したこの研究所に、アポロの命運をかけている！　いやが上にも士気は高まって行った。

隠れ咄4 「アポロ計画」の誕生日

「マーキュリー計画」の実質上の命名者として知られるエイブ・シルヴァースタインは、アポロ計画の命名にも深く関わっている。

全国各地の風洞建設の第一人者としてNACAで重きをなしたシルヴァースタインは、ソ連がスプートニクを打ち上げた後に、請われてNASAの組織づくりと計画策定をリードし、一九五八年の設立後には、キース・グレナン長官、ヒュー・ドライデン副長官に次ぐナンバー3のポストに就いた。未来への展望を見据える構想力に富み、果断の実行力を持つ人として知られる伝説の人である。

NASAが初めの頃に実行した宇宙飛行プログラムのほとんどは、そのトップにいたシルヴァースタインの傘下にあったが、とりわけ有人宇宙飛行に思いが強かった。彼は、液体水素を燃料とするロケット・エンジンの開発を、親しかったフォン・ブラウンに熱心にけしかけたことでも有名である。

さて、そのシルヴァースタイン宇宙飛行局長が、一九六〇年一〇月半ばのある日、その配下にあって有人飛行を取り仕切るジョージ・ローから、「アポロ計画」と題する有人月着陸計画についての提案を受け取り、OKのサインをした。それが、「アポロ計画」の誕生日である。……と一般には言われる。ただしその日付が定かでない。だから、NASAの公式の記録には、その「アポロ計画」について議論する最初の会議がシルヴァースタインも出席して開かれた一九六〇年一〇月一七日を、実質上の「誕生日」とする記録が残されている。

図4-7　アポロ13号のミッション・エンブレム

ところがそれよりずっと早く同じ年の一月、NASA本部があったドリー・マディソン・ハウスの近くの小さなレストランで昼食の最中に、シルヴァースタイン自身が、すでに公表されている「マーキュリー計画」の次は、三人くらい乗せた機体がいいなと言い、その飛行計画に「アポロ」とつけてはどうかと、同席した人たちに提案したらしい。それはそのまま「忖度」されて、一〇月の展開になったというのがどうも本当らしい。

その時の昼食に同席していたのは、ドン・オストランダー打ち上げロケット局長、スペース・タスク・グループから三人（ボブ・ギルルース、マックス・ファジェイ、チャールズ・ドンラン）。

まだ「月へ行く」という目標など決まっていないときに、深宇宙を華やかに飛ぶイメージに、炎の車を操縦しながら空を翔けるアポローン（英語名アポロ）を重ね合わせた。彼の若いころからの憧れの神さまだった（筆者の独り言：これは実際にはギリシャ神話に登場するヘリオスのイメージなのだが……）。

「マーキュリー」の後継計画は「アポロ」というのが、半ばグループ内の既定の事実だったので、正式に月へ行くことになったのに、月の女神アルテミス（英語名ダイアナ）ではなく、そのまま強引に太陽神アポロという名が「忖度」されたのである。どこの世界も同じですな。

これもマックス・ファジェイから聞いたのだが、シルヴァースタインは、

――「**私は、子どもの名前をつけるような気持で、ウキウキしてる**」

と言いながら、「アポロ」に言及していたという。シルヴァースタインの憧れは、後にアポロ13号のミッション・エンブレムに表現された（図4－7）。

◆融通のきくコンピューター

ポラリスを発注した海軍は、ＩＬの勧めもあって、デジタル・コンピューターをこのミサイルに搭載したが、これはあまり汎用性がなかった。どんなソフトでも走らせることのできる融通の利くコンピューターを求め、ＩＬの技術者たちは、考え、工夫し、奔走した。ワイヤーラッピングという新しい実装の方法を編み出し、すべての回路を一つのゲルマニウム・トランジスターの部品でまかなう工夫をし、それを厳しい品質検査にかけ、当時新発明の「集積回路」をポラリスの二代目のコンピューターの設計に取り入れた。

ポラリス・ミサイルの発射実験は一九六〇年六月に行なわれ、ＩＬの名は揺るぎないものになりつつあった。

ＩＬの技術者の中にも、スプートニク以来、ポラリスのような軍事技術ではなく、宇宙時代を感じて将来はその分野で働きたいと志す若者たちがいた。核ミサイルでターゲットを攻撃するという

味気ない技術に飽き足らない思いがし、空軍から来た小さな火星探査機の仕事に情熱を注いだ。ここでも「融通の利くコンピューター」は存分に力を発揮した。当時カリフォルニアでは、JPL（ジェット推進研究所）のグループも深宇宙探査機の設計・開発に意欲的に挑戦しており、その過程で彼らは世界にまたがる追跡ネットワークとそれを支える技術を作り上げた。ILとJPLは切磋琢磨しながら火星探査機を成功させた。

そのILのグループの中に、惑星間軌道設計のパイオニアとなるリチャード・バッティンがいた（図4－8）。

◆きらめきの頭脳――リチャード・バッティン

私（筆者）が大学院生として糸川英夫研究室に所属してしばらく経ったころ、

――「これ、読んでみたら？」

と言われて、三冊の本を渡された。そっけない言い方だが、それは、

――「きっと読むんだぞ」

という意味だった。以下の三冊である。

- Engineering Cybernetics
- Astronautical Guidance
- Space Technology

その二番目の本の著者が、リチャード・バッティンだった。因みに一冊目を書いた人は、〝Hsue-Shen Tsien〟となっており、当時は気が付かなかったが、当時すでに母国（中国）に帰っていた

錢學森その人だった。いずれも非常に読み応えのある力作だが、とりわけバッティンのものは素晴らしく、心をとらえて離さない魅力があった。これは、その後の何世代にもわたって、世界の惑星間飛行のバイブルとなった。

バッティンは、もともとはＩＬにいたが、つまらなくなってビジネスの世界に転身し、スプートニクの打ち上げの中に未来を予見してＩＬに戻った。彼は、誘導にまつわる問題をリアルタイムで解決する汎用のコンピューターを開発した。

国際宇宙航行連盟（ＩＡＦ）という学会で、バッティンのかつての同僚に会ったことがある。

――「アポロにどのように飛んでいくのか、誘導と航法をめぐってＩＬが悩みに悩んでいるころ、彼のひらめきの数学の頭脳は、われわれの導きの星でした」

余談だが、現在惑星探査で流行語にもなっている感のある「スウィングバイ」という省エネ航法があるが、これはこの人が、上記の名著で展開したアイディアである。

図4-8　リチャード・バッティン

◆ 春の訪れ

一九六〇年ごろ、ＮＡＳＡが月飛行を計画しているという話を耳にしたバッティンは、秘かに月へ飛行する最適の航法を研究した。航法にはどれくらいの量のどのようなデータが必要かを調べ、それがどの程度の精度に収まるべきかを弾き出し、エンジン噴射による軌道修正の回数を最小回数に抑える方法を探った。

そして、ケネディ演説の直後、NASAからILに依頼が来た。地球と月の間をどのように誘導するか、アポロ宇宙船の計器設計、アポロ宇宙船に搭載するコンピューターの仕様、帰還の際の再突入の誘導などを研究する契約だった。

数ヵ月後に、ロバート・チルトンがILを訪れた。彼はむかしMITの学生のころ、ドレイパーの研究仲間だった人だが、今やだれ一人面識がなかった。しかしバッティンらのグループと話合いを持ち、感動を覚える。そして彼は、最後に厄介な仕事をILに課した――「どんなに複雑なミッションでも遂行できるように、人間を最大限活用できるシステムを考えてくれ。宇宙船に乗る人間が的確な判断力と瞬時の適応能力を持っていることは、私が保証する」。(11)

一九六一年三月、アポロ宇宙船の設計は、その心臓部分の稼働が始まったばかりだった。その鼓動は、アポロ17号の帰還まで力強くつづいていくことになる。

第5章

慟哭からのスタート
——苦悩するアポロ

Richard Battin

Wernher von Braun

Apollo 1

ジェミニ計画が一九六六年末に成功裏に終わると、人間の月面着陸はすぐそこに迫っていると思われた。しかし、つづく一九六七年は、時のアメリカ大統領リンドン・ジョンソンにとっては厳しい年だった。

アメリカ全土の都市で人種紛争が頻発し、「正義」の仮面をかぶりながら続けられるヴェトナム侵略戦争も、死傷者が増えるにつれて、大統領への攻撃の火の手に激しさを加えて行った。

ジョンソンは次の期もホワイトハウスに残りたかった。一九六七年には、再選のための布石を打たざるをえず、「アポロ計画」は、有権者の心を取り戻す絶好の「切り札」と位置づけられた。一九六八年の選挙戦の期間中にアメリカ人が月面に降りて帰還することが必要だ。彼はNASAに急がせることにし、

——「飛行を急ぐことを大いに期待している」

との言葉を伝えさせた。

1 二つの蹉跌——アポロ1号とソユーズ1号

一九六七年一月が明けた。その第一週に、アポロ1号宇宙船の船内システム総点検が開始される。当初の予定では、そのスケジュールの最初に来るのは、宇宙船に一〇〇パーセントの酸素を注入して加圧するテストで、それは無人で行なわれるはずだった。

◆コックピットが火事だ!——アポロ1号のつまずき

ロケットでも宇宙船でも、最初は無人でシステムをテストする——これが宇宙の仕事の鉄則であり、長期にわたって積み重ねてきた人間の知恵である。

それに横槍を入れるのは、ある時はシステムを統括するリーダーの焦りや政治的圧力だったりする。ソ連のヴォスホート宇宙船の場合は、その両方が重なった。焦ったコロリョフがフルシチョフからの圧力を利用した。

アメリカのアポロ1号宇宙船の場合、一九六六年末に、ジョンソンが、どのような指示あるいは要望を出したのかは定かでない。しかし、ともかくNASAは、ジェミニを完了して勇躍仕上げのアポロに足を踏み込んだ段階で、この無人段階でのテストを省略して、一月二七日、一足飛びに飛行士を搭乗させてリハーサルを決行するよう、いぶかる現場に命令を発した。"Well begun is half done."(始めよければ終わりよし)のまさにその時、大統領への「忖度」が働いたことは明白である。

歴史的任務につくのは、船長のガス・グリソム、エド・ホワイト、ロジャー・チャフィーの三人である(図5-1)。

アポロ1号を乗せたサターンIBロケットは、高さ六八メートルにも達する。その一番上に三人の乗るアポロ1号宇宙船がある。「ドライ・イン」と呼ばれるリハーサルの準備が整い、各班の入念なチェックが終了し、いよいよロケットと宇宙船が内部の電源で作動するかどうかのテストに移った。燃料補給と実際の点火を除くすべての作業について、本番通りのオペレーションを行な

図5-1　アポロ1号の飛行士（左から：グリソム、ホワイト、チャフィー）と訓練風景

う。

宇宙服を着た三人の飛行士がカプセルに入り、三人は完全に閉じ込められた。純粋な酸素が船内を満たしていく。圧力計が一気圧強の値を示した。リハーサルが始まり、通信回線が混乱し始め、リハーサルのやり直しが提案されたが、通信のトラブルは無視され、作業は強引に続行された。

与圧された船室内に五時間以上も供給されつづけた純粋酸素は、船内のあらゆるものに染み込んでいった。

——「火事だ！」

突然、エド・ホワイトの声。つづいてガス・グリソムの太い声。

——「コックピットが火事だ！」

無言で立ち尽くす管制センターに、その数秒後に、訴えるような悲痛な叫び声。

——「ここから出してくれ！」

よく聞き取れない叫びがつづき、そして静かになった。

管制センターの管制官は、死に物狂いで飛行士の名前を呼び続けた。

……しかし応えはなかった。

図5-2　悲惨な事故後のアポロ1号

宇宙船の底に敷かれたポリウレタンが、大量の純粋酸素を吸収した。その酸素は、たった一つの火花で「活躍」を始め、飛行士たちと脱出口の間に巨大な炎の壁を作り出した。火事が起きてからわずか数秒で、ヘルメットにつながるホースから大量の炎が、三人の鼻・喉・肺に入り込んだ。[9]三人の肺から空気が急激に吸い出され、命が消えるまでには、わずか八秒半で十分だった——すべて事故調査委員会の綿密な分析で明らかにされた（図5−2）。

◆アポロ再生への条件

アポロ1号の火災で三人の飛行士を失ったNASAは、計画の崖っぷちに立たされた。ヴェトナム戦争、税率の引き上げ、公民権問題、環境保全など国際的・国内的に問題が山積しているこの時期に、人間を月に送り込むなどという課題に二五〇億ドルも投入していいものか——国全体を巻き込んで議論が始まった。

反対派は、アポロ計画は金がかかりすぎるので即刻中止すべきだと主張し、多くの有力な科学者も、経費のかからない無人探査でも月を研究できると述べた。一方賛成派の急先鋒はジョンソン大統領で、彼は、

——「アポロを遂行する九年間にアメリカ国民の払う金は一人あたりわずか一二〇ドルだ」と主張した。毎年アルコールやタバコにそれ以上を払っているではないか、と。

結果的にアポロ計画を元の軌道に戻すのに大きな役割を果たしたのは、事故調査に当たって、NASAが秘密主義を避け、どんな事態が起きたのか、何ゆえにそうなったのか、修復するのにいかなる手立てをとっているかを、驚くほど率直に語りかけたことである。報告書は三三〇〇ページに及び、その公明正大な内容には、批判者も驚嘆した。

報告書は、自ら火傷を負うべき箇所は、NASA及びノース・アメリカン社を歯に衣着せずに強く批判している。このチームを、貧困な管理、不注意、怠慢、それに宇宙飛行士の安全を的確に考慮していなかったと指摘して批判した。ただしもちろん、「忖度」云々のことは一切触れていない。

つづく数ヵ月、三秒きっかりで乗員が開けられる新型のハッチを含め、アポロの徹底的な再設計及び再製造に五億ドルの費用が投じられた。これはジョンソンが国民の意向を「忖度」したのであろう。そして、新しい宇宙船は、広範囲にわたって耐火性の素材が使われた。電気系統も、新たに設計しなおされた。宇宙船が地上にいる際の気圧制御システムには、窒素と酸素の混合ガスが使用されることになった。

ただし、ハッチの話には考えさせられる。あのマーキュリーのガス・グリソムの着水後に起きた事件から教訓を得ていたNASAは、不用意に開かないように留意し、安全設計の結果、開けるの

に90秒もかかるハッチに「改良」していた！

フライト・ディレクターのクリス・クラフトの言葉。

――「あんな事故を起こしてしまった自分たちを許せなかった。しかしその反面、あの事故が起きていなかったら、おそらくわれわれは月に到達できなかっただろう。あの経験の結果として、司令船も着陸船も多くの改良が施された。月に到達するには、すべてのシステムにありとあらゆる種類の問題があった。それに、あの恐ろしい経験があったからこそ、仕事の取り組み方も姿勢も徹底して改善することができたと思っている」(11)

アポロの関係者が異口同音に発する言葉である。

◆コマロフの悲劇――ソユーズ1号のつまずき

図5-3　コマロフ飛行士

このアポロ1号のつまずきと蘇りの努力をしている間、NASAは長期にわたって月面着陸競争の表舞台から身を退き、ソ連に追いつくチャンスを差し出した。

一九六七年四月二三日、アポロ1号の火災から八六日後、ソ連の飛行士ヴラジミール・コマロフが、宇宙船ソユーズの処女飛行に旅立った（図5-3）。将来の有人月飛行を目指して後続の別のソユーズとドッキングすることになっていた。そして二機のソユーズの飛行士は船外活動の後、母機を交換して地球に帰還する計画などが考えられていた。

打ち上がってすぐ、嫌な予感を感じさせる事件が起きた。ソユーズは、軌道に入って後に巨大な太陽電池パネルを左右に広げることになっていた。右のパネルは開いたが、左が開かない。片方のパネルだけでは十分な電力を得ることができない。

そこでモスクワ近郊の飛行管制センター（ツープ、現在のコロリョフ管制センター）はコマロフに、太陽から最大の電力を得られるようにソユーズの姿勢変更を行なえと指示を出した。しかしコマロフが苦闘すること三時間、ソユーズは次々と故障を併発し、制御はうまくいかなかった。太陽電池の出力は低下し、地上とソユーズの交信さえ途絶えがちになって来た。

姿勢制御は自動から手動に切り換えられた。コマロフはこのままでは間もなく地上との会話ができない状態で、まさに自力で宇宙からの帰還を果たさなければならなくなる。絶体絶命のピンチだ。

七周目から一三周目の間の九時間、ソユーズの軌道のせいで、地上局との通信はできない。ソユーズ1号は、コマロフを乗せたまま、緩やかに時間の中を旅していた。一三周目の終わりごろに通信が回復した時、コマロフの弱々しい声は管制官を驚愕させた。宇宙船を制御するための電子回路が働かなくなっているというのである。

管制官は直ちに後続のソユーズの打ち上げを中止するよう要請し、コマロフに対しては、逆噴射エンジンを噴かして、スピードダウンし、大気圏に突入する準備をするよう命令を発した。

そして管制官は、悲痛な顔で受話器をとりあげた。すぐにモスクワ郊外のアパートに車が差し向けられ、駆け込んだ二人の男に抱きかかえられるようにして、一人の女性がツープに姿を現した。コマロフの妻、ヴァレンシアである。ヴァレンシアは小さな部屋に案内され、ヘッドフォンを渡された。センターのスタッフは黙って遠ざかった。この十数分の短い間に、ヴァレンシアは、おそらく生きて戻れないであろう夫ヴラジミールに、永遠の別れを告げた。

コマロフの最後の激闘が開始された。逆推進エンジン噴射、しかし制御がきかない。彼は船内のジャイロを見つめ、豊かなジェット・パイロットとしての経験を活かし、高まりくる動圧と四つに取り組んだ。

図5-4　コマロフの遺体は、コロリョフも眠る赤の広場の廟に納められた。葬儀では妻のヴァレンシアが、長く別れを惜しんだ

オルスクという町の東方六五キロメートルの上空で、何かが爆発して炎に飲み込まれるのを目撃した農夫がいた。地上に激突したソユーズを発見し、燃え上がる船体に砂をかけた。一時間後、宇宙船のくすぶる残骸の中から、コマロフの遺体が発見された（図5－4）。

事後調査の結果、メイン・パラシュートは開かず、補助パラシュートもソユーズから外れていたことが判明した。この後、ソユーズは一八ヵ月の間打ち上げられることはなかった。コロリョフの死につづくコマロフの悲劇で、ソ連の宇宙への道も大きな崖っぷちに立たされた。(7)

2 「アポロ宇宙船」の姿

米ソの活動の谷間を利用して、今のうちに、アポロ宇宙船の仕組みについて、大急ぎで見ておこう。人類初の月面着陸を成し遂げた宇宙船は、詳しく言えば、図5-5のように五つの部分からなっている。

打ち上げ時には五つ全部がロケットの先端に取り付けられており、上から順に、打ち上げ脱出システム、司令船、機械船、月着陸船、宇宙船アダプターである。打ち上げに使われるサターンVロケットについては、語りたいことが山ほどあるが、限られた紙面なので、残念ながら今回は省略する。

「アポロ宇宙船」と呼んでいるものには、実は二つのバージョンが存在する。最初に歴史に登場したのは、初めのころに地球周回軌道上での働きを調べるために使われた「ブロックⅠ」。そして、アポロ7号以降は、月面着陸のために飛んだ「ブロックⅡ」が使用された。「ブロックⅠ」は、無人で飛んだアポロ4号、5号、6号と、悲劇の火災事故を起こしたアポロ1号である。ここでは、月面着陸というハイライトを演じたブロックⅡを中心として説明しよう。

◆打ち上げ脱出システム

これは、打ち上げのときや離陸して間もないときに、非常事態が発生した場合、司令船だけをロケットから切り離し、ロケットから距離の離れたところまで避難させてくれるもの。これがあるからといって宇宙飛行士の命が確実に助かるという保証はないが、彼らの心の支えになるのは、まさ

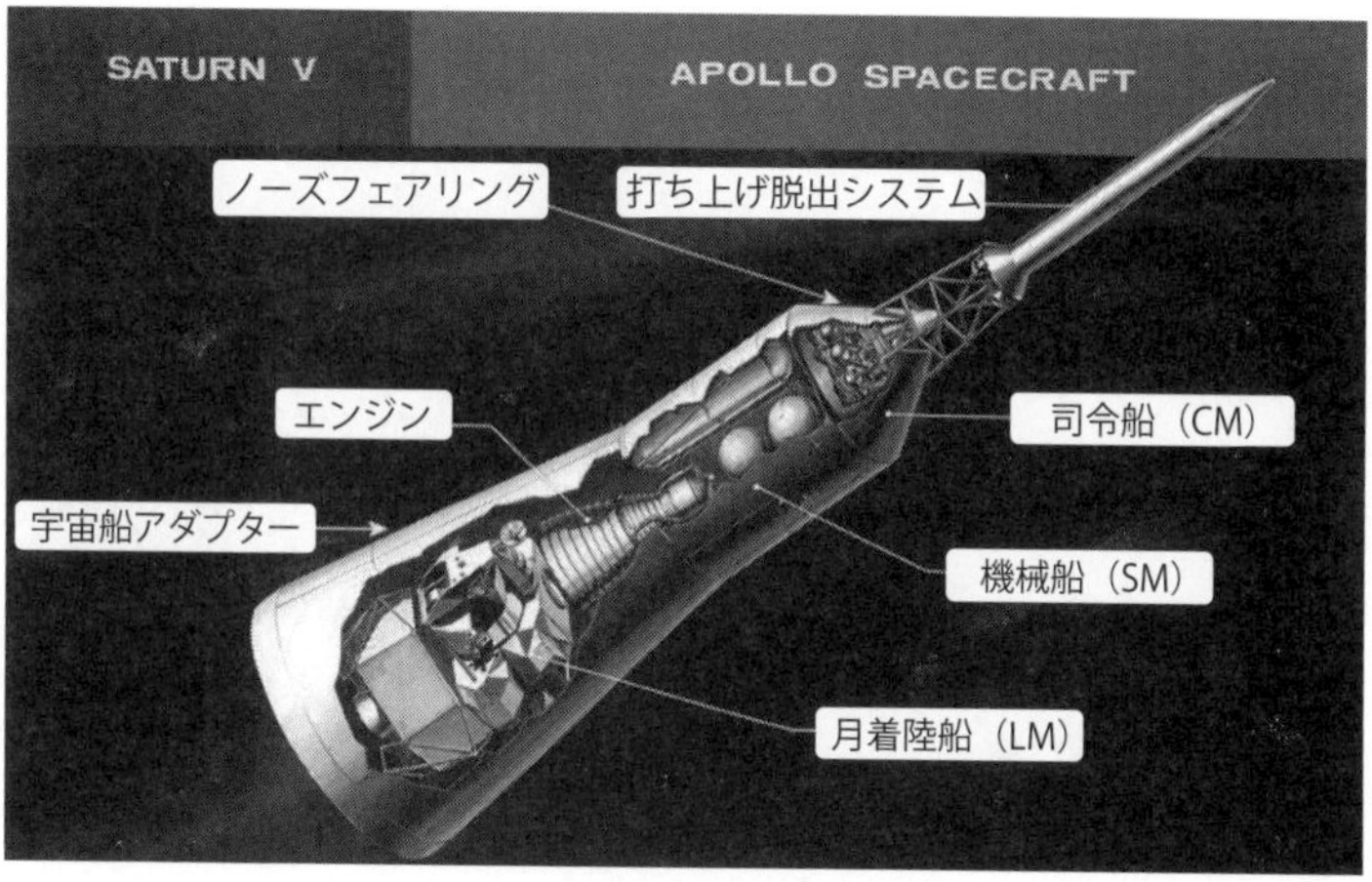

図5-5　アポロ宇宙船システム

にこのシステム装備だけである。

いろいろなケースが想定してあって、外から見ると単純だが、いざとなればきっと頼りになると思われる。しかしアポロの実際の飛行では、これが発動する「非常時」が起きなかったので、ここではそれくらいの説明にして先を急ごう。

◆宇宙船アダプター

アポロの「宇宙船アダプター」は、細い司令船・機械船と太いサターンVロケット上段のとを繋いでいる。図5－5で月着陸船を覆っているカバーである。そしてこの覆いの中には、月着陸船の他に、ロケットと司令船・機械船の間で制御信号をやりとりするためのケーブルも入っている。アルミニウムのハニカム構造の上に、コルクシートが重ねてあって、断熱も受け持っている。

このアダプターも打ち上げ脱出システムも、用済みになれば、旅路に就く「司令船・機械船と月着陸船」から切り離される。だから、打ち上げが

図5-6　母船（司令船＋機械船）

順調なら、図５－５の中の司令船・機械船と月着陸船の結合体だけが月へ飛行することになる。

◆司令船・機械船

アポロ宇宙船の「母船」とも呼ばれる部分で、地球周回、月への飛行、月周回、地球への帰還の際に、三人の飛行士が乗っている部分。司令船と機械船の二つの部分から成っている。

・機械船――支援船、サービス・モジュール、あるいはＳＭとも訳される。エンジン、月軌道から離れるための推進システム、高度を保つための姿勢制御システム、水素／酸素の燃料電池、排熱を逃がすラジエーター、高利得アンテナ等がある。生き物がいないから与圧されていない。もちろん、酸素は呼吸用にも用いられるし、燃料電池が飲料水も作ってくれる。機械船は、ミッションの間はずっと司令船とつながっていて、大気圏再突入の直前に投棄する。

・司令船――コマンド・モジュール、ＣＭとも訳される。アポロ宇宙船を操縦するための部屋で、しかも三人のリヴィングも兼ねる。与圧されたメインキャビン、乗組員用のカウチ、操作・誘導・通信・環境制御・バッテリー・熱保護・姿勢制御・パラシュート回収などのシステム、ハッチ、窓などを備えている。三人の飛行士はこの司令船に乗って地球に帰ってくる。

◆月着陸船

二人の飛行士を乗せて月面に降り、その後月面から打ち上げられて月周回軌道上で待っている母船とドッキングする。真空中だけを飛ぶので、大気の抵抗を考慮しなくていいから、一見奇妙な形をしている。アダプターの内側に守られて打ち上げられ、月への軌道に乗ると、(ここが肝腎だが)司令船・機械船(二つ合わせて「母船」)の先端にドッキングして、そのまま月まで飛行する。

月周回軌道に入ると、月着陸船には二名の宇宙飛行士が乗り込み、降下段エンジンを噴射して月面に着陸。二人の月面活動が終わると、月着陸船の降下段(下半分)を発射台として上昇段(上半分)だけを打ち上げ、母船まで上昇してドッキングする。

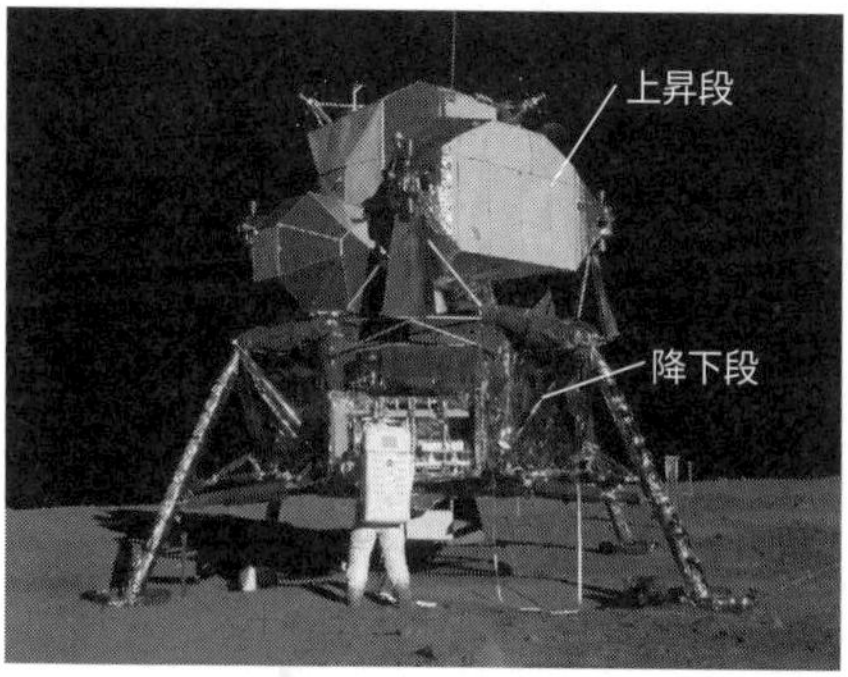

図5-7　月着陸船

飛行士が母船に戻った後は上昇段も不要となるので、要らなくなった機材を詰め込み、再び月面に向かって投棄する。その上昇段は、最後に小さな月震を起こして、科学者の月内部の研究に資する。月着陸船は、徹底的な軽量化をしてあり、ほとんどの部分がアルミの骨組みに断熱のための金属箔を張っただけの「ハリボテ」である。

- 上昇段(図5－7上部)——月面降下の際に二人のいる「クルー・コンパートメント」(図5－8)には、正面に二つの三角窓と月面へ降りるためのハッチがある。左側が船

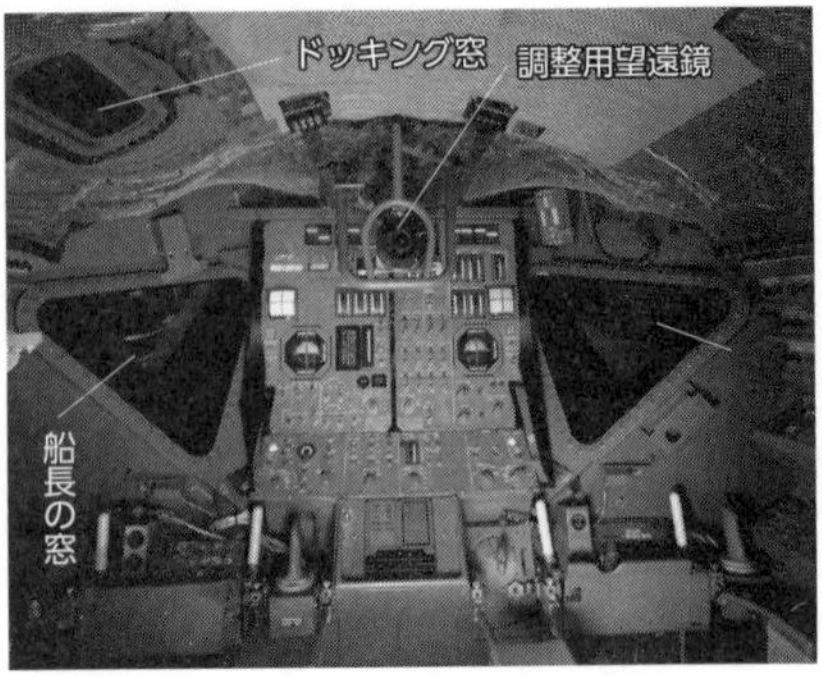

図5-8　月着陸船のクルー・コンパートメント

長、右側が月着陸船パイロットのコンソールである。また船長側の屋根の部分には、小さなドッキング窓。床にはベルクロ・パイルが張ってあり、無重量状態で宇宙飛行士の靴を固定できる。操縦席に椅子はない。飛行士はケーブルで体をくくりつけるだけで、立ったまま操縦する。

● 降下段（図5－7下部）——月を離れるときに要らないすべての機材が取り付けられている。中央に降下用エンジン、それを取り囲むように燃料タンク、そして外側には4本の着陸用ギア、月面センサーが取り付けられている。

図5－9には、打ち上げから帰還までの各モジュールの動きをまとめておく。適宜この図に立ち返りながら本書を読み進んでいただくと有難い。

3　アポロ初期の試験飛行

話はさかのぼる。ジェミニ計画が佳境にさしかかった一九六六年の初頭、アポロを運ぶサターンVの開発に専念していたフォン・ブラウンは、その前段階としてサターンＩＢを開発し、四度の打

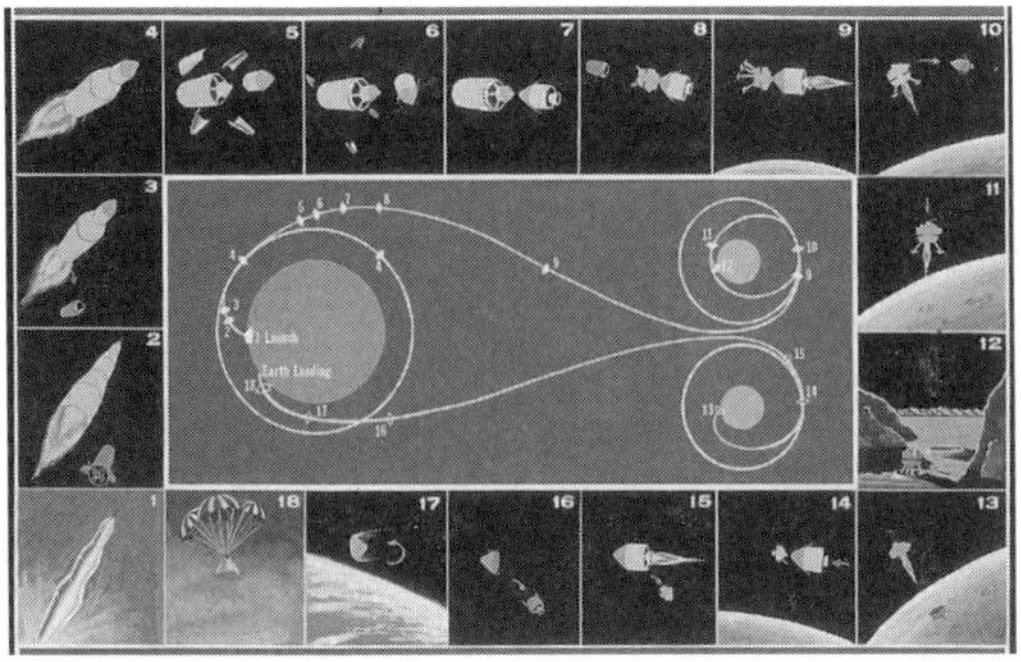

1 サターンＶ打ち上げ
2 第１段分離、第２段点火
3 打ち上げ脱出システム・第２段分離、第３段点火、地球周回
4 第３段再点火、月遷移軌道へ
5 宇宙船アダプター分離
6 母船回転
7 月着陸船へ接近
8 母船・月着陸船結合
9 司令船点火、月周回
10 月着陸船、母船から分離
11 月着陸船月面へ降下
12 月面着陸、月面活動
13 月着陸船の上昇段打ち上げ
14 月周回中の司令船と結合
15 月着陸船を分離・投下 司令船点火、地球遷移軌道へ
16 機械船を分離、司令船は再突入
17 熱シールドを前面に降下
18 パラシュート開傘、減速、着水

図5-9　アポロ宇宙船の飛行プロファイル

ち上げ計画を予定した。その打ち上げでは、別のチームが準備を進めているアポロ宇宙船のテストもしようということで、それぞれ「アポロＡＳ－２０１、２０２、２０３、２０４」と呼ばれる宇宙船を乗せることになっていた。

◆アポロの永久欠番

「アポロＡＳ－２０１」は、ソ連でコロリョフが息をひきとってから一ヵ月後、一九六六年二月二六日に打ち上げられた。無人で弾道飛行した宇宙船の方は、機械船のエンジンが予定より六〇秒長く噴き、司令船の電気系統にトラブルが発生するなど問題もあったが、サターンＩＢロケット自体は完璧な飛行を見せて、アポロ計画に大きな希望をもたらした。

次に飛んだのは「アポロＡＳ－２０３」で、一九六六年七月五日。燃料タンク内の挙動とロケットの性能試験が行なわれて成功、無人の宇宙船は地球周回軌道に乗った。２番目に飛んだアポロ宇宙船なので、誰からともなく、「ＡＳ－２０３」のことを「アポロ２号」

と非公式に呼んだ。

つづく「アポロAS－202」は、再び無人の弾道飛行。司令船の大気圏再突入を試み、途中で制御不能になったが、全体的には満足する結果を得た。これが非公式に「アポロ3号」と呼ばれた。

そして、NASAが「アポロAS－204」と呼ぶことにしていた宇宙船は、サターンIBの四度目の飛行で初めて三人の飛行士を乗せ地球を周回する予定だった。NASAはこの飛行に大きな期待をかけ、一九六六年六月の時点で、これを「アポロ1号」と呼ぶことを許可し、三人の飛行士は胸に「アポロ1号」の標章をつけた。ところがあの忌まわしい発射台上での訓練中、火災事故が発生し、三名の飛行士が命を失った。事故の後でNASAは公式に「アポロ1号」と命名した。

以前に「アポロ2号」「3号」と非公式に呼んでいた宇宙船があったところから、アポロ宇宙船は、次は4号から連番をつけることとし、2号・3号は公式には欠番となった。

◆アポロ計画の再スタート――サターンVの処女飛行とアポロ4号

ソ連が、コマロフの事故の後、ロケットの爆発、通信衛星モルニヤの二度の成功、そしてロケットの打ち上げ失敗、……一進一退を繰り返していた一九六七年一一月九日、NASAは、月着陸船を除いたフル装備で、サターンVロケットの初飛行に挑んだ（図5－10）。

後の一連の月飛行や、スペースシャトルの発射でも使用されることになるケネディ宇宙センターの第39発射台を使うのも、これが初めてだった。

この実験の主目的は、サターンVの第一段と第二段の発射だが、同時に第三段に初めて宇宙空間で再点火し、司令船を月から帰還する時に近い高速で大気圏に再突入させることも重要な目的だった。そのために搭載されていた計測機器の数は実に、四〇九八個。

サターンVをフル装備で飛行させるのは、これが初めてである。多段式ロケットのすべてのステージを一度にまとめて発射してテストするやり方は、フォン・ブラウンがすでにペーネミュンデの時代に創り上げた方式だが、アポロの技術者たちは一様に不安を感じていたと言われている。

アポロ4号としては、まだ人間が搭乗できるモデルではなかったが、熱シールドやハッチを新型にした司令船・機械船が載せられ、まだ完成していない月着陸船の重量や重心を模したバラスト・モデルが搭載された。

発射は完璧で、ロケットの第三段とアポロ宇宙船は予定どおり高度一八五キロメートルの地球周回軌道に乗った。地球を二周してから第三段に再点火し、アポロ宇宙船は長楕円軌道へ。そして第四段を分離し、今度は機械船の主エンジンに点火、遠地点を通過した後、月からの帰還を想定して主エンジンで再び加速、司令船は大気圏に再突入した。着水したのは、予定した場所からわずか一六キロメートルのところだったので、海軍の回収航空母艦ベニントンの艦上からも帰還の様子が見えたという。

図5-10　アポロ4号の打ち上げを待つサターンV

この飛行で、とりわけ技術者に注目されていたのは、月着陸と帰還再突入のカギをにぎると目されたアポロ誘導コンピューター（AGC）である。ケネディ演説のわずか二ヵ月後に、NASAはポラリス・ミサイルの誘導システムの開発実績を持つMITのIL（器械工学研究所）に、アポロ関係の最初の契約として特別委託した。

◆アポロ誘導コンピューター

アポロ誘導コンピュータ（AGC）は、初期の集積回路を採用したリアルタイム組み込みシステムで、アポロ宇宙船の航行を自動制御し、宇宙飛行士はDSKY（ディスキーと読む）と呼ばれる数値表示部とキーパッドからなる装置を通じてAGCとやりとりする。AGCもDSKYも、アポロ計画のためにMIT器械工学研究所で開発された。ハードウェア設計責任者はエルドン・C・ホール。マーガレット・ハミルトンがソフトウェアを監督した。

このAGCがアポロ4号で飛んだ（図5-11）。AGCは五時間稼働し、位置・速度を測定し、数々の姿勢変更を制御し、機械船のエンジン点火も二回実施した。エンジンは正常に燃焼し、目標の帰還軌道に乗せて、秒速約一一キロメートルで大気圏に再突入させた。

再突入の前、オーストラリアにいる管制官が一つだけミスを犯し、熱シールドを厳しいテスト条件にさらしたが、大気圏再突入の速度超過にもかかわらず、コンピューターは着水を目標の約三キロメートル圏内に収めた。

伝説のアポロ誘導コンピューター――AGCとそのソフトウェアは、ここから無数の修正と改良を施されていくが、一九七二年のアポロ17号の帰還まで、絶賛されつづける。

◆月着陸船がついに登場——アポロ5号

最後に残った不気味な難関は、史上初めて人間を月に降ろし、それを月面から発射するという厄介な任務を負う月着陸船だった。そのテストとして計画されたアポロ5号は、一九六七年四月の打ち上げ予定が、搭載する着陸船そのものの遅れでずるずると延期されていき、最終的にロケットの上につけられた時は、半年遅れの一一月だった。

ところが打ち上げ直前になって、グラマン社の工場で事故が起き、着陸船の窓ガラスが壊れた。その窓をアルミニウムの板に交換していたら年が明け、一九六八年になっていた。

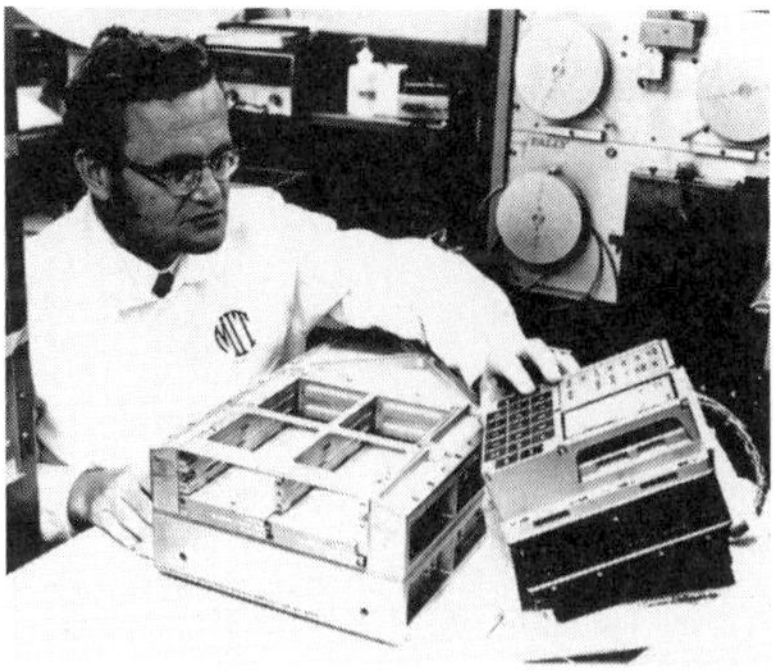

図5-11　アポロ4号に搭載したアポロ誘導コンピューターと設計者、エルドン・ホール

アポロ5号の主目的は月着陸船の無人飛行試験。特に上昇段と降下段のエンジンや、切り離しのシステムの性能を確認することだった。着陸船のエンジンを軌道上で噴くのは初めてだった。さらに、月面降下中に飛行を中止して緊急脱出する事態を想定して、降下段を接続した状態で上昇段のロケットに点火して降下段を切り離す「接続点火」のテストもやりたかった。

あまり知られていないが、アポロ5号を打ち上げるのは、本来は「アポロ1号」の打ち上げに使用するはずのものだった。あの事故でサターンIBが一機宙に浮いた。このロケットは、月まで人を運ぶ力はないが、地球周回軌道ならば余力もあり、着陸船そのものも着陸脚がないし、無人なので打ち上げ脱出システムもない。フル装備よりも随分軽いので問題なかった。

一九六八年一月二二日、アポロ5号は日没直後のフロリダの空へ飛び立った。ロケットは今回も完璧な飛行を見せ、第二段ロケットと着陸船は近地点一六二キロメートル、遠地点二一四キロメートルの低軌道に投入された。四五分後、着陸船を分離して降下エンジンに点火したが、予定よりも四秒早く三五秒間で噴射が停止した。しかし「接続点火」試験は予定通り行なわれ成功した。着陸船は地球を七周半し、グアム島の沖上空で消息を絶った。

こうしてまた、月面が少しだけ近づいたが、着陸船の降下エンジンが早めに停止した問題が、大きな波紋をひろげた。

◆管制官と技術者の軋轢

降下エンジンが四秒早く停止したことで、管制室が混乱した。一時あまりにも混乱したので原因を探ることが放棄され、管制官は、誰にも相談しないで、誘導システムの冗長系を使うよう独断で指示し、点火と分離命令が送られた。月着陸船は向きを変え、エンジンを点火して降下段を切り離した。「接続点火」は成功したのである。

ところがここで再度冗長系でない元のコンピューターが作動を開始した。降下段のないことを把握していなかったので、重量が誤って計算され、スラスターがシューと音を立て、煙を吐きだして不安定になった。

この事故を作ったのは「ソフトウェアのエラー」と総括された。NASAの報告書には次のように書かれている

――「問題の原因は不完全なシステムインテグレーションだった。個々のシステムの不具合が原因ではない」

NASAは内輪の議論では、その騒ぎの時に、ソフトウェアを作成したMITに一切確認することなく、管制官は自分の方がよく知っていると思い上がっていたことを認めた。報告書が指摘すべきだったのは「組織間のコミュニケーション不足」である。

しかしNASAはあくまでそれをごまかし、「人が事態の悪化を防いだ」と強調し続けた。そして世間的には、MITのソフトウェアコードが犯人扱いされ、プログラマーはそれに耐えた。ただし、水面下では、この事件で、管制が徹底的に見直された。(11)

――「自分たちが思うより緊急事態に対処する能力を持っていないことを常に自覚しろ」

管制官たち全員に厳命が下った。ややこしい組織である。

隠れ咄5 コンピューターと宇宙飛行士をつなぐDSKY

技術者たちは、アポロ宇宙船の全システムを自動化したい。宇宙飛行士は、宇宙船を全飛行期間にわたって操縦したい――火花が散るのは当然である。

それをどちらか一方の要求通りに進めると、極端な場合どうなるか、MITのILで当時描かれた漫画に面白く表現されている（図5－12）。一つは全自動。宇宙飛行士はひまそうであ

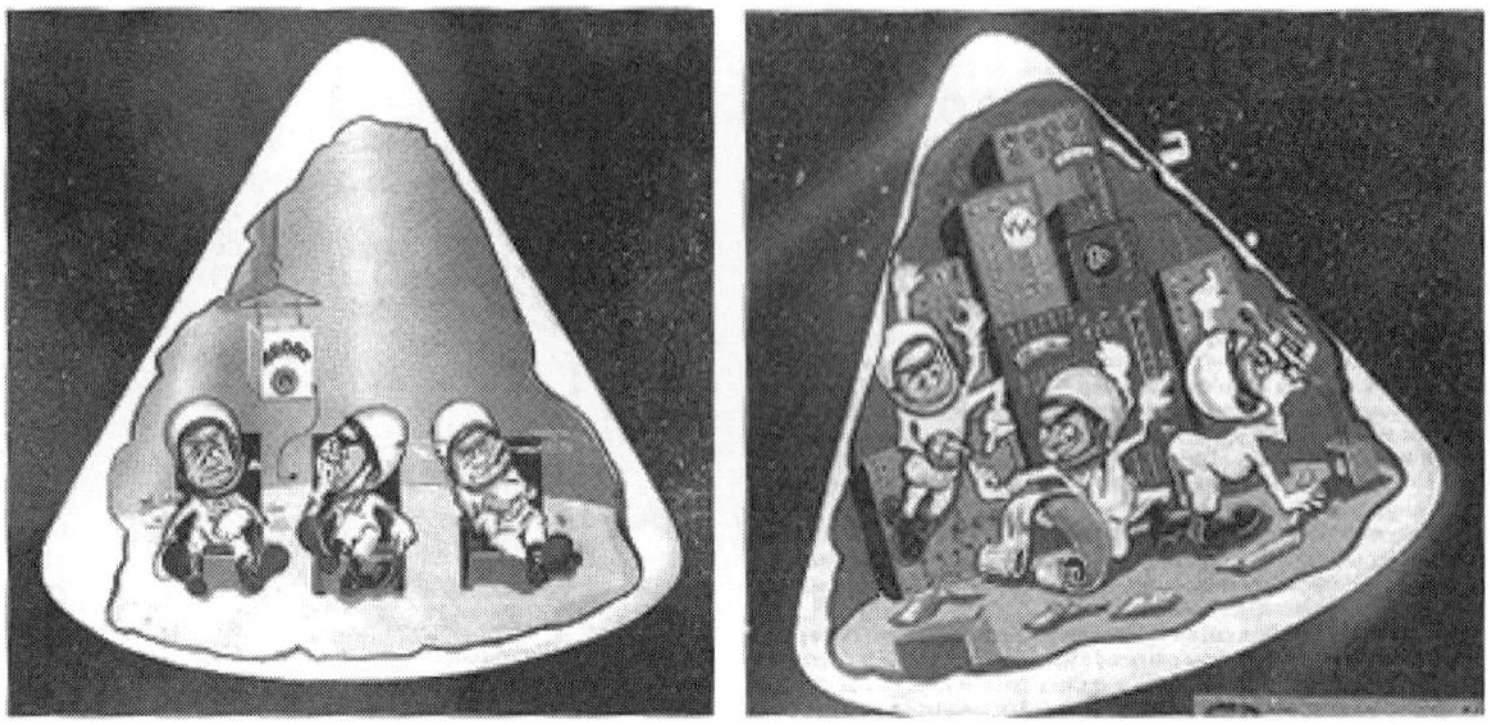

(a) あまりに自動化すると、
宇宙飛行士は退屈になる

(b) 自動化されていないと、
宇宙飛行士はてんてこ舞

図5-12　ILで描かれた漫画

る。煙草を吸ったり、居眠りしたり、ミッション中止のボタンを見つめていたりしている。もう一方は全く自動化のされていない宇宙船。宇宙飛行士はてんやわんやで図表を見たり、機器の目盛盤を確認したり、入力をしたりしている。

技術者たちは、匠の限りを尽くして、当時まだ出始めたばかりのＩＣ（集積回路）を使ったコンピューターを30立方センチメートルに収めることに成功した。ＮＡＳＡの基本方針は、正常な飛行においては、宇宙飛行士は静観していればいいが、故障が起きたり、何か非常事態が発生すると、飛行士の出番が来て、コンピューターを「駆使」しなければならないという。ところが、そのコンピューターに命令する宇宙飛行士たちに、コンピューターの複雑な操作を教える時間がない。教える努力が試みられたこともあったが、コンピューターの難しいことを講義する技術者に、宇宙飛行士は「自分たちのや

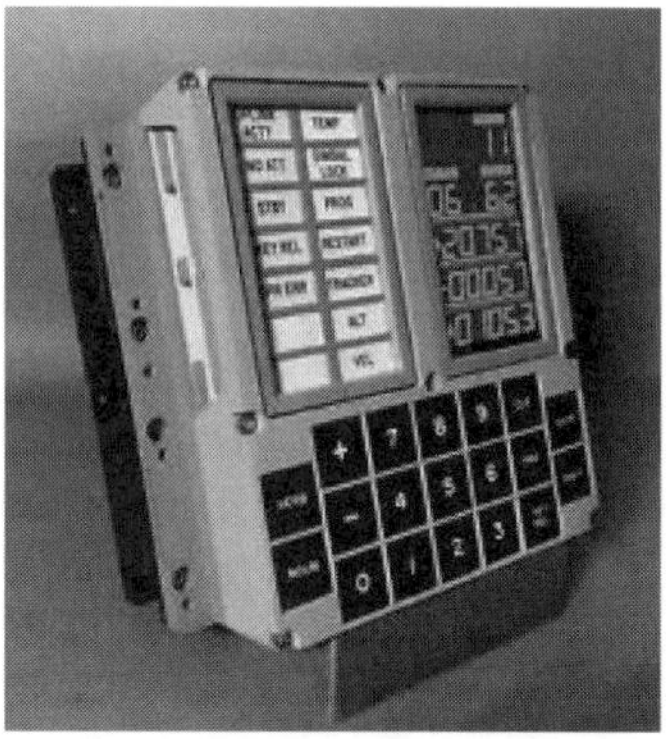

図5-13　アポロ誘導コンピューターのDSKY
（ディスプレイとキーボード）

ることではない」と露骨に嫌がることがつづいた。

四苦八苦した結果、技術者は「宇宙飛行士とコンピューターを狭い宇宙船の中で会話させる」ための装置を工夫した。「ディスプレイ画面とキーボード」からなるインターフェイス――略して「DSKY」（ディスキー）である（図5－13）。

そのため宇宙飛行士が発するコンピューターへの命令（というかお願い）は、このキーボードから入力され、コンピューターの答えは、ディスプレイ画面に表示された。反対に、コンピューターが飛行士にやって欲しいお願い（というか命令）も、ディスプレイ画面を見れば読み取れた。そしてその会話の言語も数は多いが簡潔な数字とアルファベットで構成した。例えば「点火する（22）」＋「ロケット（35）」という具合である。

実際は、こういったインターフェイスを操作することすら、大部分の宇宙飛行士の意にはそぐわなかったのだが、中には、この種のことに関心を持つ飛行士もいて、彼らが「スパイ」として、間に立ってくれた。たとえば、一九六二年に修士号を獲得し、バッティンと一緒に誘導の仕事にも関わったデイヴィッド・スコット、航法における人間の役割について研究して一九六四年に修士号を得たチャーリー・デューク、惑星間航法で一九六四年に博士号をとったエド・ミッチェルなど。

スコットの言葉。

「DSKYのシステムは最高だよ。シンプルでわかりやすくて、宇宙飛行士にだって使い方がよくわかった」

そして、最初はむっつりしていた飛行士たちが、次第に熱中しはじめ、そのうちミッションのあらゆる作業をコンピューターで管理できることがわかってくると、あとは自信を持つようになって、技術者は大いに称賛されるようになった。そしてDSKYの使い方についても積極的に工夫・発言をするようになっていった。技術者と飛行士は「同志」になったのである。

4 頼もしい巨人――サターン

◆ アポロ6号を乗せたサターンVの不調

フォン・ブラウンのロケットがすべて順調だったわけではない。一九六八年四月四日に、サターンVの最後のテスト飛行として行なわれた無人のアポロ6号の打ち上げは、発射直後から次々に問題を引き起こした。

まず打ち上げの二分後に、第一段エンジンがひどい縦振動に見舞われ、約三〇秒間続いた。これはソ連でもスプートニクを打ち上げたR－7のエンジンで起こった、推進システムと機体構造の有名な共振現象である。その「ポゴ」と呼ばれる振動によって、ロケットと機械船をつなぐアダプターが上昇中に吹き飛んだ。それでもたくましいエンジンは予定通りに停止した。

また、第一段の切り離し後、五基ある第二段エンジンのうちの二基が相次いで不調になり停止した。ロケットは速度を急速に落としながら、停止した第二段の推力を埋め合わせるため、エンジンの噴射時間を延長するよう、コンピューターに求めた。錯綜する命令を受けてコンピューターは混乱したが、それでもこのロケットは、執念（がロケットにあるのかどうかは知らないが）で宇宙船を地球周回の楕円軌道に運んだ。

アポロ6号の地球周回の二周目、飛行管制センターは、軌道に乗ったことに驚きつつも、残りのミッションを実行に移すため、第三段ロケットの点火指令を送信した。第三段は点火せず、司令船・機械船の一基だけのエンジンが始動し、ロケットから分離して一人旅をし始めた。そしてやがて大気圏に再突入して、太平洋に着水した。

サターンVの飛行は、無残な失敗に終わった。ただし、ロケットは不調でも、帰還シミュレーションとして実施した誘導と航法に関しては、ほぼ満足した結果を得た。

アポロ6号が発射されたちょうどその同じ日、テネシー州メンフィスでキング牧師が暗殺された。アメリカ全土がこの大事件に沈み、サターンVの失敗は、社会的にはほとんど注目されなかった。またこの五日後、ジョンソン大統領が再立候補しないことを表明した。

失敗後のNASAとフォン・ブラウンの動きは速かった。第一段の問題を解決するために、NASAは後に五〇〇人を超す専門家を雇い、のべ一五〇〇日働いて原因を究明し、最終的にはショック・アブソーバーを導入して解決した。第二段と第三段は同じ原因で、燃料パイプが破裂したことが判明した。これはステンレスのパイプを交換することで、次回の飛行では完全に解決した。

宇宙船とロケットの接続部分の問題は、ハニカム構造が原因であった。ロケットが大気圏内で加速している時、月着陸船の格納室は大気圧が下がることによって膨張しようとする。これが破壊の原因だった。これは格納室に小窓を開けて解決した。

アポロ6号で発生したサターンVのいくつかの問題は、有人飛行であれば飛行士を緊急脱出させるレベルだったが、そこから得られたデータは非常に貴重だった。この後に発射された一一基のサターンVは、深刻な事故が一度も起こらなかった。

◆素晴らしきかなサターン

アポロ計画の広報においてNASAが最も力を入れて宣伝したのが宇宙飛行士たちの活躍であることは明らかである。それはまた、人間の紡ぐ物語が人々を魅了し、元気づけ、勇気を与え、ひいてはアメリカ人の間に高らかな誇りを醸成することにつながるという、おそらくはケネディの決意の最も中心にあったものなのだろう。

だから、その飛行士たちを運んだ「サターンV」ロケットについては、その巨大さ以外はあまり語られないことが多い。「巨大なトラック」というイメージだろうか。それは人々がリンドバーグを語るとき、愛機「スピリット・オヴ・セント・ルイス」にあまり言及しないのと共通しているのかもしれない。

立った姿のサターン・ロケットを、私（筆者）は見たことがない。ヒューストンとフロリダには、アポロ18号・19号で使うはずだったサターンVが横にして展示してある。横に寝かせてあるだけでも恐るべき大きさで、全くよくこんなものが上に向かって飛ぶなと感じさせるに十分である。（すぐそばで、屹立した一一〇メートルを凌駕するサターンVを実感したかった）——そう思うのは、私だけではないだろう（図5－14）。

図5-14　サターンVの巨大な第一段エンジンとフォン・ブラウン

サターンVの開発が始まったのは、一九六二年一月。一五機のサターンVに投じられたお金は、今の日本円で八〇〇〇億円前後か。フォン・ブラウンのいたマーシャル宇宙飛行センターで開発された。

打ち上がるときに二八〇〇トンを超える巨体は、わずか一二分で秒速七・七九三キロメートルに達し、高度一八五キロメートルの地球周回軌道に、宇宙飛行士の鎮座するアポロ宇宙船を投入して任務を終えた。長距離トラックにしては短時間の仕事だった。

印象に残っているサターンのフライトでは、まず「アポロ6号」。無人のサターンのテスト飛行としては最後のものだった。前項で詳しく述べたとおり、失敗には違いないが、あれほどの動作不良を引き起こしたロケットが、ペイロードを軌道へ届けたのは、驚きというほかはない。

フォン・ブラウンと親しかったフレッド・オードウェイが、私に語っていたことがある――「いつかウェルナーが言ってました。アポロ6号のときは、キング牧師の事件が起きたので世間的には注目度が低かった面もあるけど、NASAのお偉方が、〝あれでも軌道に乗るのか〟と有人飛行に自信を深めてくれたのが有難かった、と」。

第三段上部に装備したIU（サターン機器ユニット）に、サターンの飛行すべてをコントロールする頭脳となるコンピューターが陣取っていた。フォン・ブラウンの幼いころからの夢を実現すべく手塩にかけたエンジン・システムが完璧に機能し、このIU内部にある頭脳の「インテリジェンス」が、アポロ有人飛行のすべての段階において、一人の例外もなくきちんきちんと三人ずつ、（発射直後に雷の直撃を受けたアポロ12号のおそるべき事態も含め）月への正常な軌道に送りこみ、その後の宇宙船の操縦をアポロ誘導コンピューター（と宇宙飛行士）にバトン・タッチした。そのほとんどは、これから始まる長い物語である。

サターンVロケットが、たった一度を除いて、安定した飛翔をつづけたこと、アポロ誘導コンピューターという驚異的な頭脳が、きわめて複雑で錯綜したマン・マシーンの闘いを最適経路を模索しながらひたむきに完成の道を歩んだこと――この二つの奇跡が、慟哭のスタートを切ったアポロの苦しい時を根底において支える橋頭堡であった。

そのような奇跡が可能となった背景では、図5－15のようなさもありなんと思われるようなシーンが、連日展開されていた。真の英雄は表舞台にはいないことが多い。しかも彼らには代わりがいない。この写真が撮られたのは、アポロ1号とソユーズ1号の二つの痛ましい事故に挟まれた時期である。

◆ジョージ・ローの不安と賭け

NASAの有人飛行部長であるジョージ・ローは、アポロの初の有人飛行であるアポロ7号の飛行を数ヵ月後に控えた一九六八年の夏、不安でしようがなかった(図5-16)。7号には着陸船は乗せられない。着陸船の完成が致命的に遅れているのである。このまま着陸船のテスト終了を待っていると、それを乗せて宇宙飛行士と一緒に地球周回軌道に打ち上げるアポロ8号は、来年の三月ごろになってしまう。(8) その後で月周回する予定のアポロ9号はもっと遅くなる。

図5-15 マーシャル宇宙飛行センターでサターンVのコンピューターと格闘するフォン・ブラウン(1966年3月10日)

(そんな悠長なペースでは、一九六〇年代のうちに人間を月面に着陸させるなんて間に合わないんじゃないか。一刻も早く人間を月に送って、着陸予定の場所などを詳しく調査しておいた方が得策なんじゃないだろうか……)

図5-16　ジョージ・ロー（左）、フォン・ブラウンとともに

9号と順序を入れ替えて、8号を月周回させられないか——ウェッブやギルルース、宇宙飛行士室を取り仕切るディーク・スレイトン、……何人かの要人に相談を持ちかけた。その時点では、8号で月軌道を狙うなんて無茶苦茶だと反対する人もいた。その理由は、

- アポロ7号の有人司令船もまだ飛ばしていない、
- 前回サターンVを打ち上げたときは、激しい振動で壊れるところだった、
- アポロを地球軌道に乗せるためのプログラムさえできていない、などなど。

議論は割れた。結局、一〇月のウォーリー・シラー率いるアポロ7号クルーによる宇宙飛行の成功いかんを待ってみようということになった。

この話し合いの後、ディーク・スレイトンは、その時点でアポロ8号の船長に任命されていたジム・マクディヴィットに、もし8号が月に行くとなった場合、クルーにそれだけの危険を冒す心構えがあるかどうか打診してみた。

マクディヴィットは、司令船と月着陸船の地球軌道での初テストのための厳しい訓練を積み重ねてきていた。だから、着陸船なしで月へ行く任務は受けられないと答えた。慎重に段階を踏むこの考え方は、合理的で当然のように思える。

そこで、どう転んでもいいように、ディークは先手を打った。アポロ9号に船長として搭乗して超高度地球軌道で宇宙船のテストをすることになっていたフランク・ボーマンに目を付けた。8号と9号のクルーをそっくり入れ替えて、遠く月まで飛んでもらう可能性があると告げると、フランク・ボーマンは宙返りでもしそうな勢いで、「イエス」と返事をした。

この時点では、アポロ7号の結果がどう出るかがわからなかったので、ボーマンとそのクルー（ジム・ラヴェルとビル・アンダーズ）を、とりあえずアポロのシミュレーターの中で余分に訓練させる段取りをつけた。

◆初の有人サターン——アポロ7号

アポロ初の有人宇宙飛行は、もともとアポロ1号が行なうはずだったが、あの火災事故が起きて1号は飛べなかったので、代わりに7号が、その任務を引き継ぐこととなった。飛行の目的は、「宇宙飛行士のコンピューター操作をアポロ宇宙船で検証すること」だった。

一九六八年一〇月一一日、三人の飛行士がサターンIBで飛び立ち、ほぼ完璧な飛行で地球を一六三周し、アポロ宇宙船の最初の有人テスト飛行は成功を収めた。サターンVでなく、サターンIBになったのは、地球周回低軌道であり、しかも月着陸船を使用しない飛行だったからである。

船長はウォルター・シラー、司令船操縦士はドン・エイゼル、月着陸船操縦士はウォルター・カニンガム。

アポロ誘導コンピューターは、機械船のエンジンを六回噴射し、自動操縦で動き、サターンの軌道投入を監視した。使用済みのサターン上段を月着陸船に見立て、司令船の月着陸船救出訓練も行なった。六分儀でロケットを追い、コンピューターが距離を計算した。宇宙飛行士たちは大気圏再突入を手動で始め、次に自動制御に切り替わり、コンピューターは目標地点の二キロメートル以内にカプセルを着水させた。

搭乗員たちは、この新型宇宙船の生命維持装置・推進システム・誘導および制御システムの試験をフライト中に行ない、若干の問題は発生したが、宇宙船の機器類およびすべての作業は何の問題もなく進行した。さらに彼らにはもう一つ、宇宙船内から初めて全米にテレビ中継をするという任務があった。この飛行は、NASAと宇宙飛行士が、コンピューターと自動制御を信用する重要なきっかけとなった記念すべきフライトとなり、このわずか二ヵ月後に予定されていた8号の月周回飛行を強力に後押しするミッションとなった。

こうしてアポロ7号は見事な成功を収めた。NASAは、アポロ7号のクルーを交え、6日間みっちりと報告会を行ない、アポロ8号とサターンV、そして宇宙船追跡ネットワークも万全か、再検査した。そしてアポロ8号にフランク・ボーマンのチームを乗せて月周回をさせるという新計画ができあがった。あと残るは、この大胆な変更の許可をジョンソン大統領からもらう段取りだった。

◆ゾンドの脅威

アメリカの誇るサターンVがウェルナー・フォン・ブラウンのもとで順調に開発が進められている一方で、ソ連の巨大ロケットN－1の計画は、停滞していると見られていた。

そんな中で、月着陸に要求される軌道上でのランデブー・ドッキングと宇宙空間での移動の練習をすると予想された新型ソユーズ宇宙船を発射台へ運んだ。しかしコマロフの死があって、計画が遅れた。

アメリカが、見えない鉄のカーテンの向こうを見つめる中、コロリョフ亡き後のチームが再結集した。彼らは、一名ないし二名の飛行士が月の向こう側を経由して地球に帰還できるよう、ソユーズ宇宙船に改良を加えた。これが成功すれば、着陸はしないものの月上空への初の有人飛行であり、ソ連はアメリカを尻目に希望に満ちたゴールを切って、喜びに沸くことになる。

新たに改良された宇宙船はゾンドと名づけられ、その打ち上げのためにプロトン・ロケットを採用した。そして、カメ、ハエ、虫が入れられたゾンドは、一九六八年一一月に、月を経由する飛行へと飛び立ち、無事にそれらの生物を地球に帰還させた。CIAや他の情報機関はこの飛行を、全世界を揺るがす有人月周回飛行に向けての最終リハーサルであると信じて疑わなかった。

アメリカの情報機関は、

――「ソ連が、もしすべてがうまく行けば、一九六八年一二月か翌年一月には、飛行士一名を月周回飛行に送る可能性がある」

とNASAにほのめかし、ゾンド計画の存在を知らせている。

――「たとえ月着陸が成就できなくても、この飛行でソ連は先に目的地に到達したと宣言してはばからないだろう」

と。全面的に先入観に左右された、念の入った臆病な誤解だった。(2)

しかし、皮肉にもこの誤解がジョージ・ローの夢を後押しした。

第6章

史上最高の遠征——冒険者、月へ行く

Apollo 8

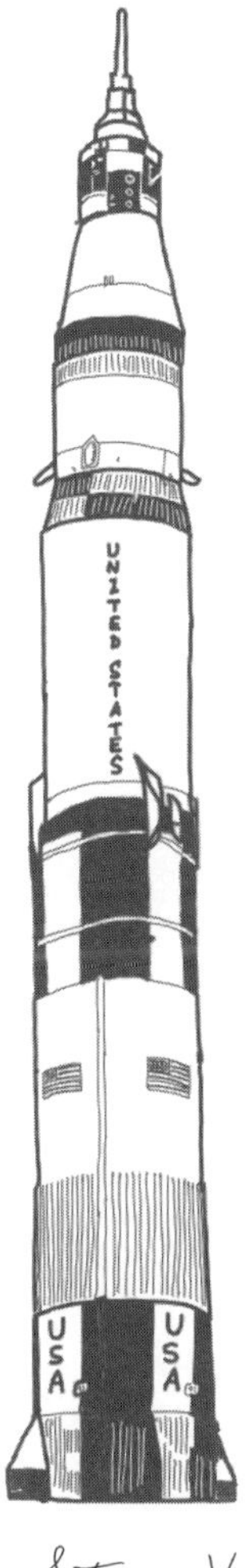

Saturn V

Neil Armstrong

1 冒険者の月周回――アポロ8号

――「次回打ち上げ予定のサターンVに宇宙飛行士を乗せて、アポロ8号をはるか月へ送ることを検討すべきときがきました」

と、まずジム・ウェッブ前NASA長官が、つづいてトマス・ペイン現NASA長官が、リンドン・ジョンソン大統領に進言した。

アポロ8号と9号の飛行任務を入れ替え、サターンVロケットの初の有人飛行で、三人の宇宙飛行士を月へ送る――この無謀に見える賭けに、任期満了間近のジョンソン大統領が正式に「ゴー」を与えた。

◆1968年という年

アメリカの宇宙関係者が、ソ連のゾンドに怯えた一九六八年は、世界各地で暴動や大規模なデモ、暗殺などの大事件が次々と起こった年だった。

前章でも触れたが、一月には、北ヴェトナム人民軍が、南ヴェトナム軍とその政府を支援するアメリカ軍に一斉攻撃を仕掛けた「テト攻勢」があり、アメリカの絶対的優勢を確信していた米国世論にかつてない衝撃が走った。この時を境に、国内での反戦機運が急激に高まっていく。ヴェトナム戦争の転換点となった。

また四月四日には、メンフィスのモーテルで黒人公民権運動の指導者、マーティン・ルーサー・

キング牧師が暗殺され、全米各地で人種暴動がひろがっていった。同じころ、コロンビア大学で、大学当局がヴェトナム戦争の支援機関に関与していると非難した学生が大学封鎖を断行、六月には、アポロ計画の生みの親である、故ジョン・F・ケネディの実弟、ロバート・ケネディ上院議員が、ロサンゼルスで大統領選の選挙活動中に暗殺された。

世界的にも、ワルシャワ大学の三月事件、アルジェリアで数百万人が飢死するビアフラ戦争、八月には「プラハの春」、……世界中に暗い悲劇のヴェールがかかりつつあった。

◆飛行の任務と戦略

とりわけ国内の分断がアメリカを大きく揺るがせている一方で、一九六〇年代が幕を閉じるまで残すところ一年。なおソ連に出し抜かれる脅威を（情報機関の誤った分析をもとに）感じながら、一九六八年一二月二一日の朝、フランク・ボーマン、ジム・ラヴェル、ビル・アンダーズが搭乗したサターンVが、フロリダの空へゆっくりと上昇を開始した（図6-1）。

全く信じられないことに、サターンVが人間を乗せて飛ぶのは初めてのことである。アポロ7号もサターンだったことを憶えておいでの方には意外かもしれないが、あれはサターンVではなく、サターンIBだった。

ミッションの目的は、将来の着地候補地点のためのランドマークを探すこと、月をまわる宇宙船の位置を地上から測定し較正すること、光学システムを検証することなどが設定された。月への旅を、リチャード・バッティンの航法とMITの誘導コンピューターが、腕を撫して待っていた。

アポロ8号宇宙船は順調に飛行し、月軌道に乗せるかどうかの最終決定をする地点にさしかかろ

図6-1　アポロ８号の打ち上げと三人の飛行士（左から：ボーマン、アンダーズ、ラヴェル）

うとしていた。ヒューストンの管制センターによる点検の結果、全システムが異常なしと判断されれば、ボーマンのクルーはロケット噴射ゴーの指令を受け、８号の大型エンジンを噴かして宇宙船の速度を落とし、月周回軌道に移る。ただし、エンジン噴射そのものが不調になると、地球に帰還不可能な軌道に乗るか、失速して月に衝突することもある。

点検の結果システムに修復不能な異常が認められると、アポロ８号はエンジンを噴かないで、月軌道に沿って急激にカーブしながら月の向こう側を経由し、一滴の燃料も消費しないで帰路に就く。これがコンピューターに書き込んである〝自由帰還軌道〟であり、本質的には最近惑星探査で流行の「スウィングバイ」のはしりである。

賽は投げられた。結果がどう出るか。管制センターは固唾を呑んで待ち構えた。

◆月へ！――現れたまるごとの地球

管制センターのどのモニターも、宇宙船の全システムも、〝青信号〟を示していた。

発射から2時間27分22秒。管制センターから無線が入った。

——「アポロ8号、遷移軌道投入のための噴射準備OK！」

噴射！　8号とロケット上段の監視をつづける宇宙飛行士たち。十二分の噴射は完璧で、ロケット上段が切り離された。

三人の飛行士は、人類史上初めて月への旅に出た。

飛行士たちは、その第三段を撮影するために、宇宙船を反転させた。しばらく編隊飛行をつづけ、ちょうど窓の外を見ていたボーマンの視界に、思いもかけないものが飛び込んできた。

——「地球だ！」

このとき、ボーマンは、人類史上初めて、地球の全体の姿をまるごと見たのである。しかし、ボーマンは忙しい。地球に見とれている暇はなかった……やがて、地球も視界から消えた。その忙しさの中で、月への飛行がこんなにも孤独だとは思いもしなかった。月も見えない。地球も見えない。自分がどこをどう飛んでいるかを確かめるには、管制室に質問する以外には方法がない。

管制センターの軌道チームは、アポロ8号の位置・速度などを時々刻々細かく追っている。アポロから放たれるテレメトリ・データが、地上の巨大なアンテナによってキャッチされ、地上の回線と衛星を経由してヒューストンに送られる。

——「数十万キロも離れているところにいるアイツらの方が、こうして飛んでいるオレたちよりも飛翔の様子をよく知っているなんて、まったく妙なもんだな……」

それにしても、アポロ誘導コンピューターの誘導精度は抜群で、バッティンが当初計画していた七回の軌道修正のうち、四回は不要となった。三回目の修正もわずか秒速九〇センチ！　完璧な飛行で月まで来た。

サターンVからアポロ誘導コンピューターに初めて渡された月へのバトンは、誘導・航法・制御すべてが、デビューを飾ったことを告げている。そして今や、三人はあらゆる不測の事態に備えた。アポロ8号は月の山脈の裏側に姿を消そうとしていた。

次は地球に面していない月面の上空を飛行する。その間、地球とアポロとの無線は二〇分以上遮断される。管制センターからメッセージが届いた。

——「管制センター全員が健闘を祈るとともに連絡を待っている」

さらに、

——「あと一〇秒。全過程を踏破しろ」

アポロからは、驚くほど冷静なジム・ラヴェルの声が、ヘッドフォンとスピーカーを通してヒューストンに届いた。

——「反対側で会おう」

その言葉と共にアポロ8号は月の向こうへ消えた。宇宙船内が闇に包まれた。

アンダーズが外を見ていた。目が慣れてくると、おびただしい数の星の光が網膜に飛び込んできた。その一部に、光のない漆黒の闇があるのに気がついた。不意にあることに気がついて、彼はぞっとして首筋が寒くなった。あれだ、あの穴が月だ！

◆どうぞ、ヒューストン！——再び姿を現したアポロ

月に姿を隠された宇宙船と交信する方法は、当時は何一つなかった。飛行は静かにつづけられ、アポロ8号は、月にぐんぐん引き寄せられていった。

飛行計画によって指示された通りの時刻までおよそ三分、宇宙船が不意に太陽光線のもとに戻った。そして突然真下に月が見えた。

地球から見えないところで、アポロ8号の機械船のエンジンが噴射した。二四七秒間、エンジンは噴きつづけた。急に無重量の国に戻った。エンジンは、三人の宇宙飛行士の乗る宇宙船を、月周回軌道にねじこんだ。

歴史に残る瞬間となった。発射台から足かせを振りほどいて六九時間一五分後、アポロ8号は月を回り始めた。

そのとき地球の人々は、アポロ8号が月の向こうから姿を現してくれるのをひたすら待ちながら、あと一分、あと一秒と、指折り数えながら過ごしていた。

管制センターは呼びつづけた。

——「アポロ8号……、アポロ8号……」

このままずっと時計を見つめる緊張が永遠につづくかと思われた後、ヘッドフォンとスピーカーがバリバリと音をたてて、いつも通り静かで落ち着いたジム・ラヴェルの声が聞こえてきた。

——「どうぞ、ヒューストン」

聞こえるべきまさにその瞬間に届いたこの言葉に、管制センターは狂おしいほどの喝采、口笛、

絶叫、拍手の嵐に巻き込まれた。電光掲示板には宇宙船からのメッセージが点灯した。アポロ８号は、月の裏側上空一一一キロメートル、表側では三一二キロメートルの楕円軌道に乗っている。完璧だ！

ラヴェルとアンダーズが、撮影プランに沿って、ハッセルブラッドのカメラで、月面の写真をバシャバシャ撮り始め、管制センターと月の様子について話し始めた（図６−２）。ボーマンは、軌道が気になるので、その確認に専念した。しかし一枚くらい「観光写真」も悪くないと思い、アンダーズに、窓際でポーズを作って、

——「おい、撮ってくれ」

と声をかけた。アンダーズが言った。

——「ダメです。撮影計画にないものは一枚も撮りません！」

——「この野郎！　覚えてろ！」

軌道三周目。エンジンを一一秒だけ噴射した。高度一一一キロメートルの円軌道に入った。また も完璧！

◆地球の出

軌道四周目。アンダーズは、次から次へと続くクレーターばかりの光景に、実は少々うんざりしていた。ボーマンが、六分儀を月に向けるべく宇宙船をゆっくりと回転させた。それが終わった時、アンダーズが突拍子もない声をあげた。

——「うわあーぁ！　あれを見てくださいよ！……地球が昇ってきますよーっ！　うわあーっ、何

図6-2　アポロ8号の飛行士が見た月の裏側

て綺麗なんだぁ！」

　ラヴェルもボーマンも見た。しめやかな月の地平線の向こうに、まばゆいばかりの青と白に輝く丸い球が、静々と昇っていく。

　急にボーマンは冷静になって、さっきの仇を打った。

——「おい、あれを撮るんじゃないぞ、プランにはないからな」

　アンダーズは聞いていなかった。ジム・ラヴェルに声をかけている。

——「ねえ、カラーフィルム、取ってください。早く！」

　ラヴェルも窓にはりついたままだ。

——「うへえ、こりゃすごい！」

　そしてやっとアンダーズが、カラーフィルムを入れ込み、望遠レンズをセットしたハッセルブラッドを外に向けた（図6－3）。しばらく三人は興奮の中にいた……。

図6-3　アポロ8号のビル・アンダーズが撮影した「地球の出」

◆月の裏側を初めて見た男たちの報告

アポロ8号の三人は、人類史上初めて月の裏側を見た人間たちとなった。

軌道九周目に入った。二度目のテレビ中継が始まった。地球上の人々が心待ちにしていたのは、赤裸々な宇宙のストーリーだった。宇宙船に関する数値、速度、技術的な詳細、あるいは月上空の天体などはどうでもいいのだ。人々の関心はただ一つのことに向けられていた。

——「月はどんな様子なのだろうか？」

人間の眼で見たことを、人間の言葉で語ってほしかった。

三人は、それぞれに最も感銘を受けた事柄を口にした。

——「茫漠としていて、寂しく、虚無で、不気味です……」（ボーマン）

——「巨大な宇宙の素晴らしいオアシスです……」（ラヴェル）

――「月の日の出と日の入り前後に、月面には山脈の長い影が荒々しく広がります……」（アンダーズ）

◆クリスマス・イヴのメッセージ

その日はちょうどクリスマス・イヴだったため、三人は、「クリスマスにふさわしいこと」をするようにと言われていた。、何をするかは自分たちが考えなければならなかった。

世界中の人びとに向かって、ビル・アンダーズが口を開いた。

「地球のすべての人に――」

――「アポロ8号のクルーから、みなさんに伝えたいメッセージがあります」

少し間があった。そしてアンダーズは旧約聖書の第一章「創世記」を読み始めた。

――「初めに、神は天と地をお創りになった……」

アンダーズが四行目を読み終えると、ラヴェルが次の節を読んだ。ついでボーマンが九行目を読み、引き続き世界中に向けてクリスマスの特別メッセージが送られた。

――「アポロ8号のクルーからみなさんへ、次の言葉で中継をしめくくります。お休みなさい、お幸せに、そしてメリー・クリスマス。神の祝福をみなさんに――住みよい地球のすべての人に」

◆サンタ・クロース発見！

果たすべき任務はまだ残っていた。先々のアポロがでこぼこの月面に着陸し、歩行したり、ローバーを走らせたりするのに備えて、彼らは着陸候補地五ヵ所を決定し、数百枚に及ぶスナップ写真に収めた。

すべてが急を要した。クリスマス当日の早朝には、帰還飛行へと旅立つか、月軌道に取り残されるかの運命を分けるエンジン噴射のため、アポロ8号は一〇周目に当たる最後の周回に入っていた。ふたたび訪れた通信の遮断。ボーマン、ラヴェル、アンダーズは予定の時刻に、燃え盛るエンジン開口部から炎が延々と吐き出され、燃料ガスがきらめく火柱になってエンジン後方に噴射する感触を得ていた。

きっかり三〇四秒目に、エンジンは停止した。

管制センターの時計が打ち上げ後八九時間二八分三九秒に向かって突進していた。予定通りなら、この時刻にアポロ8号との交信が開始されるはずだ。ふたたび世界中の人々が、また月の向こうから聞こえ始めるはずの声を、じりじりしながら待ち受けた。

ようやく、ラヴェルの声が聞こえた。

――「サンタ・クロースを発見したと伝えてくれ。噴射は順調にいった」

エンジンは太陽が当たる際には摂氏一二〇度の高温となり、逆に影ではマイナス一五〇度に冷やされる。正常に動作するのか誰にも保証できない。しかし、その過酷な環境にもサンタがいた。月の裏のサンタは、「点火」という贈り物を運んでくれた。

月軌道に乗った輝かしい二〇時間の後、アポロ8号は寸分違わぬ正確さで「階段を降りるがごとく」帰路に就いた。(9)

◆〝一九六八年を救った〟

その後は、正確な角度、姿勢、スピードで飛行を続け、前人未到の高速で大気圏へと再突入した。あまりにも飛行精度がよかったために、再突入軌道に入るための修正は、わずか秒速一・五メートル！

アポロ8号は大気圏に引き込まれた。再突入という地獄を通過した。夜明け寸前、太平洋上空三・二キロメートル、クリスマス諸島を視野に入れながら、三つの大きなパラシュートが宇宙船から流れるように放り出され、大きな花が咲いた。

着水、そして回収。万雷の拍手の中の帰還。声援を送る世界中の人びとが、これからは地球の姿を見るたびに、その美しさとはかなさを噛みしめるであろう。

ここに三人は、「すばらしいオデュッセイア」（ニューヨーク・タイムズ紙）を終えた。自動制御された着水は、目標地点から約五五メートルだった。

司令船は凄まじい衝撃とともに着水。ハッチから出た三人は、ヘリコプターから降りてきたネットに、一人ずつ吊りあげられ、空母ヨークタウンに運ばれた。空母ではアメリカ国旗が振られ、大勢の水兵たちが歓呼の声をあげて三人を迎えた。

フランク・ボーマンは、飛行を褒めたたえた。

——「まあいろいろあったが、最初から最後までほとんどすべてが自動で完遂された。アポロ8号の飛行は〝奇跡の航法〟だった」

三人がヒューストンに戻った時、ボーマンは見知らぬ人から電報を受け取った。そこに書いてあった言葉。

——「あなた方は一九六八年を救った」

そして11号の月面着陸への道がはっきりと見えてきた。

◆ラヴェルのちょんぼ

ところが、表むき語られるアポロ8号の「完璧な帰還」には、実は大変な裏話があった。帰路でのことである。ジム・ラヴェルが、宇宙船のコースの微調整を行なっていて、星表（スター・カタログ）の恒星番号「01」に照準を合わせようとした。ところが誤ってその前に「P」を打ち込んでしまった。

「P01」、これこそマーガレット・ハミルトンがマニュアルに「決して入力してはいけない」と書いた命令そのものだったのである。誘導コンピューターは、即座に打ち上げ前プログラムを呼び出した。「P01」を入力すると、それ以降は、新しく入ってきた情報をこれまでの位置情報データに片っ端から上書きしていく。ディスプレイには、訳のわからない混乱した表示が出現している。ラヴェルは狐につままれたような心地で、管制センターに連絡した。

この後、アポロ8号とヒューストンの飛行管制センター、そしてマーガレット・ハミルトンのいるマサチューセッツを結んで大騒ぎになった。マーガレットからの指示でコンピューターの動きをいったんリセットして、上書きが航法に必要なデータまで及ぶのを早めに食い止め、それから宇宙飛行士と管制センターが、メモリー・データを一つ一つ読み合わせをする気の遠くなるような作業を長時間かけて必死でやり、何とか間に合った。

匠たちの汗の結晶であるソフトウェアが、冒険者たちと匠たちの心を結んだ。

2　ついに真打ち登場――アポロ9号・10号

アポロ11号で予定した人間の月面着陸まで、残るは9号と10号だけとなった。相変わらず開発が最も遅れていたのは、ほかならぬ真打ち――月着陸船である。

◆月着陸船のテスト――アポロ9号

アポロ9号では、サターンVで、アポロの司令船・機械船を初めて完全な形の月着陸船とともにフルセットで打ち上げ、月面着陸において重要となるいくつものオペレーションについてテストするというアポロの死命を握る任務が課せられた。この飛行で何も問題がなければ、10号が予行演習として月へ向かう。

誰も口には出して言わなかったが、9号のミッションは、8号よりははるかに難しいと考えられていた。ミッションそのものがチャレンジングで、より危険を伴う。テスト・パイロットの目から見て、まさに晴れ舞台。マクディヴィットが着陸船なしで月へ飛行することを断った理由もそこにあった。

一九六九年三月三日、サターンVの二度目の有人飛行となるアポロ9号が発射された。搭乗者は、ジェームズ・マクディヴィット船長、デイヴィッド・スコット司令船パイロット、ラスティ・シュワイカート月着陸船パイロットの三名。彼らは地球周回軌道上の一〇日間に、着陸船のロケットエンジン、宇宙服の生命維持装置、航法装置、ランデブー・ドッキング・分離などを念入りにテ

図6-4　アポロ9号の司令船「ガムドロップ」（月着陸船から撮影）

図6-5　アポロ9号の月着陸船「スパイダー」。サターンVの第3段がついており、アダプターの覆いに包まれている。

ストした（図6－4、図6－5）。実は、新人のシュワイカートが宇宙酔いで、船外活動を中止するかに思われたが、回復して任務を無事に遂行した（図6－6）。

圧巻は、マクディヴィットとシュワイカートが行なった月着陸船の地球周回軌道上での分離とドッキングの操作だった。このとき月着陸船は降下段のロケットエンジンを噴射して母船（司令船・機械船）から最大で一八〇キロメートル離れ、その後降下段を分離し、上昇段のエンジンを噴射して再び司令船・機械船に接近した。また、降下段と上昇段のエンジンをそれぞれ二回ずつ噴射して、月着陸船の「救命ボート」制御を試した。救命ボート制御は、後にアポロ13号で、絶体絶命の危機を救った。

余談だが、アポロ計画ではこの9号から最後の17号に至るまで、特別に飛行士たちは自分たちの乗る宇宙船に名前をつけることが許された。9号では月着陸船はそのひょろ長い形から「スパイダー」（蜘蛛）」、司令船・機械船は「ガムドロップ」と命名さ

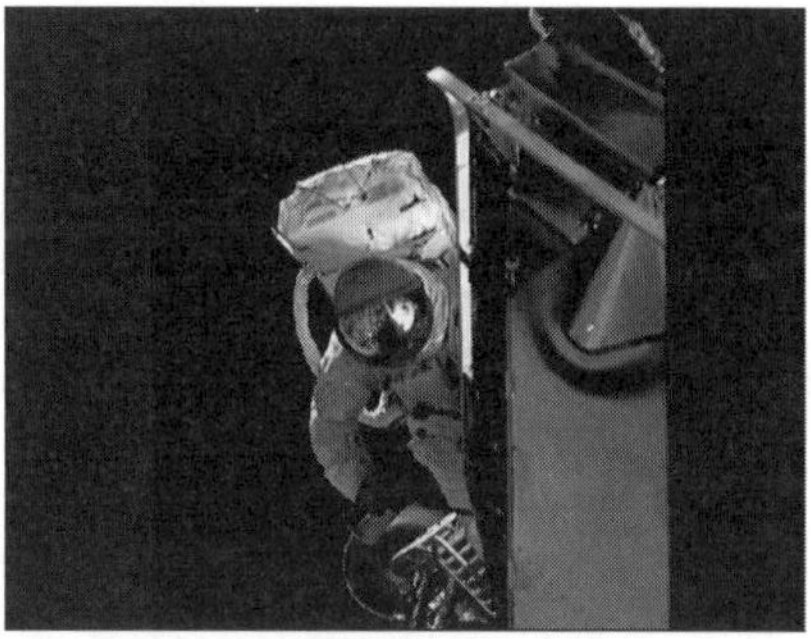

図6-6　（左）アポロ9号のスコットが司令船「ガムドロップ」から体を乗り出す（月着陸船から撮影）、（右）アポロ9号のシュワイカートの船外活動（司令船から撮影）

れた。由来はその円錐形と、ケネディ宇宙センターに運ばれてきたとき青色の保護膜で包まれていたことによる。

アポロ9号の着水点はバハマ諸島の東方で、回収船ガダルカナルから肉眼で確認できるほど正確な帰還だった。この飛行により月着陸船の安全性が立派に証明され、後のアポロ10号の飛行によって、月面着陸への準備を仕上げることとなった。

◆アポロ自動操縦の勝利

アポロ9号の飛行士たちが行なった軌道上での検証で、最も複雑だったのは、ソフトウェアの自動操縦機能の確認だっただろう。主に三つの状態で動きを確認した。

①司令船・機械船と月着陸船がドッキングした状態
②降下段も上昇段もそろっている月着陸船の状態（図6－7左）
③上昇段しかない月着陸船の状態（図6－7右）

すべての状態を試した後、ジム・マクディヴィットが報告した。

――「どの状態においても自動操縦機能がもっとも適して

図6-7　(左) 第3段から分離した月着陸船「スパイダー」。上昇段と降下段が結合した状態。
(右) 降下段を切り離して上昇段だけになった月着陸船

いる」

技術者たちのハイレヴェルな苦労が、飛行士たちの胸の中でも光を放ちつつあった。(11)

こうしてアポロ9号は、その重い任務をすべて果たして、10号へバトンタッチした。

◆シェパードの復帰

この年の春、前年からメニエール氏病の手術を受けていたアラン・シェパードが、手術が成功して宇宙飛行士にカムバックした。ディーク・スレイトンは、彼のためにアポロ13号の船長を用意したが、バックアップ・クルーも経験しないでいきなり正式のクルーにするという強引さは、さすがに顰蹙を買い、これはNASA本部の宇宙飛行士室長ジョージ・ミラーが却下した。長い間ベンチ・ウォーマーだったアランには、もっとミッションに密着した訓練期間が必要だというのがその理由だった。

◆スヌーピー「飛行士」の登場

ところで、アポロ9号が飛んだ一九六九年三月に、月面に着陸したイヌがいた――と聞いたら、びっくりする人が多いかな？　漫画の中での話ですがね（失礼）。

漫画『ピーナッツ』の作者、チャールズ・シュルツが、そのころスヌーピーを月面に到着させている。彼がその発想を得たきっかけは、実はあのアポロ1号の悲劇だ。あの惨事を受けて、NASAは、全従業員に対して「有人飛行安全プログラム」を立ち上げた。事故を未然に防ぐことはもちろんだが、NASA全体に安全意識を高めようとしたのである。

その安全キャンペーンのマスコットに、当時大人気のスヌーピーが起用された。シュルツはこのキャンペーンに大賛成し、NASAで働く人々を鼓舞するために、「安全な飛行とミッションを成功に導いたプロフェッショナル」を特別表彰して銀製の「スヌーピー・メダル」を与える財団を設立した。二〇一九年現在、受賞者はすでに一万五〇〇〇人を軽く超えている。

かくてスヌーピー飛行士は、空飛ぶ犬小屋とともに、「小さな一歩」をアームストロングより早く月面に印した……。

◆リハーサル――アポロ10号

アポロ10号は次のアポロ11号のためのリハーサルであり、月面着陸のためのすべての手順と機器を、月に着陸をしないで検証する任務を負う（図6－8）。この飛行では、史上二度目となる有人月周回飛行と、月着陸船の全機器の試験を月周回軌道上で実施する。

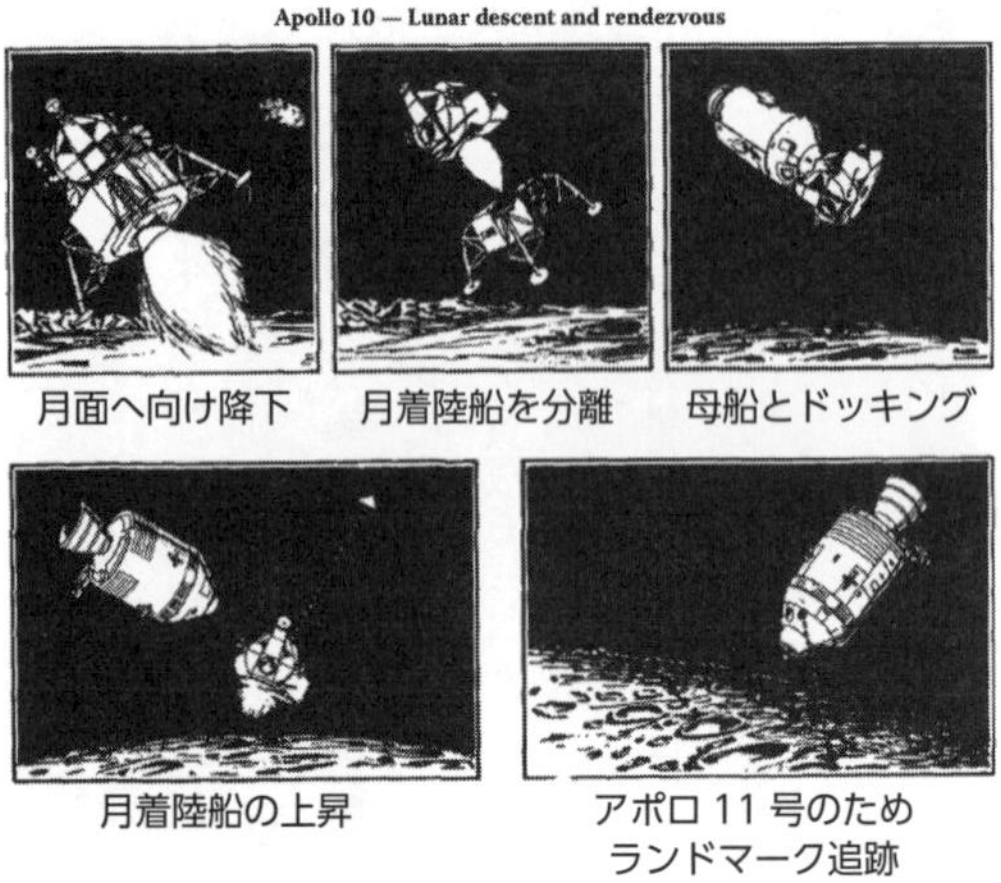

図6-8　アポロ10号で実行した月面上空での実地テスト（NASAプレスキット）

アポロ10号は、一九六九年五月一八日にサターンVで打ち上げられた。地球周回軌道を離れた直後、司令船・機械船は第三段を離れ、方向を一八〇度転換して、第四段に格納されている月着陸船とドッキングした。その後司令船・機械船と月着陸船は一体となって第四段から分離して月へ向かった。すべてスケジュール通りの見事な飛行。

クライマックスの月面着陸のための予行演習は、まさしく迫真のリハーサルとなった。

トム・スタッフォード船長と月着陸船パイロットのジーン・サーナンが搭乗する月着陸船「スヌーピー」は月面から一五・六キロメートルのところまで接近した。これは11号の飛行では、着陸のための逆噴射を始める地点である。この接近をすることで、着陸のために必要な高度一・九キロメートル以下でのエンジン操作に必要な月の現地での重力データを獲得した。

アポロ10号では初めてカラー撮影のテレビカメラが搭載され、宇宙からテレビ中継が行なわれた。スタッフォードとサーナンが月着陸船で月面に向かって降下している間、ヤングは司令船「チャーリー・ブラウン」に一人で搭乗し、月周回軌道で待機していた。

サーナンの声。

――「ついに来たぞ！　ちょうど真上だ！」

静かの海が真下にある。どんどん降下していった。

スタッフォードたちはレーダーや上昇用エンジンを点検し、11号の着陸予定地点である「静かの海」をつぶさに観測して地上に報告した。

仮に月面から離陸した場合、月着陸船の上昇段には、上空を周回している司令船・機械船まで到達できるだけの燃料は搭載されていなかった。史上初の月面着陸をした11号に搭載されていた燃料は一五キロだったが、10号には一四キロ弱しか積まれていなかった。

NASAはスタッフォードとサーナンが「できごころ」で月面に着陸してしまわないよう、「親心」を示していた。それにしても、二人の無念さは十分想像できる。

降下段を分離してエンジンに点火すると、再び上昇段が激しく回転を始めた。これは飛行士のコンピューター入力が誤っていたためで、管制センターの的確な指示で乗り切った。司令船で待つヤングと合流した時のスタッフォードの報告。

――「スヌーピーとチャーリー・ブラウンは抱き合った」

チャーリーはエンジンに点火し、PDI（動力降下噴射）とそれにつづく魅力のクライマックスだけ後の11号の宿題にして、家路についた。

司令船が帰還したのは一九六九年五月二六日。サモア諸島の東方沖に着水した。

スヌーピー後日譚。スヌーピーとチャーリー・ブラウンは船の名前となって準オフィシャル・マスコットになったのだが、公式のミッション・ロゴには入らなかった。しかし、アポロ10号のミッション期間中、あちこちで「ぬいぐるみ」が出没した。トム・スタッフォードが10号に乗り込む前に、女性の抱きかかえるスヌーピーの鼻を撫でたり、ジョン・ヤングが、管制センターのモニターの上にいるチャーリー・ブラウンとにらみ合ったり、現在に至るまで、スヌーピーはNASAの安全と友好の象徴となっている。

そして、ケネディ宇宙センターには、アポロ10号ミッションにおける功績を祝し、身長一五二・四センチのスヌーピーの像が展示されている。

◆サーナン家のある日

一九九〇年代のある日、ジーン・サーナンをある用事でヒューストンに訪れたことがある。その時の雑談で、アポロ10号のフライトから帰還したころのことを楽し気に話してくれた。

彼の娘のトレイシーは、アポロ10号の飛行のころ六歳だった。久しぶりで帰って来たジーンをつかまえて、彼女が興奮気味に話しかける。

――「ねえ、パパはお月さまに行ってきたのよね。スタッフォードおじさんとヤングおじさんと一緒だったんでしょ！」

そして、パパの顔を見つめながら、急に口をつぐんで考えごとをしているようだった。何か大事な質問をされそうな予感がして、彼はとても楽しみに待った。トレイシーが口を開いた。

――「でも、もうお月さまからは帰ったんでしょ？　じゃあ、この前に約束したキャンプはいつ連れ

図6-9　サターンVによるアポロ11号の打ち上げと三人の飛行士
（左から：アームストロング、コリンズ、オルドリン）

てってくれるの？」

真剣な顔つきだったそうである。

3　アポロ11号

一九六九年七月一六日、アームストロング、コリンズ、オルドリンの三人を乗せたサターンVがフロリダを飛び立った（図6-9）。

その四日後、二人の飛行士の搭乗している月着陸船が、いま月面に向かって舞い降りつつある。つい先ほど、司令船に残るマイケル・コリンズが、

――「それ行け、ビューティフル！」

の一声と同時に、月着陸船を分離するボタンを押した。

◆月着陸船というところ

目前に迫って来るモノクロの月の表面を、不

思議な気持ちで、二人はヘルメットのバイザー越しに眺めている。

月着陸船の名は「イーグル」（図6―10）。四角いキャビンの中のアームストロングとオルドリンは、ブーツを履いた両足をちょっと広げ、床に踏ん張って立っていた。テンションのかかったケーブルで体を支え、立った状態で飛行している。軽量化のため座席は取り除かれていた。

アームストロングとオルドリンは、無重量状態のまま、周囲にある計器類の示す数値と三角形の窓の外を次々と通り過ぎていくクレーターを見ていた。月面のランドマークを確認し、窓を通り過ぎる時間を測りながら、表と照らし合わせて高度を確認していた。いま高度は一六キロメートルだ。

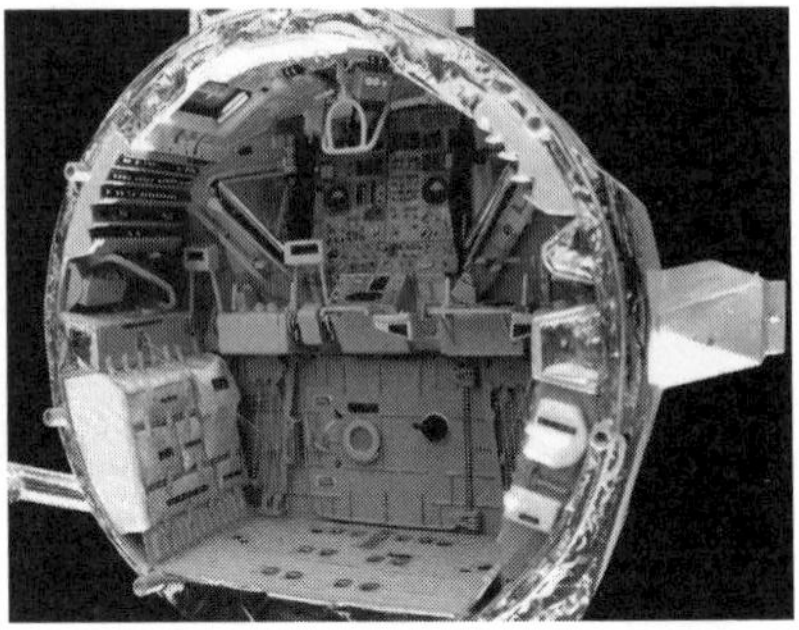

図6-10　月着陸船「イーグル」の内部

イーグルの動きは、精密なジャイロスコープと加速度計から構成される慣性航法装置がキャッチしている。イーグルからは、月の表面までの距離を測るためのレーダー・ビームが発射される。

ニール・アームストロングは、ジェット機のようにイーグルを操縦しているわけではない。DSKYに数字を打ち込んでアポロ誘導コンピューターのソフトウェアを実行させ、ディスプレイからデータを読み取っては、また要求される数字を打ち込む。その動作のすべては、遥かな地球上の若い技術者が作成したソフトウェアによって、いちいち確認されていた。

コリンズのいる司令船にも、管制センターにも同じコンピューターがある。非常にたくさんの技術者・管制官・宇宙飛行士たちがシステムを監視し、助言し、場合によっては操作にも割り込む。アポロ計画において、宇宙はチームで飛ぶものであって、宇宙船にいる宇宙飛行士は、決して孤独ではない。

月面をめざす人類初の降下であるイーグルの動きは、非常に落ち着いており、管制センターで時おり交わされる会話にも、リラックスした雰囲気が漂うようになっていた。

◆飛行管制センターの管制官

三八万キロメートル離れたヒューストンの管制室では、宇宙飛行士のチャーリー・デュークが、計器パネルに油断なく視線を走らせている。問題はなさそうだ。デュークは、この段階で「イーグル」と交信が許されている、ただ一人の人物だ。

イーグルが、月の裏側から姿を現した。管制センターと交信できる状態にはなったが、何だか、電波が途切れがちだ。高利得アンテナから届く信号が、つながってはすぐ切れる。(きっと、イーグルの船体が邪魔しているんだろう。ちょっと動かすか……)。

――「イーグル。こちらヒューストン。ヨー角を右に一〇度修正することを勧める」

オルドリンが少し月着陸船を傾けた。窓の視界が多少狭くなったが、正常な交信に戻った。メッセージを送る時間だ。

――「イーグル、こちらヒューストン」

デュークはマイクに向かって呼びかけた。

――「聞こえるなら、動力降下ゴーだ」

――「了解」

とアームストロングの声。オルドリンがボタンをいくつか押して、エンジンに点火した。

ヒューストンの管制室では、飛行管制官の小さなグループが、目をモニターに集中させている。そこでは、もろもろの装置類が雛壇のように並び、最後尾のいちばん高い列にエレクトロニクスの計器類が位置している。雛壇は階段教室のように、前方に向かって低くなっているので、正面の壁いっぱいに設えられた大型のスクリーンがよく見える。彼らの前のモニターは、イーグルのどんなわずかな動きにも反応して明滅している。

管制室のほぼ中央に、一人の男がいる。クルーカットが厳しい雰囲気を漂わせているその男の名は、ジーン・クランツ。管制室の最終責任者である。いつ何を行ない、月のどこへ降りるかを決定する最終的な権限を持つフライト・ディレクター。彼は短く「フライト」と呼ばれる（図6―11）。

クランツは、必要とあればすぐにどこの通信にも割って入る権利を持つ。今は、彼の言葉が管制室の内部にしか聞こえないようになっていた。「なあ、諸君」とクランツが呼びかけ、一斉にみんなの視線が彼に向けられた。微笑んで言った。

――「われわれは今日、本当に月に降りることになる。妄想じゃない。本当にやる」

さまざまなニュアンスの笑顔と上に向けて立てた親指が彼の言葉に応じた。クランツがマイクを通常回線にもどし、見物席の訪問者たちにも、彼の言葉がまた聞こえるようになった。

図6-11　アポロ11号の飛行管制室とジーン・クランツ

◆動力降下開始——さあ「静かの海」へ！

アームストロングとオルドリンは、緑色に光る数字の桁が刻々と変わっていき、数字がぱっと輝くのを見た。ＰＤＩ！「動力降下開始」だ。コンピューターが制御を開始し、燃料がパイプを流れてエンジンの点火室に送り込まれ、明かりが消えた。

数字は、点火されたことを告げている。衝撃のないまま、静かに噴き始めた。三〇秒後、スロットルが全開になったが、交信が再び途絶えた。すかさずオルドリンが手動でアンテナの角度を変えて復活させた。

Ｇが効き始め、アームストロングとオルドリンは、無重量からＧの世界に連れ戻された。ブレーキをかけ始めた時から、二人の足はブーツの底へきつく押し付けられたままになった。

まぎれもなく彼らは、月世界へ降りるところなのだ！　アームストロングもオルドリンも嬉しそうな笑顔を浮かべた顔を見合わせた。

しかしすべてが順調だったわけではない。

◆実況：緊急事態1202

月面高度約一〇キロメートルを通過したとき、突然、イーグルのコンピューターが狂ったように悲鳴を上げた。警報だ！　ディスプレイの〝PROG〟と書かれたランプが黄色く点滅している。一・五秒後ヒューストンのディスプレイも光り出した。事態は急変した。

――「プログラム・アラーム」

アームストロングが冷静に言った。オルドリンはコンピューターのキーを叩き、エラーの原因を問い合わせた。コンピューターは無機質な四桁の数字で答えた。

――「1202」

オルドリンはヒューストンにその数字を告げた。訓練で経験したことのないエラーだった。

――「1202」

オルドリンは繰り返した。ヒューストンから返事がない。アームストロングが口を開いた。

――「プログラム・アラーム1202の意味を教えてくれ！」

声に苛立ちが混じった。無数のスイッチが並ぶ計器板の真ん中に〝ABORT〟と書かれた赤い大きなボタンがあった。これを押せば緊急退避プログラムが作動し、降下段が投棄され、上昇段のエンジンが船を安全な月軌道に押し上げる。それはつまり、月着陸ミッションの失敗だ。

コンピューターが助けを求めて叫んでいる！

管制センターに、パニックはなかった。が、誰しも着陸の中止を思った。イーグルを着陸段階から上昇段階へと急激に切り替え、司令船コロンビアとドッキングさせるために上昇ロケットの推力を最大限にしぼりとって約一〇〇キロメートルの高度まで這い上がらせなくてはならない。そうなると最悪の展開である。

ジーン・クランツを始めとするスタッフの目が、一斉に注がれた先に、若いコンピューター・エンジニアが座っている。スティーヴ・ベイルズだ（図6－12）。管制センターで働く大多数の人々と同様、彼も若い。二六歳。誰もが彼を本名では呼ばない。彼は「ガイドー」――ガイダンス・オフィサーだ。若いがミッション経験が豊富な管制官である。

図6-12　スティーヴ・ベイルズ管制官

バックルームにいる同僚ジャック・ガーマンと電話で何やら話している。

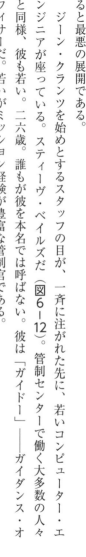

1202――見た途端にベイルズは思った。月着陸船のメイン・コンピューターが過負荷状態にあるという警報だ。プロセッサーが、あまりに多くの指示シグナルを受けて、すべてを負担できなくなっている。

イーグルのコンピューターは、一秒の固定サイクルで稼働している。彼はそれが予定通りに再循環しているのを確認した。ハードウェアはまだ正常な状態だ。毎秒ごとにコンピューターは航行を指示し、方向を知らせ、エンジンの噴射を調整し、以前のデータを更新している。この作業をもしコンピューターが与えられた一秒内に果たせなくなった瞬間に、1202という過負荷の警報が点滅される。なぜ過負荷になっているかは不明だが、動きは正常——これだけのことが、ベイルズの頭に瞬間的にめぐった。

バック・ルームに控えていた技術者ジャック・ガーマンも即座にその意味を理解し、ベイルズに電話で早口に同意した。マーガレット・ハミルトンがプログラムした通りに、コンピューターはフリーズを回避し、月着陸に必要な自動操縦を優先して実行している。そのことを二人は数秒で確認し合った。ベイルズが顔をあげた。ほぼ同時に、ジーン・クランツが怒鳴った。

——「警報1202の解決策は？　ガイドー？」

全員が崖っぷちに立った気分になった。ベイルズが椅子の中でもぞもぞと動き、

——「ゴー！」

マイクを握り、自分の前のディスプレイを凝視しながら叫んだ。

チャーリー・デュークがただちに着陸船に伝えた（図6-13）。

——「アラームでもゴーだ。イーグル」

アラームが出てから、わずか二〇秒だった。事態の進展が速くなった。イーグルは月の大地に接近している。上空一二〇〇メートル。あらためてクランツがマイクのスウィッチを入れた。

——「飛行管制官の全員に。着陸敢行はゴーか、ノーゴーか」

一つでもノー・ゴーがあると着陸は中止だ。全員が「ゴー」の合図を返した。

クランツは今度はベイルズのもとへ来た。

——「ガイドー、ゴーでいいのか？」

警報は鳴り続けている……。

——「ゴー」

断固として彼は言った。デュークがそれを伝えた。

——「イーグル、着陸へゴーだ」

月面の九〇〇メートル上空。また別の警報が鳴った。

1201。ニールが管制室に説明を求めた。ベイルズが反応した。デュークが伝えた。

——「やはり、ゴーだ」

図6-13　キャプコムのチャールズ・デューク（左）

六〇〇メートルまで降下し、クレーターが急速に大きくなった。アームストロングがまた叫んでいる。

——「アラーム1201」

クランツはベイルズに叫んだ。

——「ガイドー、どういうことだ？」

——「ゴー！　ただ、ゴー！」

と、ベイルズは鋭く言った。

デュークがマイクを入れた。

——「ゴーだ、イーグル。ゴー！」

アームストロングの心拍数が一二〇から一五〇に上昇した。

その後も何度か同じアラームが出たが、誘導コンピューターの自動操縦は正常に作動し続け、月着陸船イーグルは月面から一二〇メートルまで降下していた。

◆実況：舞い降りるイーグル

もはや管制官が手出しをできない状況までできた。宇宙飛行士にミッション成否がかかっている。クランツはチームを静まり返らせた。

――「静かにしよう……ここからは、音を出してよいのは燃料噴射だけだ」

イーグルは最終降下に入った。炎が下方に噴射し、速度が落ちた。ニール・アームストロングが、危険いっぱいの任務に当たる。月面はすぐそこにあり、ニールは月着陸船を手動で飛行させなければならない。彼はキーボードに「進行」と入れた。コンピューターはただちに降下の作業を助けてくれる。バズが、コンピューターの表示を読み上げてバックアップし、ニールは、自分の目と神経を飛行だけに集中させた。

三角形の窓を通して二人は、月の表面を観察した。これまで何度となく訓練を繰り返してきたため、二人にとって着陸予定地点は自分の家の近所と同じくらいお馴染みになっていた。そして二人はほとんど瞬間的に、ここが予定の地点でないことに気づいた。

――「何てこった！」

イーグルは、着陸地点を六キロメートル以上も行き過ぎてしまっていた。

ニールは、せり上がって来る月面をにらんでいた。彼の指は、手動桿の握りを強くしたり弛めたりした。イーグルは秒速三・六メートルで下降している。ニールは出力をちょっと上げ、速度を秒速二・七メートルに落とした。

管制センターでは、恐れと期待を抱きながら、月面に近づきつつある声に聞き入っている。バズが着陸用レーダーを見ながら、膨大な数字を読み上げている。

——「五四〇フィート（月面上空）、三〇（フィートの秒速）にて降下……一五にて降下……四〇〇フィート、九にて降下……前進……三〇〇フィート、三・五にて降下……四七……前進……一・五にて降下……一三、前進……一一にて前進、うまくいっている……二〇〇フィート、四・五にて降下……」

アームストロングは窓の外を見てはっとした。イーグルが向かう先に、サッカー場ほどの大きさのクレーターと岩場が見えた。

——「避けなければ！」

その瞬間、彼は「姿勢維持」モードに切り替えた。誘導コンピューターが自動操縦で降下速度をコントロールする間、アームストロングが水平方向の速度をコントロールしてクレーターを回避した。コンピューターと人間の、息のピタリと合った二重奏。

——「オーケー、良さそうな場所がある！」

だが近づくにつれ、そこも安全ではないことがわかった。

——「クレーターを飛び越すぞ！」

数字がまた、地球に送られてくる。

——「五・五、降下……五パーセント……七五フィート……六にて前進……」

バズが歌うように言った。

——「九〇秒！」

着陸用の燃料タンクには、もはや九〇秒分しか残っていない。ニールが斜め左前方にわずか三〇メートル四方の平らな場所を見つけた。そこへイーグルを運んだ。

ニールは、イーグルの右側のロケットを噴射した。イーグルは粗い石の上に突進した。そこだ！岩が重なる先のちょっと左側……岩石がまばらになり、平坦な場所が現れた。

チャーリー・デュークから警告が来た。

——「六〇秒！」

ニールの操作で、イーグルはゆるやかに左右に傾いた。チャーリー・デュークが叫ぶ。

——「三〇秒！」

ニールは反応しない。言葉を交わしている暇はない。この時点で彼は、神経を集中してイーグルを月面に降ろす込み入った作業に専念していた。

バズが力強くはっきりと数字を読み続ける。

——「高度七五フィート」

——「秒速六で前進……点灯……二・五で降下……四〇フィート……二・五で降下……」

——「あと三〇フィート……二・五で降下」

——「埃が少しあがっている……薄い影のようだ……」

接近している！ 近い！

——「四フィートで前進……少し右へ流れてる……」

ニール・アームストロングは、優雅にイーグルを下降させた。管制センターのすべての心臓が波打っている。

それから、バズ・オルドリンの言葉が届けられた。

「着地ライト、点灯！」

「ＯＫ。エンジン、停止……降下用手動装置、オフ……」

ヒューストンでは交信担当のチャーリー・デュークが、安堵のあまり声が出なかった。が、まだ彼には声に出して言うべきことがあった。それに、先方の言葉が聞きたかった。

「記録する、イーグル」

と、彼は自分の声を電波で送り、待った。

月と地球の間を往復する三秒間が、長く感じられた。

「ヒューストン……」

ニールがあまりに滑らかに着地させていたので、バズはいつ月面に降り立ったのか気づかなかった。本当に降りたのか？　四つの光がパネルの上で明るく輝いている。それは、イーグルの着地用脚の先端にある四個の円形のパッドが、月の埃の中に水平に憩っている証拠だった。

ニールは、ヘルメットのバイザーを通して眼前に広がる月世界の岩と影を見つめ、かなり近いところに滑らかな黒い地平線が曲線を描いているのに驚嘆していた。

ニールの声は静かながら自信に満ち、歯切れがよかった。

「ヒューストン、こちら静かの海基地。イーグルは舞い降りた」（図６－14）

一九六九年七月二〇日、日曜日。東部標準時間午後四時一七分四二秒。

四六億年の静寂を過ごした灰色の月世界に、初めて人間が船に乗って降り立った。

図6-14　舞い降りるイーグル（想像図）

船内から月世界を眺めると、四方八方に荒れ地がうねっていた。生き物は何もいない。雲もなく、青空もない。ただ岩と影とクレーターと埃だけがそこにあった。

ニールとバズは顔を見合わせた。バズがにっこり破顔し、手を伸ばしてニールの手を握りしめた。それからお互いに抱き合い、背中を叩き合った。

チャーリー・デュークはマイクをそのままにしておいた。そのため、管制センター内部の騒がしいまでの祝い声が流れ出し、三八万キロを伝わって、イーグルの二人を微笑ませた（図6—15）。

燃料を使い切るまでに残されていた時間は一六秒だった。アームストロングは約二分半も操縦し、着地点は、自動設定から三三〇メートル、当初予定されていた場所からは六・四キロメートル離れていた。

二人にはすぐにやることがある。イーグルのシステム点検、コンピューターの中止データの入力、誘導プラットフォームの再調整……。バズがＤＳＫＹに向かっている間に、ニールが管制センターに無線を送った。

——「どこに降りたかわからない、という方に賭けたヤツが勝ちだ」

頭上の窓から星を探したが、見える星は一つだけだった。

——「地球が見える。大きい。そして明るい。しかも美しい」

そしてオルドリンと一緒にイーグルのシステムをほとんどオフにした。予定のスケジュールでは、すぐに四時間眠り、さらに休息も少しとって、八時間後に月面に降りることになっていた。二人の気持ちは昂り、はやり、しかも元気だった。相談の結果、

——「あと三時間ぐらいで月面歩行を開始したい」

と管制センターに告げた。チャーリー・デュークからOKが出た。

——「了解。君たちはテレビのゴールデン・タイムを乗っ取ることになる」

図6-15　着陸直後の管制室

◆実況：人類最初の月面活動

その時が来た。月面歩行の任務の中で一番骨の折れる作業は宇宙服を身につけることらしい。それを苦労しながら済ませ、命を守ってくれるバックパックを背負い、手袋をはめ、スウィッチを入れた。機械音と一緒に酸素が顔の前を通り過ぎるのがわかった。耳にも少し圧がかかった。最後にすることは、イーグル内部の酸素を外

に排気することだ。そうしないとハッチが開かない。

バズ・オルドリンがハッチに手を伸ばした。ちょっと苦労したが、やっと開いた。二人は真空の中に立っていた。開いたハッチをバズがしっかりと押さえた。ニール・アームストロングは膝をつき、慎重に開口部をすり抜けて、ポーチに出た。梯子につながる手摺りをつかんでそろそろと移動し、梯子の最上段にブーツが触れた。

ニールは、まだ降りてはいけないことを知っていた。何しろ世界中が待っている。イーグルの側面に付いているD字のリングを引いた。トレイが降りてきて、その上の小型カメラが、地球に映像を送り出した。いま地上で月との連絡をするキャプコム（飛行士と話をする役目の管制室の唯一の人物）は、飛行士のブルース・マッキャンドラスだ。彼の声が聞こえた。

――「映像が届いたよ！」

その映像を、私（筆者）ははるか遠くの東京・御茶ノ水の地下の喫茶店で見ていた。ぼんやりしたモノクロのアームストロングが一段また一段と月へ降りて行った。アームストロングは一番下の段に来た時、一瞬動きを止めた。月着陸船の脚は、接地の時に着陸船の重さで縮むように設計されている。ところが、イーグルがあまりに静かに着地したため、脚が縮まなかった。最後のステップは、月面まで約九〇センチを残している。下を見てびっくりしたらしい。

アームストロングは片足を宙に浮かし、次の瞬間スローモーションで飛び降り、両足でフットパッドの上に着地した（図6－16）。そこで彼は意外な行動に出た。もう一度梯子をのぼれるかどうかを確認したかったらしく、跳び上がって梯子の最下段に乗ろうとした。ちょっと踏み外しそうになってよろけたが、踏みとどまった。そして安心したようにもう一度飛び降りた。身長一八〇セ

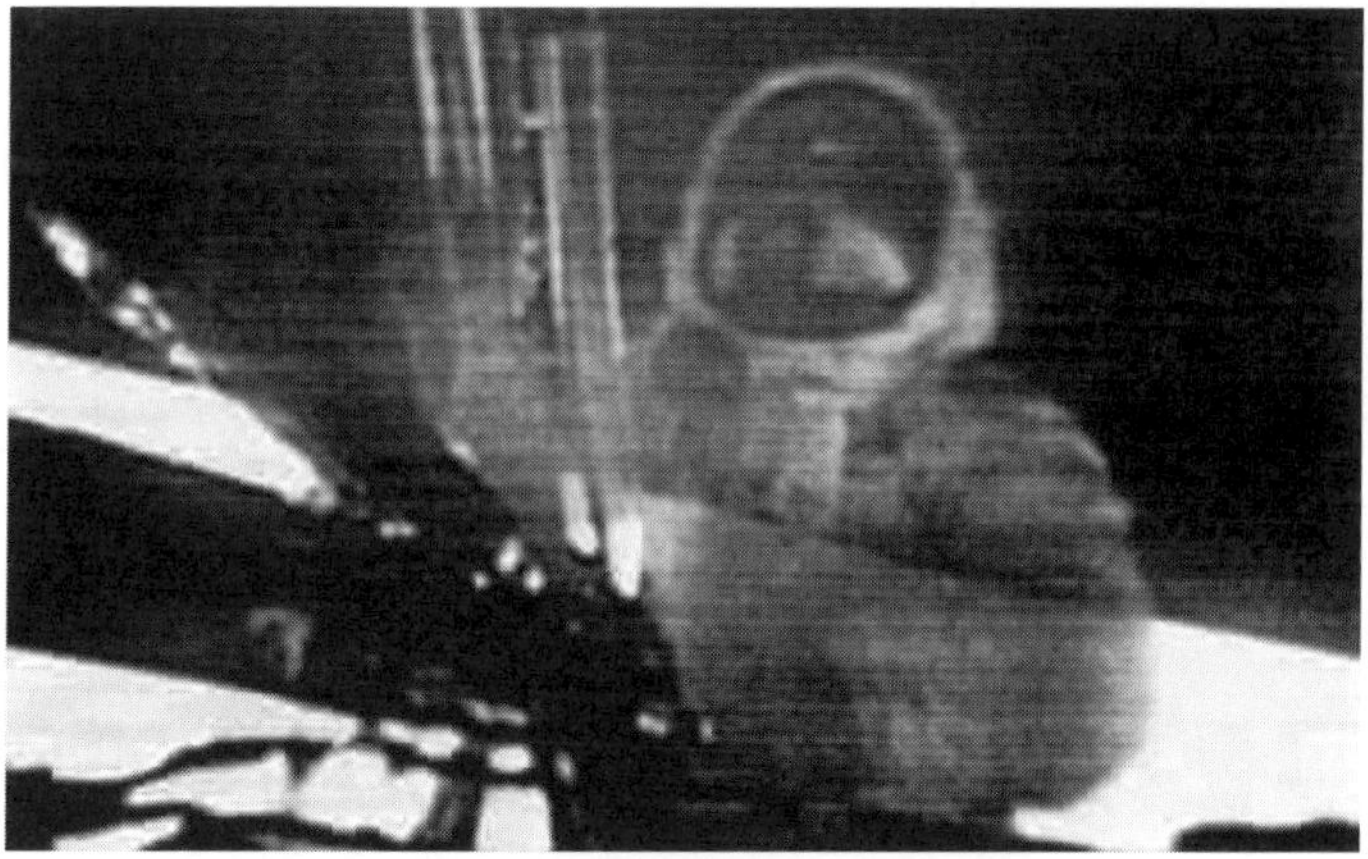

図6-16　アームストロングが月面に降り立った瞬間。もちろん固定カメラの画像しか残されていない。撮影する人が月面には誰もいなかったのだから

ンチのアームストロングでも「飛び降りる」必要があった。

慎重に左足をフットパッドの外に踏み出し、自分の重さを確かめるように軽くジャンプし、そのまま片足をフットパッドに置いたまま、語り始めた。

——「これは一人の人間にとっては小さな一歩だが、（ひと呼吸おいて）人類にとっては大きな跳躍だ」

その「一人の」を表す不定冠詞〝a〟を彼が言い忘れたかどうかが、後に話題になった。そして爪先を伸ばして、何回か地面を掻くような動きをした後、やっと右足をフットパッドの外へ踏み出して、月にしっかりと直立した。少しだけよたよたと歩いた。

そしてスケジュールどおり、梯子の上のバズと力を合わせて、ハッセルブラッドのカメラを、特殊コンベアに乗せて降ろした。胸元の制御装置に乗せて、最初の月面撮影をした。キャプコムの

図6-17　(左) バズ・オルドリンの着地とそれを迎えるアームストロング（固定カメラ）
(中) 着地直前のオルドリン（アームストロング撮影）
(右) オルドリンの月面の足跡（オルドリン撮影）

マッキャンドラスから催促されて、撮影をそこで終え、宇宙服の腿のポケットから取り外し可能な袋が先端についている折り畳み式の岩石採取器を引っ張り出した。袋いっぱいの砂をすくい、小石を二、三個おまけに拾って袋に入れた。そこで彼は、用済みになった採取器をアンダーハンドで投げた。驚くほど遠くまで放物線を描きながら飛んで行った。

ニールが月面に第一歩をしるして一四分後、バズが梯子を降りた（図6－17）。

まず二人で協力して、アメリカ国旗を立てた。旗をひろげ、空気のない世界でも「翻るように」あらかじめ縫い添えた細い袋に針金を通し、砂の中に立てた。しかし十数センチしか刺さらず、少し頼りない立ち方になったようだった。

それから太陽風測定用の幟を立て、何枚かの写真を撮り（図6－18）、ニクソン大統領からの突然の電話に「付き合った」後に、月震計と月面レーザー反射板を設置したところで時間切れになった。

ところが管制センターのマッキャンドラスから、
――「一五分の滞在時間延長を許可する」
という嬉しい知らせが来たので、できるだけたくさんの岩石を採

図6-18　(左) アメリカ国旗を立てる二人 (固定カメラ撮影)
(中) 国旗のそばのオルドリン (アームストロング撮影)
(右) 月面上のオルドリン (アームストロング撮影)

取して欲しいとやきもきしているに違いない地質学者たちの要請に応えるべく、時間の限り集めまくった。

こうして、「一九六〇年代の末までに」という目標の半分が終わった。後の半分は、月周回軌道上で孤独な待機をしていたコリンズの奮闘とアポロ誘導コンピューターの大活躍によって完遂され、七月二二日火曜日、東部標準時間の午後一時過ぎ、三人は航空母艦ホーネットの待つ太平洋上に着水した(図6-19)。

4　アラームの裏側

終わりよければすべてよし。しかし、後でつくづくと振り返ると、アポロ11号の最大のピンチだったあのアラームをめぐって、管制センターとイーグルとの緊迫した会話のさなか、凄まじいもう一つの闘いが繰り広げられていた。

◆ そのときの器械工学研究所

「この相次ぐアラームの問題を、アームストロングとオルドリ

図6-19　太平洋上に着水したアポロ11号のクルー

ンが月面を離陸する前に、何とかしなければならない」。関係者はそう考えた。もちろんそうである。アポロの誘導コンピューターが何かしら関係していることは確かだ。ＭＩＴのＩＬ（器械工学研究所）の技術者たちが凄まじい勢いでシミュレーションを実施し、現象の再現を試みた。指揮をとるのはマーガレット・ハミルトン。アポロ誘導コンピューターのソフトウェアをつくりあげたＩＬの最高責任者である。

ＮＡＳＡの連中は一五分おきくらいに電話をしてくる。絶対に突きとめなければならない。その時の修羅場はどんなものだったのだろうか？

◆オルドリンのうっかり

ＩＬのメンバーたちは、まずテレメトリデータを見た。着陸時にランデブー飛行レーダー（ＲＦＲ）がオンになっていた。ＩＬの面々はみんな、それは着陸時はオフになっていると思い込んでいた。着陸の時はランデブーは何の関係もないからだ。そうなると、オルドリンがオンにしたことになる。なぜだ？

ＮＡＳＡに確認すると、手順書にもそうするように書いてあった。実際には、スウィッチをＡＵＴＯにすると指示されているのに、オルドリンはＳＬＥＷにしていた違いはあったが、ＯＮであることには変わりがない。なぜそんな手順になったかを追うと、それはオルドリンの要求だった。万が一、ミッション中止になった場合に備えて、ＲＦＲをオンにしておきたいと彼が用心深く準備したものだった。

シミュレーションのときも、この手順で訓練が行なわれていた。ではなぜシミュレーションではアラームがつかなかったのか？　調べてみると、そのときはスウィッチが偽物で電気接続がなかった。シミュレーションでは、そんなことはどうでもいいと思っていたらしい。

ところが、「静かの海」では、そのスウィッチが装置と電気的に接続されていたので、シミュレーションでも起きたことのない事象が姿を現したというわけだ。

もうじき二人がイーグルに帰って来る。原因をつめるのは後回しにして、当面は、そのＲＦＲ（ランデブー飛行レーダー）のスウィッチをオフにするよう、ＮＡＳＡに伝えた。

◆コンピューターとランデブー飛行レーダー

しかし本当の原因はその奥のコンピューターとＲＦＲの接続にあった。ＲＦＲには三つの設定（ＳＬＥＷ、ＡＵＴＯ、ＬＧＣ）がある。最初の二つの設定で宇宙飛行士はアンテナを操作する。ＳＬＥＷでは手動操作でレーダーの向きを変える。ＡＵＴＯではランデブー飛行中に司令船の信号を自動追跡する。ＲＦＲのＳＬＥＷとＡＵＴＯは、誘導コンピューターの処理を介さないで、データも別画面に表示される。

他方でＬＧＣ設定では、データ処理は誘導コンピューターを介し、距離・速度・アンテナ角度をランデブー飛行の誘導計算に取り込む。着陸時、手順書はＡＵＴＯに設定するよう指示した。ＡＵＴＯとＳＬＥＷなら、コンピューターに影響することがないから、オルドリンのミスは関係がないはずだ。おかしいな？

たどっていくと判明した。真の原因は、現実の月着陸船では、RFRと誘導制御システムが異なる電源につながれていたことだった。周波数が同じ交流電源だったが、正弦波の位相が同期していなかった。運が悪いことに、スウィッチの切り替えが研究室でテストされたとき、実際の月着陸船では異なる電源なのに、研究室では同じ電源に接続されていた。

アポロ11号では、二つの電源の位相が偶然にも問題を起こす位相角になってしまった。そのため、コンピューターとRFRが同期しなかった。RFRの位相角カウンターが電気雑音を拾ってしまい、増減を繰り返した。コンピューターに処理性能を超えるカウント値を送信し、コンピューターの処理が追い付かなくなった。RFRがあまりにも不要なデータを間欠的に大量送信したので、処理能力超過のアラームにつながった。

◆誘導コンピューターはたくましかった

ただしここで誘導コンピューターは見事なソフトウェア設計のロバスト性を見せた。バグを起こさず、優先度の高い計算を断固として処理し続けた。マーガレットが組み込んだ非同期処理だ。だから、管制センターもアームストロングも、月着陸船が正常に応答していると確信することができた。AGCは、処理能力を越えるとアラームを出し、一方ですかさず再起動をかけるようにプログラムされていた。数十秒に一回ずつ再起動しながら月面に接近するなんて、何だか鬼気迫る感じがする。

そしてアームストロングが土壇場に「手動操作」に切り換えた途端、コンピューターの着地点予測計算が不要になったので、作業負荷が一気に減ってアラームは消えた。すべて辻褄が合った。

誰が悪かったのかという問題を深掘りしないで、NASAの報告書は、

——「コミュニケーション、言い換えるとシステムズ・エンジニアリングの失敗だった」

と曖昧で真相のよくわからない総括をし、

——「もし宇宙飛行士のチェックリストがハードウェア技術者によってつぶさに査読されていれば、問題を防ぐことができたかも知れない」

と結んでいる。

功労者は誰だったのか？　いろいろな考え方があろう。しかしそれは読者のみなさんの判断にお任せする。

一つだけ付言すれば、NASAと報道陣は、機械の方が責めやすいことを良いことに、着陸の成功を人間の功績にした。これまた曖昧な賞賛は、月面着陸に酔いしれる人々のムードに流され、NASA広報の狙い通り「飛行士礼賛」という、シンプルで突っ込みどころのないストーリーに仕上がっていった。それは、政府を味方につけ、「英雄」は称えられた。

宇宙飛行士への賛辞が、アポロ計画の優れた「ヒューマン・マシーン」とそのバグを再び両方とも覆い隠した。

……地球帰還後の秋、アームストロングは会議でしみじみと報告している。

——「完全に過ちを犯したのはアラームの時だ。着地点のことは頭から抜けていた。それより、ミッションが継続できるかどうかずっと緊張していた……バズと私の集中力はアラームを解消する

こと、操縦し続けること、ミッション継続判断に注がれた。このときはほとんどコックピット内に釘づけだった。だから降下中に着地点を評価して、最終着地点を探すことを怠った。月面高度六〇〇メートルでようやく窓の外を見る余裕ができて着地点を探し始めた」(5)

本当にこの人は正直である。

隠れ咄6 「ちいさなおばさんたち」のコンピューター・メモリー

アポロ誘導コンピューターのプログラムを格納する不揮発性メモリーは、磁気コアに複数の電線を複雑にまいてあり、どんな誤操作をしても絶対に消えないものだった。データが文字通り「縫い付けて」あった。

今でいうこのROMは、磁気コアの穴に電線を通せば〝1〟、通さなければ〝0〟を意味した。一つの磁気コアの穴には六四本の電線を通すことができたので、六四ビットのデータを一つの磁気コアで記憶できた。揮発性メモリーも似たような原理だった。数千のコアに髪の毛のように極細の電線が通され、最終的にロープのように束ねられた。「コア・ロープ・メモリー」と呼ばれた（図6－20上）。

この縫い込みの厄介な作業は、年配の女性がやったので、彼女たちは「リトル・オールド・レイディーズ（ちいさなおばさんたち）」と呼ばれた（図6－20下）。この編み込み作業は特殊技能なので、たとえば設計作業が遅れてデータが到着せず、彼女たちが一日中おしゃべりしていたとしても賃金は支払われた。

ミッションの成功は、彼女たちの正確な指の動きにかかっていたわけである。こんな構造だから、一度縫われてしまえば、メモリーを消すことも書き換えることも物理的に不可能なのだが、その代わり、決して壊れない。打ち上げ後に落雷にあっても、すぐに再起動できた。これが、アポロ12号の飛行士たちを救った。

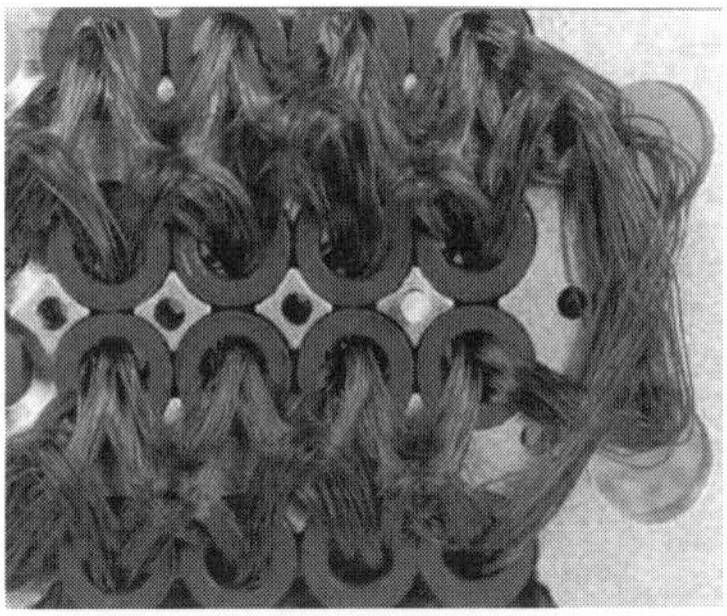

図6-20　コア・ロープ・メモリーと「ちいさなおばさんたち」

5 マーガレットとアポロ

マーガレット・ハミルトンは、一九三六年、アメリカ・インディアナ州に生まれた。人口たった二〇〇〇人の小さな町パオリ。父は哲学者で詩人。マーガレットは、リッチモンドのアーラム大学で数学を学んだ後、結婚し、北の街ボストンに移り住み、愛娘ローレンをもうけた。

東西冷戦のさなか、MIT（マサチューセッツ工科大学）のリンカーン研究所に雇われ、SAGE（防空管制システム）というソ連機を自動追尾するシステムの開発に携わった。

一九六三年のある日、マーガレットは、MITのIL（器械工学研究所）がNASAとの契約で「月に人を送るためのコンピューター」を開発しているという噂を聞いた。（一生に一度のチャンスだ！）と思った彼女は、すぐに電話をかけ、その日のうちに二つの部署と面接を取り付けた。

面接を受けたその日のうちに両方から合格の知らせが来た。一方が本命だったが、もう一方を断って相手を傷つけるのが嫌だった優しい彼女は、コイントスで決めてくれと伝えた。彼女は結果として本命としていた部署に雇われ、「月に人を送るためのコンピューター」のソフトウェアを開発する仕事をすることになった（図6－21）。

◆ 女性として母として

マーガレットがMITで働きはじめて間もないころ、ILがNASAから開発の委託を受けたアポロ誘導コンピューター（AGC）は大きな転換点を迎えていた。AGCを動かす自動操縦機能

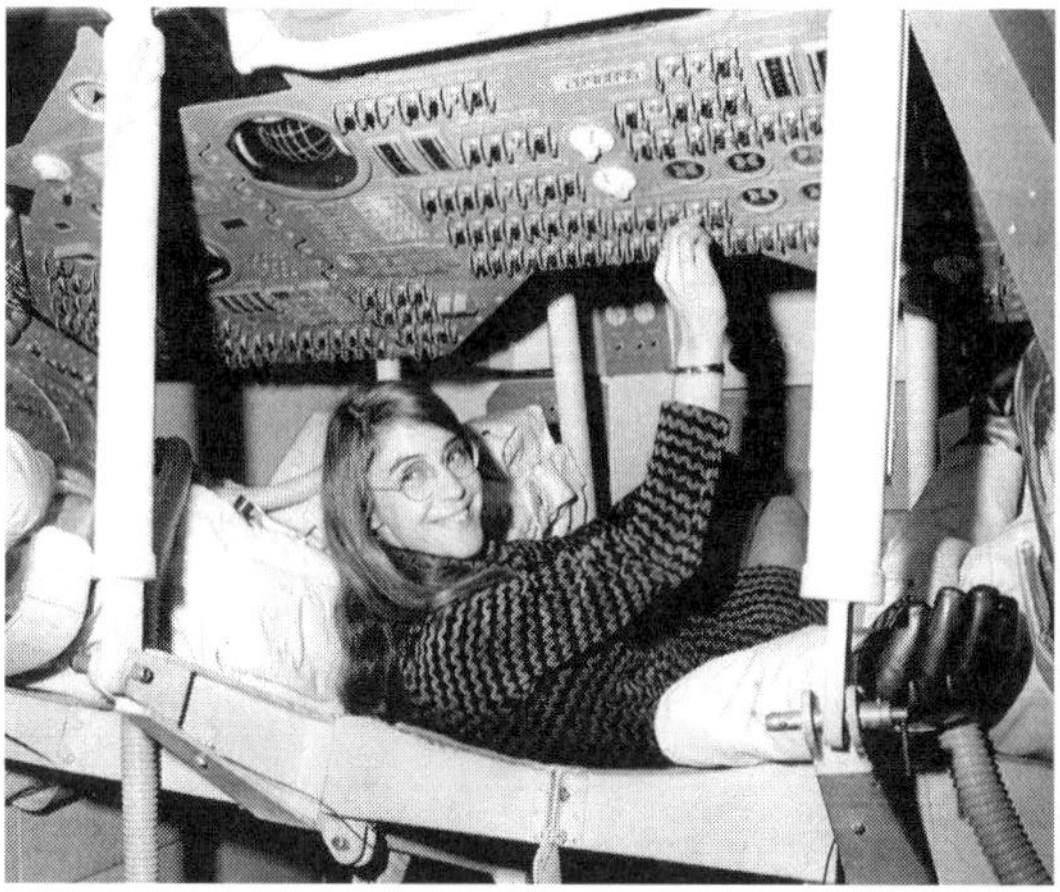

図6-21　マーガレット・ハミルトン

は、予想よりはるかに膨大で複雑なソフトウェアを必要とすることが判明しつつあった。

新米のマーガレットが命ぜられたのは、万が一ミッションが失敗し緊急退避することになった場合のプログラムだった。このプログラムが実際に使われることはないだろうと思われていたので、茶目っ気のある彼女は、そのプログラムを〝FORGETIT（忘れてね）〟と命名した。

当時のコンピューター・プログラムはパンチカードを使って入力する。パンチカードはマークシートに似ているが、鉛筆で塗りつぶす代わりに穴を開ける。カード一枚でプログラム1行分。1枚1枚穴を開けてプログラムを作る。大きなプログラムは何千枚、何万枚ものパンチカードになった。それをコンピューターに読み取らせてプログラムを動かす。

完成したプログラムを実行するのはいつも深夜だった。マーガレットたちは夜遅くまでパンチカードに向かって働いた。才能豊かで誠実な仕事をするマーガレットはすぐに頭角を現し、一九六五年には、アポロのフライト・ソフトウェア全てを統括する立場になった。彼女の頭脳に、宇宙計画の命運が託されたのである。

そのプレッシャーで、マーガレットは眠れない夜を過ごすこともあった。ある深夜遅くのパーティのあとに、コードに欠陥があることに気づいて研究室に急いで戻ったこともある。仕事は多忙を極め、夜や休日は幼い娘のローレンを職場に連れてきて働いた。そしてローレンが職場の床で寝ている間に、マーガレットはパンチカードに向かった。

――「よく娘をそんな風に放っておけるね」

と皮肉を言われることもあった。

一九六八年になると、四〇〇人以上がアポロ計画のソフトウェア開発のために働くことになった。ソフトウェアこそが、米国が月へのレースで勝つために必要なカギとなった。そして実際の飛行でも、ソフトウェアが大方の予想を遥かに上回る役割を果たした。

◆娘のローレン、アポロ8号を救う

ある日、娘のローレンが、マーガレットのＩＬのオフィスで、司令船のシミュレーターのモデルにある「ＤＳＫＹ」のキーボードで遊んでいた。すると、ディスプレイが突然、滅茶苦茶な表示に一変した。何かわけがわからないものが表示されたので驚いたローレンは、母を呼んだ。

――「ママ、来て！」

娘の叫び声を聞いて駆けつけたマーガレットが、その表示を見て、ローレンに訊ねた。

――「どうやったら、これが現れたの？」

利発な娘は、直前に自分が打ち込んだキーを憶えていた。

――「P、0、1と打ったら、すぐに出てきたからびっくりしたの」

ローレンは、それとは知らずに、シミュレーションの中の「P01」というプログラムを起動した。それは、宇宙船を打ち上げ前プログラムに初期化して待機状態にするコマンドで、新しく入ってきた情報がこれまでの位置情報データを片っ端から上書きしていく命令だった。そうなると、いずれ宇宙船は現在どこにいるか全くわからなくなってしまう。

これまた利発な母は考えた。

（飛行中に宇宙飛行士がそんな間違いを犯すとも考えられないけれど、万が一ということもあるから、事態を回避するためのコードを入れておいた方がいいわね……）

そこでマーガレットは、宇宙飛行士が間違えて致命的なコマンドを入力してしまった場合にそれを拒否するソフトウェアを書いた。ＮＡＳＡはそのソフトウェアを却下した。

――「宇宙飛行士は完璧に訓練されているから、決して間違えない」

これがＮＡＳＡの言い分だった。宇宙飛行士も激しく反対した。その急先鋒はアメリカ人として初めて宇宙へ飛び立ったアラン・シェパード。彼は冷淡に言い放った。

――「この安全ソフトを全部消せ。もし俺らが自殺したくなったら、自由にさせろ！」

その後もマーガレットは何度も、

――「いいかね。宇宙飛行士は決してそんなヘマはしない」

と念を押された。仕方なくマーガレット・ハミルトンは折れ、代わりにＮＡＳＡのエンジニアや宇宙飛行士が利用するマニュアルにこう書き込んだ。

——「飛行中にP01を選択しないこと」

ところがそれは、本当に起きたのである。

一九六八年一二月、月へ向かった初めての有人飛行船アポロ8号の月からの帰途、ジム・ラヴェルが、宇宙船のコースの微調整を行なっていて、「01」と入力するつもりを操作ミスをして「P01」と打ち込んでしまった。

ヒューストンから呼び出しを受けたとき、マーガレットはIL（器械工学研究所）二階の会議室にいた。仲間のいるオフィスに急ぎ降りて行ったマーガレットは、オフィスのディスプレイに映し出された表示に見覚えがあった。そしてあの日のローレンの困ったような幼い表情がよみがえっていた。

ローレンのあのことがあった後、提案がNASAから拒否されて、それでも宇宙飛行士が間違えたらどうしたらいいか、いろいろと悩んでいた。その当時かすかに浮かんだ解決策を思い出したのは、チームのみんなと厚さ約二〇センチのプログラムリストを調べ終えたころだった。

——「まだ時間はあるわ。急いでヒューストンから新しい誘導データを送って、ラヴェルさんと一つ一つ読み合わせしてもらいましょう！」

宇宙飛行士もミスをした。そして、もちろんラヴェルは懸命に作業をした。この場合、自分と仲間の命がかかっている。ローレンは、アポロ8号を救った。

◆マーガレットとアポロ11号

娘のローレンの「Ｐ01」事件の後で必要と思った提案がＮＡＳＡと飛行士たちの反対にあって「敗北」した後、実は彼女はもうひとつの重要なアイディアを思いついていた。

――「自分たちプログラマーも、間違いを犯しうるのではないか？」

頭のよさと閃きと謙虚な人柄を感じさせる思いつきだった。もちろん、ソフトウェアは宇宙船に搭載される前に徹底的にチェックされる。それでも、徹底的に訓練された宇宙飛行士もミスを犯すように、チェックをすり抜けてしまうバグもあるのではないか。だから、バグのないソフトウェアを作るだけでは十分ではない。万が一バグがあった場合でも、人命に関わるトラブルを回避できるソフトウェアでなくてはならない。

この思想のもと、マーガレット・ハミルトンのチームはアポロのソフトウェアに、ある決定的に重要な機能を忍び込ませた。

コンピューターの処理能力は限られている。もし何かの原因でコンピューターが過負荷状態になったら、当面最も大事な計算を優先し、大事でないものは後回しにしよう。予定していた動作容量が十分でないと判断したソフトウェアは、エラーを検出したことを告げる「エラー・メッセージ」を出し、宇宙飛行士に注意を喚起しておいて、自分は最も優先度の高い命令に集中するようにする「非同期処理システム」の機能を入れ込んだのである。

しかしそれだけではなかった。どこまでも考え抜くマーガレットは、月着陸をめざして降下中は、コンピューターがフリーズしそうになったら、プログラムを一度全て終了し、宇宙飛行士の生死に関わる重要なプログラムだけを再起動する機能まで整えた。

一九六九年七月二〇日、アポロ11号が「静かの海」に着陸するわずか数分前、彼らのコンピューターの重要性が再び劇的に証明された。あの月面降下中の緊急事態を伝えるアラームの時である。あの「1202」というエラー・メッセージがあんなにけたたましく鳴っている時、何が原因でオーバーロードになっているかは不明だとしても、コンピューターは、過負荷の中で優先処理を実行していること、そして最悪の場合も、再起動がかかって、イーグルの「静かの海」への着陸に全力を傾注していることを、現場にいたベイルズとガーマンは信じつづけることができていたわけである。

それが、「ガイドー」ベイルズの断固とした「ゴー!」だった。

第7章

嵐の中のアポロ——匠たちの格闘

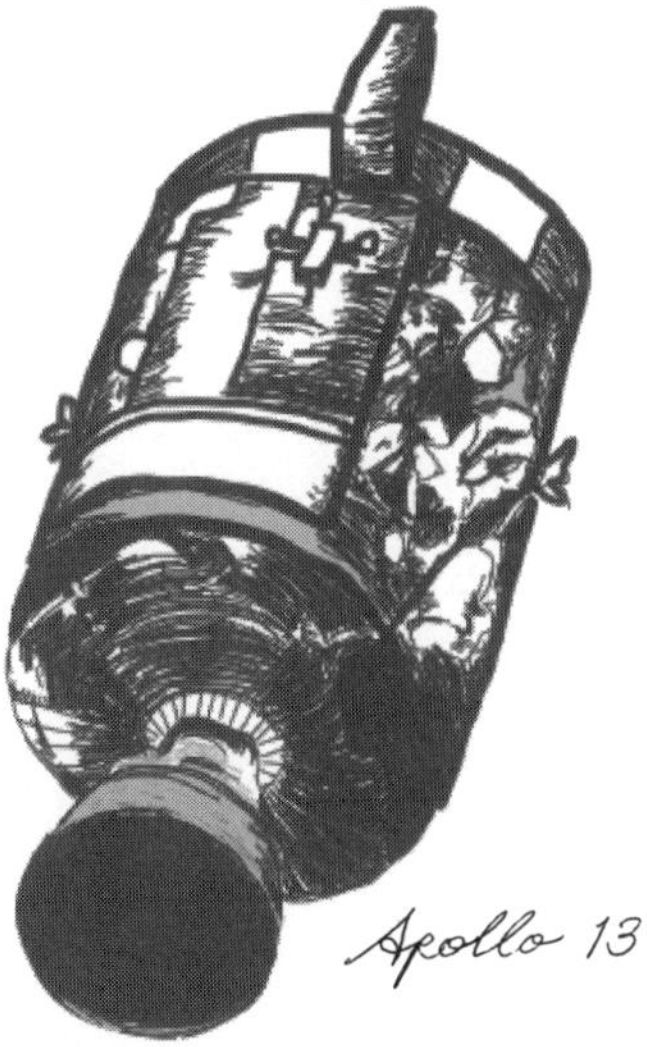

アポロ11号の飛行士たちが帰還すると、ニクソン大統領は、ロサンジェルスで大勢の客を招いて祝賀パーティを開いた。

1　舞台は回る——月面到達の後に来るもの

◆アポロに乾杯！

ニクソン主催の祝宴は、とんでもなく盛大だったと伝えられている。その時、ある飛行士がグラスを高く掲げて、「アポロ計画に乾杯！」と叫んだ。

そう、ケネディが宣言した「一九六〇年代の終わりまでに」という目標をアメリカはなしとげた。アポロ計画はこの後、何をするというのだ？　ウェッブは、アポロの宇宙船を一体いくつ飛ばせば月面着陸が成就されるのか見当もつかなかったために、懸命に予算取りをして、アポロ宇宙船もサターンVも、アポロ20号まで飛ばせるはずだ。しかしさすがのアメリカも、ヴェトナムとアポロという強力な金食い虫を二つも抱えていては、身動きがとれなくなっている。

着陸を11号が達成してしまったいま、あといくつのミッションを月に送ればいいのだ？　ケネディが目標に掲げたことはやりとげたのではないか。それとも、月へ行く別の魅力的な目標があるのか？　議論がいろいろなレベルで開始された。

◆ポスト・アポロ・レポート

一九六九年初め、ニクソン大統領は、一九八〇年代と一九九〇年代を通じてアメリカが取り組む宇宙計画を策定する委員会を立ち上げ、その年の九月に「ポスト・アポロ計画——未来に向かって」というレポートが提出された。

その内容は驚くべきものだった——「一九七五年までに一二人を収容する宇宙ステーションとスペースシャトルを建造する。一九八〇年までには五〇人収容の宇宙ステーションにする。その後五年で、軌道上で一〇〇人が生活するようにする。その間、一九七六年までに月周回軌道に有人基地を乗せ、二年後に月面基地を建設する。一九八一年には火星に向けて人間が出発する」。

この年二月にウェッブの後を継いだトマス・ペインNASA長官は、このレポートを歓迎し、月の次は火星というプロジェクトに野心を示した。NASAの有人宇宙飛行局長ジョージ・ミラー（彼は自身の名を「ミュラー」でなく「ミラー」と発音した）も熱烈にこれを支持し、半信半疑のフォン・ブラウンとともにその筋書きを描いて、各地の講演会などで積極的に訴えた。

◆ニクソンの後ずさり

しかし、フォン・ブラウンが予想した通り、ニクソンは一九六九年末になると宇宙への関心を急速に失っていき、議会も山積する国家の諸問題に大わらわ。財政当局も増え続ける赤字に悩んでいる。この国を率いるリーダーたちのほとんどが、冒険を求めるよりは成り行きを見守る態度に出た。

前向きの宇宙計画に対するこのような政治の側からのリーダーシップ不在の中では、一般の人々から果敢なプロジェクトへの支持を得ることは期待すべくもなかった。一九六五年をピークとして漸減を見せているアポロ計画そのものの予算への批判さえ出始めている。このままだと、計画自体の存続までが議論の俎上に上るかもしれない。トマス・ペイン長官は、ともかくアポロを20号までやらせて欲しいと、懸命に議会に訴え続けた。

◆月の科学が表舞台に

彼は、科学者のグループの多くが有人月飛行に批判的なことは知っていた。しかし、当時の情勢にあっては、万人にわかりやすいアポロの目的として、「月の科学」を高く掲げることも念頭にのぼっていた。その考えは、11号の飛行士たちが持ち帰った「月の石」に対する人々の高い関心に後押しされた。

そのたくさんの人たちが示す興味は、月の岩石が提供してくれるどのような情報と結びついているのだろうか――

月はどのようにしてできたのか?

月は見かけのように冷たく、本当に死んでいるのか?

月の熱的歴史はどのようなものか?

それが他ならぬ私たちの故郷の星の成り立ちを教えてくれるものだからか?

トマス・ペインは、科学者の中で、月探査にとりわけ熱心な地質学者が追い求めている疑問を、アメリカ国民の願う月探査のあり方につなげて熟慮する日々が多くなった。彼はかつてスタンフォード大学で、合金の特性に関する研究にいそしんだ若き日を、なつかしく思い出していた。

2　陽気な三人組――アポロ12号の愉快な旅

アポロ11号が偉業を成し遂げてから四ヵ月目の一九六九年一一月一四日、束の間晴れるかに見え、やがて空が一面の雲に覆われる気まぐれな天候の中、アポロ12号が打ち上げられた。

このフライトは、海軍士官だけで構成された初めてのクルーである。おしゃべりで悪戯好きの「悪童」ピート・コンラッドが船長をつとめ、遊び好きで有名なディック・ゴードン、それにこの二人と全く対照的に何事も几帳面にまっすぐな姿勢で取り組む、穏やかで控えめなアラン・ビーンが加わった。この三人は、11号のクルーたちと対照的な愉快極まるトリオであり、数々のエピソードを生んだ（図7－1）。

◆危機一髪！　発射直後の雷さま

「見事なリフトオフ！」とゴードンが叫び、サターンVが正しい方向に向けてゆっくりと回転を始め、やがてコンラッドが「回転終了」と報告した直後、コンラッドの目の端に、外を走る明るい閃光が飛び込んできた。その瞬間、長い爆発音が響いて、船体が震えた。思わず中央計器盤を見たコンラッドの背筋に戦慄が走った。電気系統のほとんどすべてのランプが点灯し、激しい警告音を発している。

それでなくてもおしゃべりのコンラッドが矢継ぎ早にまくしたてるのを、飛行管制センターの若き飛行主任ゲリー・グリフィンが呆然と聞いていた。彼はこの日が飛行主任としてのデビュー戦だった。これは飛行中止だなと短絡的に思った。

電気系統を担当するジョン・アーロンを呼んだ。

――「どうなってる？」

この頭脳明晰で知られる管制官アーロン（図7－2）は、自分の目の前のモニターに表示されていたテレメトリのデータが消えたので、しばらく悩んだ末、心に閃くものがあった。一年前に行なわれた地上シミュレーションの時に、今見ている異常なディスプレイ表示とそっくりのものを見た。そうだ、SCEだ！

――「主任、SCEを〝AUX〟（補助装置）に切り換えてください！」

図7-1　アポロ12号の飛行士たち
（左から：コンラッド、ゴードン、ビーン）

キャプコム（地上通信員）のジェラルド・カーが、訝しそうに言った。

――「SCE？　そりゃいったい何だ？」

ルーキーのグリフィンにももちろんわからない。

時間がどんどん経っていく。六〇秒が経過した。

カーが、「早くしろ」という表情で見つめているアーロンを一瞥した後、不安そうな声で司令船
「ヤンキー・クリッパー」に呼びかけた。

――「SCEをAuxiliary（補助装置）に切り換え！　以上」

次は、「ヤンキー・クリッパー」が訝る番だった。コンラッド。

――「FCEを〝補助〟?……?　いや、NCE……?　何じゃそりゃ?」

地上からカーが叫ぶ。

――「違う違う、S、C、Eだ！」

図7-2　飛行管制官ジョン・アーロン

宇宙船にいるコンラッドは何のことかさっぱりわからない。ゴードンもわからない。ところが、さすが厳密で聞こえたアラン・ビーン。彼がそのスウィッチのありかを知っていた。しかも彼の目の前にそれはあった。彼が手を伸ばした。……突如、テレメトリが戻った。

ＳＣＥ（信号調整装置）は、さまざまな機器のセンサーから送られてくる一連の生の信号を、宇宙船の計器盤などに表示しヒューストンにも転送するため、標準の電圧に変換する。ジョン・アーロンは、そのスウィッチを〝補助〟に切り換えれば、ＳＣＥが低電圧でも作動することを奇跡的に

思い出したのだ。「頭脳明晰」と言われる所以である。

つづいてアーロンは、大事なことをもう一つ思い出した。燃料電池がダウンしている。低電圧で新たに起動しなおすために、リセットを指示するようグリフィンに言った。カーからその指令が飛ぶ。

——「燃料電池をリセットしてください！」

アラン・ビーンが燃料電池を一つずつリセットするたびに、警告ランプが一つずつ消えて行った。管制センターからの声。

——「12号。こちらヒューストン。見事な経路に乗っています！」

それを耳にして、何と陽気なクルーだろう。コンラッドが甲高い笑い声をあげ、やがて司令船「ヤンキー・クリッパー」の内部に笑い声の合唱が響いた。

実はこのとき、アポロ12号は、この飛行で最大の危機をくぐりぬけたのだった。

第一段が分離し、第二段に火がついた。アポロ12号は地球周回軌道に投入された。

首をかしげながら、ふと見上げたコンラッドの目に、まぶしい光がさしこんできた。太陽だ！雲の上に出たのだ。

——「雷だったのかな？」

コンラッドがいつものように思ったことをすぐに口に出したが、それが当たりだった。全長一〇〇メートルを越すサターンVは、炎を引きずり、その先端が地上に達して、世界最長の避雷針と化した。

そして発射から三六秒後、稲妻がその避雷針を貫き、巨大な電流に反応して「ヤンキー・クリッパー」が電気系統を停止した。アポロのクルーも管制センターも気がつかなかったが、離陸の五二秒後には二度目の稲妻も炸裂した。後に判明したのだが、この二度の落雷は、発射台近くに据え付けられた自動カメラがとらえていた（図7－3）。

コンラッドは、地球周回を始めるとすぐに宇宙船の関連部分を総点検した。異常はない。じっと目を閉じると、まぶたに浮かぶのは、あの赤いランプの数々。

——「管制官のやつらに感謝しなくちゃな。あいつら、なかなかやるな……」

図7-3　発射台近くの自動カメラが雷をとらえていた

打ち上げの二時間二八分後、連絡が入った。

——「12号。グッド・ニュースだ。月軌道投入ゴーだ！」

この時点で実は管制センターは、司令船のパラシュートを開傘する点火システムが落雷で壊れているのではないかとの不安があり、飛行をつづけるかどうか、NASA幹部と協議に入っていた。その結果「ゴー」を出した理由は単純明快。パラシュートが開かないなら、今ミッションをやめようが、月に行って一〇日後に帰ろうが、クルーの運命は同じこと。

そんな事情も知らず、アポロ12号の司令船「ヤンキー・クリッパー」では、相変わらずの調子の会話が交わされていた。

——「アラン、おまえはいま月へ向かって飛んでるんだ

ぞ」(コンラッド)

――「その通りです。何ならふたりともついてきてもいいですよ」(アラン)

――「へっへっへっ、それじゃあ有難くお供しますよ、若旦那」(ゴードン)

◆この魅力ある男――ピート・コンラッド

他の飛行士たちは、コンラッドとゴードンの破天荒を物静かなアラン・ビーンが「中和」しているると見ていた。ただし、そのチームカラーを決めているのは、放っておくといつまでもしゃべりつづけているようで、実は非常に仲間に行き届いた気を遣っているコンラッドであることもみんなはわかっていた(図7-4)。

図7-4　いつも陽気にしゃべりつづけるコンラッド

このプリンストン大学出身の海軍将校は、出るところへ出れば立派な振る舞いもできたが、それは彼の地ではない。そもそもどの飛行士も真剣になるシミュレーターの中で、いつも鼻歌を歌い、口笛を吹き、チューインガムを膨らませては破裂させる。ヘッドセットをつけた指導員がギクッとするような大きな音。機器が故障しようものなら、まるで海賊のような乱暴なセリフ。それでいて憎めないその人柄に指導員は苦笑いを浮かべていつも溜息をついた。

――「やれやれ、あの男は本番では何をしでかすか、わかったもんじゃない」

コンラッドが悪態をつくと、つづいてビーンの声がつづく。

――「そうか、これが超一流の宇宙飛行士の言葉遣いだな。ボクも見習わなくっちゃ」

そこで指導員は吹き出す（図7－5）。

図7-5　フライト・シミュレーターの中のコンラッド（左）とビーン

月軌道を回り始めた初日。司令船にBGMが流れていた。フランク・シナトラの『イパネマの娘』。三人の会話もリラックスしている。ぽつりぽつりとしか口をきかなかった11号のクルーとは違って、まるで海辺で休暇を過ごす悪童三人組。

――「もしハリウッド映画にこんなシーンがあっても、誰も信じないでしょうね」

とアラン・ビーン。

――「どういう意味だ？」とコンラッド。

――「月の裏側でこんな曲を聴いてるなんて」

とビーン。ディック・ゴードンが反論した。

――「おまえ、曲にケチをつけるのか？」

――「だって誰もありがたがらないですよ、こんなBGM」

とビーン。そしてとどめをさす。

──「やぼったいもん。ハリウッドなら、もっとハードでなきゃ」
どう見ても、月周回軌道上での会話とは思えない。

◆任務その1──ピンポイント着陸

アポロの飛行士たちが月面で行動できる範囲は広くない。11号は、ともかく着陸そのものが最大最高の目標だったが、それ以後月面を踏む飛行士たちは、付加価値が期待される。中でも、科学者たちの分析・研究に値する岩石を見つけ、持ち帰ることは、トマス・ペインNASA長官の意向もあって、NASA上層部から強調されている必須の任務だ。

地質学者たちは、これまでの無人機が送って来たデータをくまなく調べ、学問的に価値の高い岩石が見つけられそうな場所をじっくりと選び、議論を尽くして、アポロ各号の着陸地点をリストアップした。

だから、選んだ価値ある候補地のごく近くに月着陸船を降ろさなければ、折角の苦労が生きない。12号には、一九六七年四月にサーベイヤー3号が降りた溶岩平原「嵐の大洋」が指定され、そこにピンポイントの着陸を成功させ、ついでに月面に佇んでいるはずのサーベイヤー3号の「遺骸」からサンプルを切り取って来いと、NASAから命じられた。

NASAは、ピンポイント着陸によって、高精度の着陸にはパイロットのスキルが必要であることも証明したかった。地質学者が「嵐の大洋」の岩石を欲しがったのは、アポロ11号が降りた「静かの海」の岩石よりも新しく、おそらく化学的組成も異なるだろうという期待があったからである。

そして司令船にゴードンを残して月着陸船「イントレピッド」を操縦したピート・コンラッドは、そばで助けるアラン・ビーンも驚く見事な操縦で、史上初の月面ピンポイント着陸を成功させた。

ピートとアランは月面へ降りて行った。月面でのデビューでひと芝居やらかした（隠れ咄7）直後、コンラッドは、少し歩いて、近くのクレーターの壁のそばに、小さな白い船体を発見した。

——「サーベイヤー3号だぞ！　ここから二〇〇メートルも離れてないぜ！」

管制センターに拍手喝采が沸き起こった。

数分後、ヒューストンの人々、いや世界の人々の耳に、聞きなれない音が届いた。

——「ダム、ディッディー、ダムダムダム……」

メロディーさえついていないバカげた鼻歌。三八万キロメートルの彼方から聞こえてくる、常軌を逸したコンラッドの鼻歌だった。

◆任務その2――ALSEP設置

「イントレピッド」から百メートルくらい離れたところに、地球以外の天体に築く初の本格的科学ステーション、ALSEP（アポロ月面実験装置）も設置した（図7－6）。月の地震を記録する地震計、月の磁場を計測する磁力計、かすかな月の大気の臭いを感知するセンサー、イオン分析器などが、二台のパレットに載っている。そのデータを地球に送る中央通信ステーション用の機器もある。

一時間以上もかかって設置と稼働の準備をし、コンラッドが通信ステーションの電源を入れて、

図7-6　月面上でALSEPの設置作業をするコンラッド

ビーンと二人がその場を離れたところ、地上の管制センターから少し離れたところで、科学者たちが興奮気味にチャート式記録計を取り囲んでいた。地震計に、小さく不規則なラインが現れた。月震ではなく、設置を終えて岩石のサンプル採取に向かうコンラッドとビーンの動きが、月震計にキャッチされていた。地質学者たちは満足の微笑みを交わし合った。

◆任務その3――岩石の採取

それから「イントレピッド」に戻って、ハンモックで少し眠った二人は、一三時間後にふたたび月面に降りた。さあ地質学者の代わりに月の実地調査をするぞ。何年ものあいだ、鉱物の識別、衝突クレーターの特徴、サンプル採取のやり方など、プロから特訓を受けた。ハワイの溶岩流、テキサス西部の砂漠、……特にこの数ヵ月は腕に磨きがかかった。

科学者たちは、詳細な月面図の「嵐の大洋」に、二人が歩けるようなコースを四つ書き込んでくれていた。コンラッドとビーンのピンポイント着陸は、その四つのうちの一つにぴったりと合っていた。

ハンマー、バッグ、地層採取チューブ、シャベル、長柄のハサミ、月面図――すべて運搬用の袋につめこみ、クレーター横断の旅に出た。「嵐の大洋」一帯が、「静かな海」とは年代も組成も異なる溶岩流で作られているかどうかを確かめることが期待されていた。

コンラッドのブーツがつけた足跡を見ていたビーンが、表土のすぐ下に明るい灰色の部分があることに気づいた。地上の訓練のとき、衛星写真を見せられ、

――「この明るい灰色の筋を探して欲しい」

と言われていた。ビーンの勘は鋭い。

――「これだ！」

それがそこから四〇〇キロメートル足らず北の「コペルニクス」巨大クレーターができたときの衝撃で飛び出した物質で、現在の月面がどのようにできたかを探る貴重な発見だったことをビーンが教えられたのは、地球帰還後のことである。

こうして二人は、地質学者であれば数週間から数ヵ月かけて調査するだろう地域を、与えられた二時間半弱だけ歩きまわって岩石を集めた。途中で、月面滞在を三〇分延長するとの嬉しい知らせ。そして最終目的地「サーベイヤー3号」に静々と近寄り（図7－7）、持ち帰るよう指示されていた金属チューブをハサミで切り取り、ピートが自分が欲しいテレビカメラを戦利品として切り取った後、「イントレピッド」の船室に潜り込んだ。

◆再会と帰還

ゴードンの待つ司令船「ヤンキー・クリッパー」に向かう月面打ち上げまでの時間が、しばしの観光客気分になれる唯一の時間だった。そして発射、上昇。ディック・ゴードンは、二つの船の

図7-7　サーベイヤー3号のそばで作業するコンラッド

ドッキングを完璧にこなした。

トンネルを潜って来る埃だらけの二人を見て、

——「おまえら、オレの清潔な宇宙船を汚すんじゃねえぞ！」

「ヤンキー・クリッパー」に迎え入れる前に、ゴードンは二人の宇宙服を脱がせ、大急ぎで収納袋に押し込み、それからとても嬉しそうに二人に笑いかけた。せかせかと動き回って、道具をしまう二人に「いそいそ」とした風情で手を貸し、水を差し出した。

その瞬間、ビーンの胸に、熱いものがこみ上げてきた。後年、ビーンは語っている。

——「アポロ12号ミッションの中でもいちばん特別な思い出は、月や地球でなく、ピート・コンラッドとディック・ゴードンのことだった」

地球への帰路、ピート・コンラッドは考えに浸っていた。アポロと寝食を共にし、アポロを呼吸した七年を経て、いまそれを完璧にこなしたと思う。やりがいのあるミッションだった。数々の壮大な光景も目にした。素晴らしい経験だった。

しかしコンラッドは感じていた。

——「でも人生観を左右するほどのものではないな」

いまこうして振り返ってみても、あまりにも訓練とそっくりだったので物足りなさを感じる、という思いを振り切ることができない。あの浮遊感と光景を別にすれば、シミュレーターの中にいるようなものだった。

だから、アラン・ビーンが彼の方を向いて、まるでその心の内を読んだかのようにこう言ったときは、心底驚いた——「なんかあのシナトラの歌みたいですね。これで全部終わりなのかなあ?」(5)

隠れ咄7　小さな一歩と大きな跳躍

11号で、最初の一歩を月面に印したアームストロングの「一人の人間にとっては小さな一歩だが人類にとっては偉大な跳躍」という「かっこいい」言葉が、コンラッド夫人は気になっており、自分の夫にあんなセリフが吐けるだろうかと不安だった。どこでもある夫婦の会話——「あなた、大丈夫? ニールみたいに言える?」「大丈夫だとも。オレはもう考えてる」「何て言うつもり?」「それは今は言えないな。お前はおしゃべりだから」「ケチ」。

そして一九六九年一一月一九日、着陸船「イントレピッド」の九段の梯子を降り(図7－8)、最後のステップを「よいしょ」とジャンプしたコンラッド。彼の自宅には、第一声が地球に届いた瞬間のコンラッド夫人の感想を取材すべく、記者やカメラマンが押し寄せていた。

ピート・コンラッドのいつもの陽気な声が月面に弾んだ。

——「やったぞ、ヤッホー! いやあ、ニールにとっては小さな一歩だったが、オレにとっては大きな跳躍だった!」

沢山のマイクが一斉に夫人に向けられた。

――「あのバカ」

コンラッドは、身長一六八センチ。飛行士としては小柄で、一八〇センチのアームストロングに比べると、脚は相当短い。着陸船の梯子は九段あり、最後のステップがかなり大きい。アームストロングはいとも簡単に脚を伸ばし、ちょっとだけ跳んで穏やかに降りたが、コンラッドは、地上訓練の時から、ブツブツ文句を言っていた。

実はコンラッドは、ある親しいイタリア人ジャーナリストにこの言葉を、口外しない約束で事前に打ち明けていた。そのジャーナリストが、「まさかそんな言葉を言えるはずがない」と、いつもの悪い冗談だと決めつけると、

――「じゃあ、五〇〇ドル賭けるか?」

とコンラッドが言った。

そして、あの梯子から降り立った直後、彼は賭けに勝ったのである。

図7-8　月面へ降りるアラン・ビーン。コンラッドもこのような感じだったと思われる

3　奇跡の生還――アポロ13号

アポロ13号の四つの大型円形タンクには、極低温の液体酸素と液体水素が貯蔵されている。そのうちの二つのタンクの小型扇風機を回すと、宇宙飛行士には空気と飲料水、宇宙船には必要な電力を供給してくれる。

ジャック・スワイガートはゆっくりと伸びをした。予定の任務はほとんど終わっていた。手を伸ばして、扇風機を作動させるためにスウィッチを入れた。

◆小さな火花

スワイガートの知らないところで、扇風機の一つに電気を供給している二本のワイヤーが接触した。途端に火花が飛び、テフロンの絶縁体がまたたく間に火に包まれた。火はたちまち酸素タンクにまで一気に燃え広がり、タンクは破裂した。タンクのドームが吹き飛んだ。アポロ13号の機械船の側面が吹っ飛び、宇宙船は機能を落とし始めた。

アポロ13号がケープ・ケネディを飛び立って五五時間と五五分が経過していた。船長のジム・ラヴェルが、「これまでのアポロ計画の中でいちばん順調」と言ったほど「やすらかな」飛行が続いたので、数時間前にはキャプコムのジョー・カーウィンが、無線で不平を漏らしていた。

――「こっちは退屈でたまらないですよ」

機械船の片側が破裂した時、バンという音を飛行士たちは耳にした。機械船・司令船・月着陸船の三つが、連結車両みたいにつながったアポロ13号が、大きく揺れた。三人のいる司令船「オデッセイ」では、アラーム・ランプがそこら中で点滅し、警報がけたたましく鳴り響く。

ジャック・スワイガートが飛行管制センターにつないだ。

――「ヒューストン、問題が発生した」

モニターを見つめるあちこちの飛行管制官たちから、口々に呆然とした言葉が出始めた。

――「いったい、このデータはどうなってるんだ?」

――「こりゃ、大変なことだぞ!」

…………

何が起きているか、誰にもわからない。飛行管制官たちの間でも意見が分かれていた。フライト・ディレクターのジーン・クランツは、

――「ディスプレイが確かなことを表示しているのかな? これまであんなに完璧に働いてた船が、こんなことになるなんて、とうてい考えられないよ」

シフト・マネジャーのサイ・リーバーゴットは、

――「燃料電池1と2の電圧がゼロになってる。酸素タンク2の気圧もゼロ。温度維持装置もおかしい。やはり何か事故が起きているんじゃないか……」

一方アポロ13号では、司令船パイロットのフレッド・ヘイズが、

――「隕石がぶつかったんじゃないか」

と感想をつぶやいていた。

アポロ13号の宇宙船の全体が激しく振動しつづけている。警報の合唱もアラーム・ランプの点滅

もつづいている。アポロ13号が絶体絶命の危機にあることを、どうしても受け入れられないまま、時間が過ぎていった。

◆機体から何か外に漏れている……

途方に暮れて窓の外を見やったラヴェルが、ビクッとして報告した。

「機体から何か……何か外に漏れている」

管制センターは彼の無線に驚愕した。このラヴェルの発見が、管制センターの雰囲気をがらりと変えた。飛行士のいのちを救う唯一のガスがどんどん噴き出している！

宇宙船のラヴェルは、その様子を見ていて、はじめ胸が締めつけられるような感じがし、次いで腹が痛くなり、そして孤独になった。

このとき、ラヴェルは、月着陸船「アクエリアス」で月面着陸するという考えを、きっぱりと頭から追い出した。いまいちばん大事なことは、生き抜くこと。

――「しかし、奇跡でも起こらない限り、オレたちは、地球からはるかに離れて行く軌道上に、置き去りにされるだろう……」

アポロ13号の三人は、断末魔の苦しみに喘ぎ始めた。

◆管制官ジーン・クランツの長い日

協議の末、月面着陸は中止となった。あとは、三人を帰還させるために、どの飛行経路を選ぶかだ。ジーン・クランツが心を決めた。

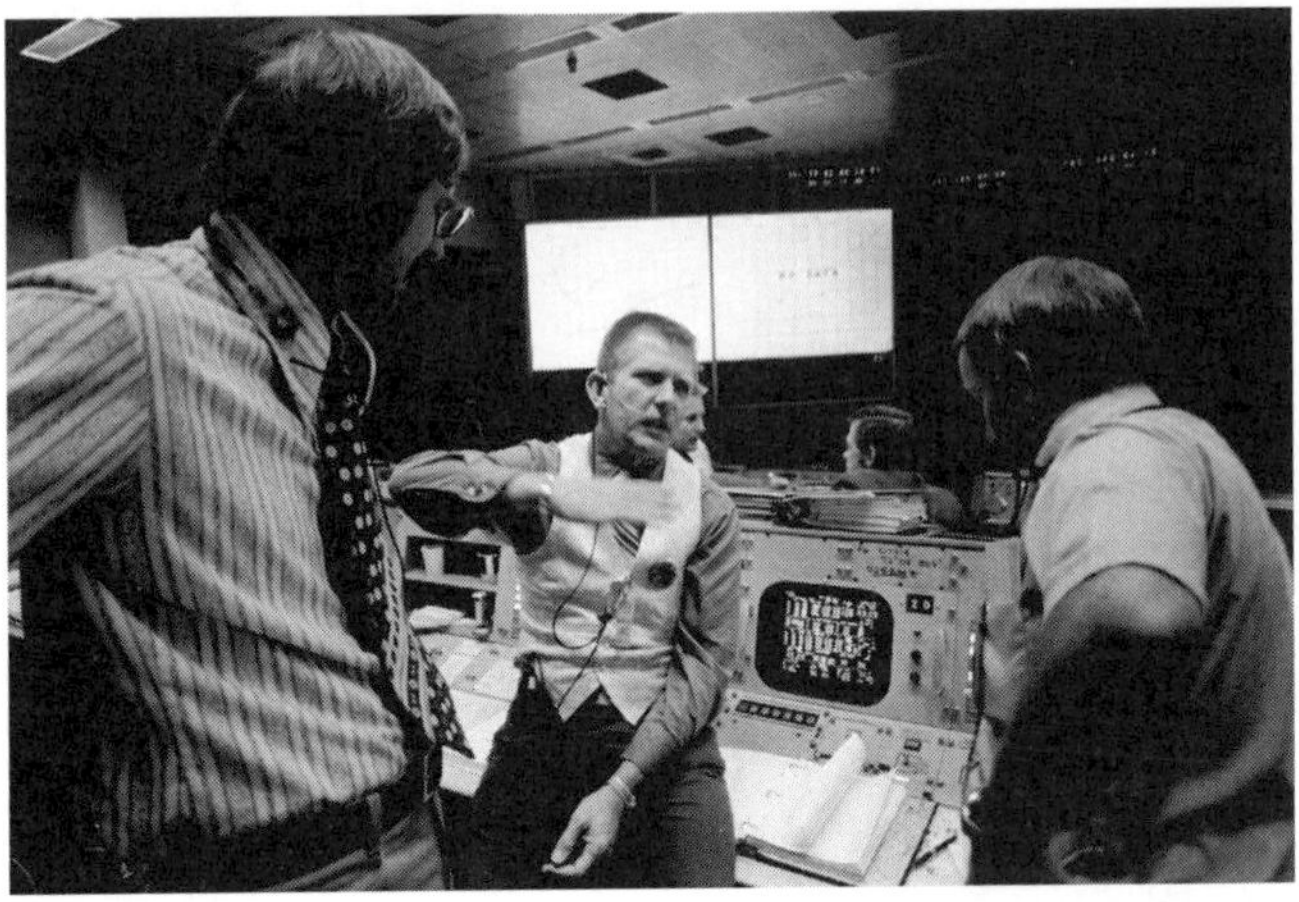

図7-9　フライト・ディレクターのジーン・クランツ（中）

――「このまま飛行をつづけて、月の向こう側を回って地球に戻る〝自由帰還軌道〟にしよう。いま13号は基本的にはその軌道に乗っている」

若い管制官が訊いた。

――「〝基本的には〟ってどういうことですか？」

クランツが、沈痛な面持ちで答えた（図7－9）。

――「うん、一つだけ問題があるんだ」

そう、その場にいるみんなを心配させる問題を、13号の「自由帰還軌道」は内包していた。それはこういうことである。

アポロ8号、10号、11号による最初の三回は、最終的に月に向かう軌道に投入するエンジン噴射を終わると、放っておけば宇宙船は、何もしなければ、そのまま月をぐるりと回って地球に帰還する「バッティンの素敵な自由帰還軌道」に乗るように設計された。これは、月周回のためのエンジン噴射をする前に何か異変が起きた時、飛行士たちを救う最も安全な飛行経路だった。

それが、アポロ12号では、打ち上げ日時と着地点の選択の幅をひろげるために、少しだけ変更され、「変形自由往還軌道」あるいは「混成軌道」に放り込むことにした。13号もそうなっている。その「変形」の結果、自由往還軌道とは言っても、放っておけば地球から六四〇〇キロメートル離れた場所を通る計算となる。だから首尾よく大気圏突入を果たすために、月の向こうで一回だけ軌道修正のエンジン噴射が求められることになった。

このような事態になると、アポロ12号ではうまくいった「混成軌道」が、13号ではかえって災難のもとになった。このまま何もしなければ、13号の三人は、月をぐるりと周回した後でその影響圏を脱出し、地球の方角に送り出されはするが、地球というターゲットから六四〇〇キロメートル外れることになる。だからもう一回のエンジン噴射は、どのみち必要だ。

そこまで納得した先ほどの管制官がつぶやく。

――「しかしそのエンジン噴射のための機械船のエンジンが使えないってことか……」

次のタイム・シフトのフライト・ディレクターであるグリン・ラニーが口を開いた。彼は心配でたまらず駆けつけて来ている。

――「ジーン、救命ボートだね」

クランツが応じる。

――「そう、オレもそれを考えていたところだ。そうするしか残された道はない！」

こうなったら、頼れるエンジンは月着陸船のエンジンしかない。それを軌道修正に使おう。月着陸船を「救命ボート」にする！

ジーン・クランツが立ち上がった。話しかけた。

――「みんな聞いてくれ。月着陸船がまだ残っている。月着陸船は無傷のままだ。したがって、もし生還するためにそれが使えるなら……」

ふと（本当に使えるのか？）という疑問が脳裏をかすめた。一瞬の後には立ち直った。

――「問題の解決に向かって踏み出そう。憶測で悪い方に考えるのはやめにしよう。冷静になって、一丸になって前向きにやろう。もう時間がない！」

フライト・ディレクターの一言は、あれこれ逡巡していたチームの心の方向を一つにした。着陸船を救命ボートにすることが可能かどうか、具体的な検討に移った。事故の影響を受けていない可能性が高いとはいえ、機械船のエンジンに比べると、パワーは半分くらいしかない。果たして自由帰還軌道の修正が可能なのだろうか？　誘導を受け持つ管制官が、これまで弾いたことのない計算を急いでやってみた。そして親指を立てた。

――「大丈夫。それくらいなら行ける」

しかしその間にも、アポロ13号の司令船内では、酸素と電力の不足が深刻化している。クランツから、緊急の指示が出た。

――「生命維持と交信ができればいい。電力消費を最低限のレベルまで落とせ」

さあこれから、普段なら数週間かかる作業をほんの数時間でやらなければならない。ここで、フライト・ディレクターをグリン・ラニーとするチームが、ジーン・クランツのチームと交代して配置についた。

◆救命ボート

キャプコムを担当する飛行士仲間のジャック・ルースマが連絡した。

——「月着陸船を救命ボートにする」

スワイガートが答える。

——「了解。そっちとこっちで見解は一致している」

最初の仕事は、司令船のコンピューターに蓄えられている飛行データを月着陸船「アクエリアス」のコンピューターに移す作業だ。当時は、モニターの数字を一つ一つ読み取って、人間が手で打ち込むしかない。このピンチの中で、スワイガートが有能な作業者であることを証明した。

ヒューストンのシミュレーターでは、宇宙飛行士たちが、この初めての「救命ボート作戦」を成功させるために猛然と作業を続けていた。ラヴェルとクルーは司令船「オデッセイ」の機能を停止させなければならないが、すべてを停止させるのではなく、再突入時には再生できるよう、「冬眠状態」にする。同時にクルーは、司令船からも機械船からも電力を引かないで、月着陸船をパワーアップさせなければならない。全く初物尽くしの仕事だった。

そのシミュレーションの結果、作業内容の注意点が手際よく整理され、「オデッセイ」に伝えられた。

ラヴェルとヘイズは、連結トンネルを通って月着陸船に移動し、これから足かけ四日間の「家」になる船のパワーアップにかかった。一方スワイガートは瀕死の司令船に残り、一つ一つのシステムをオフにして行った。警告灯のあかりでの作業は厳しかった。

まだ居残っているクランツのチームが、アポロ13号のクルーを生還させる最も確実な作業手順を検討し、フライト・ディレクターのラニーに伝えた。

◆二酸化炭素

みんなが電力に気を取られている最中に、乗員システム部門のチーフ、エド・スマイリーが二酸化炭素が危ないことに気づいた。二酸化炭素の濃度が一〇%を超えると、人間は意識を失い死に至る。アポロ宇宙船では二酸化炭素が増えすぎないように、それを吸収する水酸化リチウムのカートリッジを使っているが、着陸船「アクエリアス」は、二人が二日を過ごす量だけしか備えていない。カートリッジは三人に四日分の空気を与え続ける必要があった。司令船には十分な量のカートリッジがあるのだが、そのカートリッジは形が違うので月着陸船では使えない。

エド・スマイリーがエンジニアのグループを率いて、「ウィスコンシンの農具修理」と呼びならわされた解決法を考え出した。宇宙服のホース、バッテリー、テープ、プラスティック、それにフライト・マニュアルの厚紙を急ごしらえの清浄器として利用する。船内の二酸化炭素を吸い取り、急ごしらえの清浄器に通し、新鮮な酸素だけを船内に送り出す。

この即席の装置の組み立て手順を、キャプコムからスワイガートにステップ・バイ・ステップで教え込んだ。スワイガートと作業をしていたラヴェルがつぶやく。

――「まるでプラモデルの飛行機を組み立ててるみたいだな」

接続するとたちまち二酸化炭素濃度は低下した。

やがてアポロ13号は、クレーターで突起だらけの月面の向こう側に消えた。

◆運命の軌道修正

月面の向こう側での話。後にひかえている軌道修正が気になるラヴェルは、ものすごい勢いで月面の写真をパチパチ撮っているヘイズとスワイガートに、呆れて言った。

――「軌道修正が正確にできなければ、その写真は現像されることはないんだぜ」

二人は、ラヴェルには飛行経験があって、自分たちにはないからだと答えた。彼らはこれが月の写真を現場で撮る一生に一度のチャンスになると思った。

一方、地上の管制室。もうじきアポロが出て来る。いよいよ運命の噴射だ。そのとき、トーマス・ペインNASA長官が、ジーン・クランツを呼んだ。

――「ジーン、君にすべての判断を一任する。責任は私がとる」

長官は現場を全面的に信頼していた。

アポロ13号が月の反対側から姿を現した。宇宙飛行士は、長時間のエンジン噴射に向けて準備に入れという指示を受けた。そしてラヴェルが「アクエリアス」の下段エンジンに点火した。軌道修正は完璧。三人は帰還軌道に乗った。もう一つ大きな山場を越した。

――「OK、ヒューストン。完全に燃焼した」

と、ラヴェルの追認。

その後も、水不足の深刻化、寒さ、高い湿度に悩まされた。特にジャック・スワイガートは、ジメジメとした冷えに苦しんだ。足が濡れていた。ヘイズとラヴェルには足を保護する月面歩行用ブーツがあったが、彼にはそれがなかったからだ。

月着陸船は狭いので、宇宙服を身につけることができない。テフロンの衣服はびしょびしょで、肌が凍りつくような冷たさだった。こうした環境で、司令船の再起動という最大難関があることを、飛行士たちは覚悟していた。

再起動の手順づくりを託されたのは、あの「12号のヒーロー」ジョン・アーロンだった。シミュレーターを使って、乏しい電力で再起動するための手順をあれこれ試行錯誤し、アーロンはようやく電力が許容量に収まる手順を見つけ、アポロに伝えた。

ボロボロの難破船の中で、冷たく濡れたまま漂流しながら、予想もしなかった孤独感にさいなまれる三人に、管制センターから「眠れ」という厳命が下った。

――「なるほど、いい考えだ」

というラヴェルの応答に、管制センターの面々が笑みを浮かべた。疲れ果てた三人は、まもなくぐっすりと眠りに落ちた。

もはや無用の長物となった重い機械船を、オデッセイとアクエリアスは吊り下げている。しかし、低温下では司令船の熱シールドがもろくなり、再突入時の高熱にさらされると亀裂が入る可能性があるので、その熱シールドの保護として機械船をつけたままの方が安全だと、バックルームからアドヴァイスが来た。

大気圏再突入に際して、もう一つ問題があった。爆発の結果生まれた、ワイヤー、配管、タンクの破片などの機械船の残骸が、今も少しずつガスを噴出していた。そのガスの漏れが徐々に積もり積もって、前回の噴射で完璧な回廊に乗ったアポロ13号の軌道を、少しずつ曲げ、浅すぎるコースに入っていた。だから、再突入の前にもう一度正確に軌道修正しなければならなくなっていた。

月着陸船のエンジンは、もう一度きちんと噴いてくれるだろうか？　やってみるしかなかった。管制センターから噴射の秒数について指示が出た。ほんの数秒、ラヴェルがエンジン噴射。完璧だった。アポロ13号は故郷へのハイウェイにふたたび滑り込んだ。

◆故郷へ！

一〇億人以上の人々が、三人を救う必死の努力についてのニュースに、熱心に耳を傾けた。世界中の宗教関係の集会所が、飛行士たちの無事を祈る人々でいっぱいだった。「目標着水地はアメリカ領サモアの近辺」と、ＮＡＳＡが発表した。そこに、アメリカ航空母艦イオウジマが待機している。しかしもしオデッセイが目標をはずし回収可能な一帯からそれた場合に備えて、イギリス戦艦、フランス航空母艦、ソ連の捕鯨船が全速力で着水地に向かう準備を整えてくれていた。

太平洋への凱旋のときには、三人とも司令船に乗り移っていなければならない。「不快な眠り」から目を覚ましたスワイガートが、司令船「オデッセイ」を生き返らせるために月着陸船「アクエリアス」から漂い出た。彼が入ったところは、もはや愛着のあった宇宙船のキャビンではなくなり、じとじとと底冷えのするブリキ缶だった。何もかもが露に濡れている様子を見て、電気回路やハーネスに水が入り込んでいるのではないかとゾッとしたが、何の問題もなく司令船は息を吹き返した。

フレッド・ヘイズがヒューストンと交信していた。

――「司令船の中の温度は、ヒューストンじゃ何度と出てる？」

――「七℃前後だ」

図7-10　離れて行く機械船
（ラヴェル撮影）

――「われわれがどうしてこれを冷蔵庫と呼んでいるか、わかるだろ？」

――「なるほど。そっちは寒い冬の日か。司令船の中にはまだ雪は降っていないのか？」

――「ああ、いまのところはね」

――「このひどい体験のあとは、サモアのビーチで暖まっていけるさ」

――「そりゃあいい」

四月一七日、金曜日の早朝、着水予定時刻から五時間あまり前、ラヴェルは少しでも目標に正確に着水できることを祈りつつ、アクエリアスの小さな操縦ジェットエンジンに点火した。

一時間後、スワイガートが点火用のスウィッチを入れ、ボロボロの機械船を切り離した。二つに分かれた宇宙船は、猛スピードで並走しながら地球に向かう。衝突させないためにラヴェルが、月着陸船のエンジンを噴射して、機械船からできるだけ遠ざかろうとした。

機械船を見送るラヴェルの目に、離れていく船が見えた（図7－10）。数日前の爆発の威力が歴然としていてショックを受けた。後年のラヴェルの述懐。

――「機械船の側面がそっくりなくなっていたよ。エンジンの基底部からパネルが丸ごと一枚、吹き飛ばされてたね……。ほんと、めちゃめちゃだった」

それから三時間後、大気圏突入の一時間前。ラヴェルとヘイズは機能を回復した「オデッセイ」

図7-11　見守るフライト・ディレクターたち

に移動し、「救命ボート」を切り離した。スワイガートが地上に報告した。

──「LMを切り離した」

──「さようなら、アクエリアス。われわれは君に感謝している」

キャプコムから、敬意を込めた応答があった。ラヴェルが感慨深げに言った。

──「いい船だったな」

上空一二〇キロメートル、司令船「オデッセイ」は、時速三万九〇〇〇キロを越える速さで大気圏に突入した。三人の宇宙飛行士は重力に触れた。

突然、司令船の中で雨が降り出した。びっくりして見回した宇宙飛行士は、オデッセイ内部についていた無数の水滴が、重力の影響を受けて夕立のように一気に落ちていくのを見た。宇宙船の底には水たまりができた。

アポロ13号は火に包まれて突入をつづけた。イオン化した鞘で通信は一時中断された。世界中が苛立ちを抑えながら待っていた。管制センターは沈黙していた。スピーカーがパチッと鳴った。太平洋上の追跡用飛行機が出発した。

図7-12　喜びの管制センター
左から：グリフィン、クランツ、ラニー、ウィンドラー

「オデッセイ」からの無線信号をとらえたのだ。しかし管制センターは誰も声を出さない（図7－11）。まだ早い。誰もが同じ疑問を抱いていた。

（パラシュートは開くだろうか？）

三つの巨大なオレンジ色と白のパラシュートにぶら下がって、雲の間を下降するアポロ13号の姿が管制センターのスクリーンに現れた。太平洋上空六〇〇メートル。

安堵の溜息、そして拍手と歓声が沸き起った（図7－12）。人々の目に喜びの涙。彼らは背中や肩をたたきながら抱き合った。信じられないことに、それまでのアポロの全飛行の中で、13号は最も正確な位置に着水した。イオウジマはわずか五キロメートル先で待機していた。

「アクエリアス」は無事回収された（図7－13）。三人がラフト・ボートからヘリコプターで引き揚げられてイオウジマの甲板に立つと、水兵らが一斉に声援を送り、航空母艦の楽隊は歓迎の意をこめて、彼らに何よりもふさわしい曲——

「ジ・エイジ・オヴ・アクエリアス」——を演奏した。(9)

◆管制官という仕事

ミッションの前には、さほど話題にならなかったアポロ13号が、皮肉なことにこの事故で世界中のメディアから注目を集めた。とりわけ、話題になったのは、フライト・ディレクターである。アポロ13号を受け持ったフライト・ディレクターは三人。彼らは文字通り不眠不休で救出にあたり、それぞれのシフトを終えるたびに記者会見を行ない、非常に丁寧に誠実に質問に答えた。

図7-13　回収された「アクエリアス」

またその会見で披露された管制官たちの大健闘も話題を呼んだ。あらゆる分野の管制官が、それぞれの専門を活かしながら一丸となって奮闘する姿が、人々の共感を誘った。フライト・ディレクターの記者対応と管制官たちの活躍ぶりは、三人の宇宙飛行士たちの生還を願い、管制官たちを応援する空気をアメリカ全土に広げた。

フライト・ディレクターに現場の判断の権限を与えるトリガーは、古くはジョン・グレンの飛行が作った。一九六二年二月にジョン・グレンがアメリカで初めて有人地球周回飛行に挑戦したとき、熱シールドの問題をめぐって激しい議論になり、結論が出ないまま時間切れとなった。誰が最終判断者であるべきかが曖昧なため空白の時間ができたことが批判され、大きな反省点となった。その総括に基づいて、フライト・ディレクターに最終決定権限を与えることになった。

第8章

語り始める岩石
——科学者たちのアポロ

ケネディは大統領就任1年目に幼馴染みのジェローム・ウィーズナーを科学顧問に任命した。当時ケネディの政治戦略の射程には、有人宇宙飛行が含まれていなかった。ウィーズナーは、有人宇宙飛行を前面に出すと、国の宇宙科学の力を見劣りさせてしまうと考えていた。アイゼンハワー政権から引き継がれたマーキュリー計画は、莫大な予算がかかる割にはリスクが高く、大きな注目を集めたが、いまだ有人飛行にはたどりついていなかったため、ケネディに距離をおくよう薦めていた。

1　月の石が話し始めた物語

ＮＡＳＡが「輝かしい失敗」と呼んだアポロ13号の見事な救出劇が一段落すると、アポロに対する国民の関心は急激に薄れ始めた。13号のあの試練の最中でさえ、世界的には大いに注目されていたにもかかわらず、国民の関心はさまざまに分かれていた。それは、あまりにも目まぐるしくいろいろなことがあったからである。

◆国際情勢とアポロ支持の衰退のただ中で

一九七〇年五月はじめのアメリカのカンボジア侵攻をきっかけに、各地の大学で反戦運動が激化した。オハイオ州立ケント大学の集会では、四人の学生が若い州兵に射殺された。夏を迎えるころには、ヴェトナムをめぐる国内の対立はかつてなく高まっていた。

この時期はＮＡＳＡにとっても苦難の連続で、宇宙予算の削減が依然として計画全体に大きな影を落としていた。八月末、いっそうの予算削減を突き付けられたNASA長官代行ジョージ・ロー（辞任したペインの後継者）は、一月のアポロ20号のキャンセルにつづいて、この年の夏、さらに二度のアポロ・ミッションの中止を決めた。

アメリカでは、「アポロはアメリカを救う」という意識に代わって、「科学のためのアポロ」という側面が次第に比重を高めてきた。

科学に予算が回るのを阻害する可能性の強い大プロジェクトに、当時のウィーズナーのような立場の人が大反対したのは、ある意味当然のことかも知れない。しかし、同じ科学者でも、惑星科学、とりわけ月の地質に深い関心を寄せる人たちの中には、人間を月へ派遣して調査することを熱烈に支持する人たちもたくさんいた。世界的に著名なユージーン・シューメーカーやレオン・シルヴァーがその例である。

ケネディが月に向かう進軍ラッパを吹いたとき、この大統領にも、また実行部隊のNASAにも、月の科学が念頭にあったとは思えない。しかし月面着陸をひとたびなしとげてしまうと、アポロ計画を取り巻く環境は変貌を遂げ、ほかならぬその「月の科学」が、瀕死のアポロ計画の続行を促す推進力になり始めた。アポロの飛行士たちがもたらす岩石が、この地球の「お隣りさん」の謎を解き明かす有力な手がかりになることがわかってきたからである。そしてそれは翻って、私たちの故郷の出自を明かすものとなる。

◆最初のくさび——月形成の謎とアポロ11号の石

そもそも月がどのように形成されたかについては、アポロ以前、三つの説が支持を競い合っていた

（図8―1）。

- 分裂説（親子説）――できたての地球が高速で回転していて、その一部がちぎれて月になったという説。この説では、同じものが分かれたわけだから、地球と月は同じ成分になるだろう。
- 双子集積説（兄弟説）――太陽系が生まれた時に、塵とガスの円盤を作っている同じような材料から、地球と月が近くで別々にできた。これだと、近いとは言っても、できた場所が違うので、地球と月の成分が多少は異なっていてもおかしくない。
- 捕獲説（他人説）――地球と月は全く別の場所で生まれ、月がたまたまそばを通りかかって地球の重力に引き寄せられた。太陽系の内部ではあっても、ところによって塵やガスの成分構成はかなり違っている。地球と月の成分はかなり異なっている方が自然だろう。

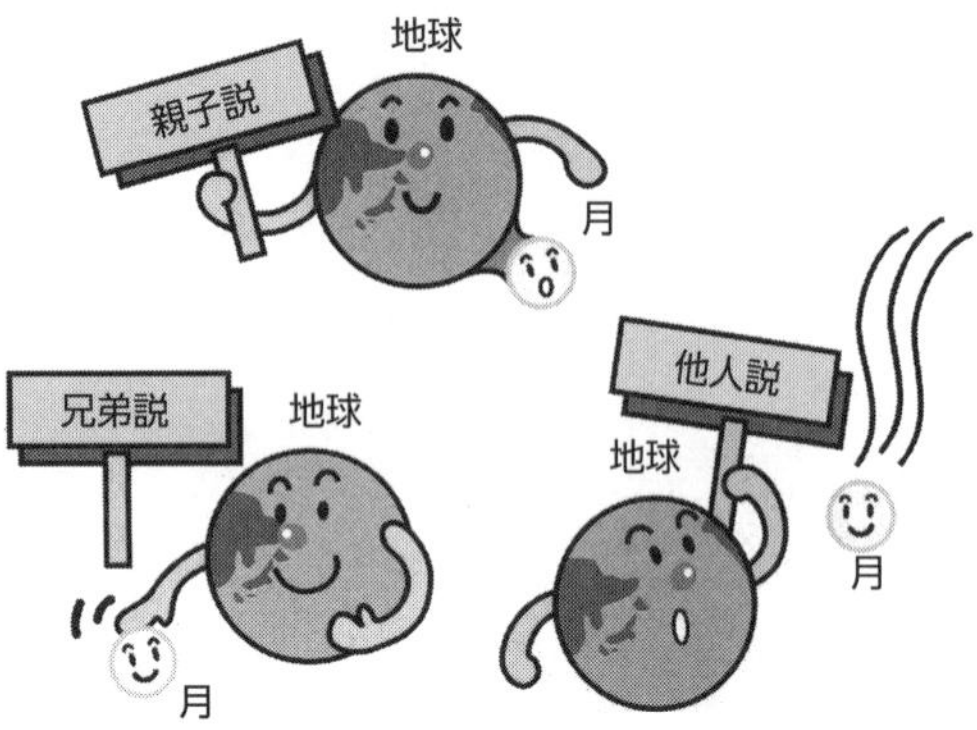

図8-1　アポロ以前の三つの月起源説
（的川泰宣「宇宙なぜなぜ質問箱」朝陽会）

この三つの説は、それぞれに曖昧な部分を多々含んでおり、実際に月の岩石が届くまでは、月にまつわるすべての推論は、事実上「声の大きいほうが勝つ」状態にあった。

「静かの海」から来た灰色の岩石を見た地質学者が、それを玄武岩という火成岩だと確認した瞬間、「海」が火山の噴火で流れ出た溶岩が凝固したできた平原であることがわかった。月はむかし地質学的に生きていたのである。

驚いたことに、アポロ11号と12号が月の「海」から持ち帰った玄武岩は、地球のそれにそっくりだった。見かけもそうだが、成分も非常に似ている。これで「捕獲説」が揺らいだ。

しかし、重要な違いもある。一度も雨風にさらされた痕跡がないのである。ということは、水の痕跡がない。分子の中にもない。有機物も全く見当たらない。詳しく分析してみると、もう一つ重要な違いがクローズアップされてきた。月の玄武岩は、地球のそれに比べてチタンの含有量は多く、ナトリウムや揮発性成分が少ない。これで「分裂説」にも揺さぶりが少しかかった。「双子集積説」の方がいいのだろうか？　しかし決定的な証拠というほどのものは何もない。

とにかく月には地球に似た玄武岩が存在する。それが意味することは非常に大きい。同じような成因を持つとすれば、月も地球ができたときと同じように、ある時点で内部が溶け、地殻・マントル、そしておそらく鉄が豊富にある核を含む層構造になるような高温に達したことがあったことになる。むかし月は熱かったのだ。

そして、アポロ11号の岩石の放射性同位元素が測定された。年代も判明した。「静かの海」の溶岩噴出は三六億五〇〇〇万年前だった。これは、アポロが月誕生の謎に打ち込んだ最初の「輝く真実のくさび」である。月の「海」は最初からそこにあったわけではなかった。すでに地球に降ってきた隕石などの研究から、地球の誕生は四六億年前と特定されていた。「静かの海」は、そのほぼ一〇億年後に起きた火山噴火によって形成されたらしい。

では、地球が誕生したころに起きていたと言われる無数の隕石の重爆撃事件は、月でも起きたのだろうか？　謎をはらみながらアポロはつづく。

◆追撃——長期にわたる火山活動とアポロ12号

「静かの海」の岩石は、全米の科学者がさまざまな方法で分析を開始している。いくつかの重要な事実はわかったが、その秘密を十分に解き明かす時間もないうちに、12号が「嵐の大洋」の岩石を持ち帰った。

一斉に科学者たちがその分析にとりかかった。真っ先にわかったことは、それらがやはり玄武岩だったこと、そして「静かの海」のそれよりも四億年くらい若いということだった。

つまりは、月の「海」がすべて同じ時期にできたものではないということである。しかも11号のものと違うだけでなく、12号の岩石同士にも組成の違いがあった。その玄武岩のもとになる月のマントルの成分が、場所によって違っていることが示唆された。

月を見上げると「海」の周りを取り巻く明るい「高地」が見える。「そこから岩石を持ち帰れば、もっといろいろなことがわかって来るのに……。これまで二回の月着陸は、着陸する宇宙飛行士の安全に配慮して、平坦な「海」が選ばれたが、あの「高地」に着陸できないものだろうか？」——科学者たちの貪欲な「好奇心」は尽きることがない。

一方NASAは、アポロ12号がやり遂げたピンポイント着陸で自信を深めていた。宇宙飛行士が月へ行くことの意味をアピールするためにも、今度は「高地」をめざすべきだ——政治家もそのように希望した。

その希望をかなえるのは、技術者の新たな工夫、そしてその工夫を引っ提げて現場に向かう宇宙飛行士である——彼らの旺盛な「冒険心」も尽きることがなかった。

かくて、アポロ14号は、月の高地の一つ「フラ・マウロ」に降りることになった。そこには直径三三五メートルの「コーン・クレーター」がある。宇宙飛行士にその縁まで「登山」して欲しい、そこにある岩石を必ず採取してきて欲しいという、地質学者たちの強い要望が聞き入れられた。

アポロ計画における科学の位置が急速に高まってきた。アポロ14号は、月の科学探査が大きな位置を占める初めての飛行となる。

2 シェパード、ふたたび宇宙へ——アポロ14号

一九七一年が明けると、残念なことになったジム・ラヴェルの13号が果たせなかったミッションを成就すべく、アラン・シェパードのチームが出発の準備を整えていた。アランは、メニエール氏病の手術が成功して宇宙飛行士の現役に復帰していた。同乗のクルーは、スチュ・ルーサとエド・ミッチェル。

この三人は、これ以上ないほど違うタイプの三人だった（図8－2）。関心のありかは水と油ほど異なり、人格的にも互いに非常にかけ離れた三人だった。しかし、ディーク・スレイトンが予測したとおり、チームの醸し出すムードに関する限り、その水と油が溶けあい、最高にうまく機能した。

図8-2　アポロ14号の飛行士
（左から）シェパード、ルーサ、ミッチェル

◆アポロ14号と管制センター

一九七一年一月三一日、シェパードのクルーは旅路に就いた。第三段の分離後、司令船「キティ・ホーク」と月着陸船「アンタレース」のドッキングの際に、管制センターの機転で救われたアポロ14号は、月周回軌道に入り、九〇分後に月着陸船の分離・降下を控えて、ふたたび危機に直面した。

ミッチェルとシェパードが、アンタレースの誘導ソフトウェアをチェックしていたとき、管制センターの技術陣が、コンピューターに計画中止の信号が送られていることに気づいた。技術者たちは、さまざまな可能性を探り、「アンタレース」のスウィッチ盤に小さなはんだのかけらか何かが浮遊しているのではないかと当たりをつけて、12号に告げた。果たして、ミッチェルが計器盤をトントンと叩くと、信号は消えた。

こんなことが、降下エンジンを点火したときに起きると、コンピューターは自動的に着陸を中止しただろう。またしても管制センターのファイン・プレーだったが、もう決して起きないようにしなければ……。管制センターがどうにかしてくれるまで、「アンタレース」の側ですることは何もない。

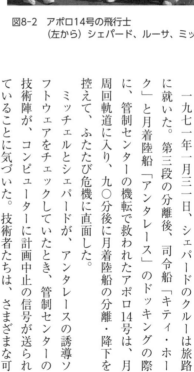

誤った命令を締め出すためには、「アンタレース」のコンピューター・プログラムを一部書き直さなければならないはずだ。それも、すぐに。そのプログラムを開発したMIT（マサチューセッツ工科大学）のIL（器械工学研究所）では、ドン・アイルズという若いプログラマーが猛然と仕事にかかった。

アイルズは、「アンタレース」が予定の降下をはじめる前、最後に月の裏側に入る前に作業を終了した。点火まであと数分。ミッチェルは必死でコンピューターにプログラムの変更を打ち込みながら、ひとりごとを言っていた――「管制センターにまた救われたか」。

「アンタレース」の二人が息をつめて見守る中、降下エンジンが点火した。プログラムの修正は完璧だった。そのまま順調に九八〇〇メートルの高度まで降下したとき、ミッチェルが叫んだ。

――「着陸レーダーが作動していない！」

「アンタレース」のレーダーが発する電波の月面エコーが来ていない。コンピューターの画面には警告ランプが点いている。

高度三キロメートルまでにレーダーが動かなければ、ミッションは強制中止だ。

管制センターの声。

――「着陸レーダーのブレーカーをリセットしてくれ」

シェパードがブレーカーを切り、もう一度入れて無線を送った。

――「OK。リセットした」

「アンタレース」の高度は六・六キロメートル。しかし何も変わらない。

ミッチェルは焦りを隠せない――「おい、お願いだから動いてくれよ」。その「お願い」が通じ

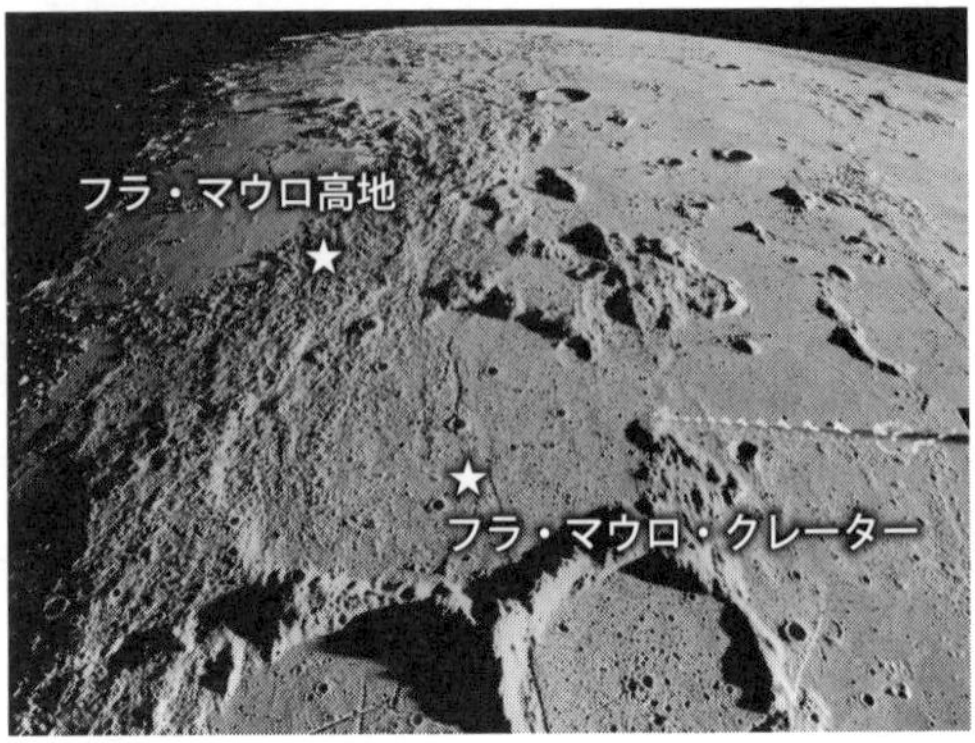

図8-3　フラ・マウロ高地

たか、不意にランプが消え、信号が入り始めた。頑張った技術者がいたに違いない。またしても管制センターのファインプレー。

そしてシェパードは実に滑らかに着陸させた。12号以上のピンポイント着陸だった。(5)

◆ フラ・マウロ

「アンタレース」は、丘とクレーターの連なる「フラ・マウロ」高地に着陸している。荒々しい地形だ。数十億年に及ぶ隕石衝突が残した、おびただしい傷跡がある(図8−3)。

シェパードは、九段の梯子を降りて、「アンタレース」の脇をまわり、東を見た。コーン・クレーターの周壁が太陽の光を浴びている。

――「よーし、明日はエドと山登りだ」

ふと天頂近くを見あげると、三日月形の地球が見えた。その愛らしいたたずまいとフラ・マウロの荘厳な姿に圧倒され、そして剛毅な男が涙にくれた。

ハンモックで寝苦しい休息をとった二人は、「アンタレース」を脱け出し、折り畳み式の二輪カート(MET)にサンプル採取の道具を積んだ。目指すは、コーン・クレーターの縁。かなり詳細な月面図を見ているのだが、地形が複雑すぎて、地質学者から教えられたチェックポイントが見つからない。それでも何とか最初のポイントは発見し、岩石を集め、写真を撮り、携帯式の磁力計で磁場を測定した。二つ目のポイントも見つけた。

いよいよ登り坂が始まった。山道にさしかかると、岩の量も増え、道が固くなり、METを引っ張りながらのくねくね道は、宇宙服の二人には大変な歩行となった。実は、打ち上げ前に二人は、宇宙飛行士仲間から、

――「METは、担いでいった方がいいんじゃないか。引っ張ってちゃあ、頂上まで行けないぜ」

と冷やかされ、

――「絶対たどりついてやる！」

と息まいて、スコッチを一ケース賭けていた。

想像をはるかに超えて厳しい登りだった。やっと斜面を登り切ったが、よく見るとそこはただの尾根だった。前方にコーンの周壁らしきものが見える。管制センターにミッチェルの情けない声が届いた。

――「現在位置がまるでわからない。道を間違えたかな」

強気で鳴るシェパードも、さすがに今度ばっかりはへこたり始めていた。

（12号のコンラッドとビーンの経験から、周回衛星の写真で月の地形を見ることと、月面の現場でそれを確認するのは、まるで違うということはわかっていた。しかしこれほどとは……。地質学者の先生は、コーンの縁にある石が一番価値があると言っていたな。まあオレはともかくエドは、どうしても縁に行くって言ってるし、オレもできる限りは頑張るとするか……）

かなりいいところまで来たのではないかと思われるころ、管制センターから連絡が届いた。

——「きみたちが今いるところがクレーターの縁だと考えてほしい」

ミッチェルはそれを「慰め」に近いと感じた。

——「みんな裏切り者だ！」

と叫び、苛立って、なおも前進する気迫を見せたが、タイムアップだった。

「アンタレース」を離れて三時間後、途中で目に留まった面白そうな石を採取しながら、ついに二人は月着陸船のところまで戻った。

◆ナイス・ショット

疲れ果てたアラン・シェパードには、もう一つ「秘密の仕事」があった。

彼はテレビカメラの前に立った。左手に小さな白いボール、右手には緊急用サンプル採取器の柄を握っている。その柄の先には、本物の六番アイアン。与圧宇宙服では、さすがのゴルフ狂も自由な動きができない。仕方なく片手でスウィングした。空振り！　二回目はチョロって、ボールが力なくゴロゴロと転がった。もう一つ別のボールを落としたアランが、三度目の一振り。クラブヘッドはボールをとらえ、スローモーションの豪快な弧を描いて、クレーターめがけて飛んでいった。

管制センターにアランの雄たけびが聞こえてきた——“Miles, and miles, and miles!”

◆フラ・マウロ後日譚

地質学者たちがあれほど念を押したのに、シェパードとミッチェルは、採取した岩石やその周辺についての詳細な記録をとっていなかった。「石を採取する時は、手に取る前に必ず写真撮影する」訓練を重ねたのに、撮影したのは数個の石だけ。

それでも科学者たちは、二人が撮ったパノラマ写真を参考にしながら、すべての岩石の発見場所を突き止め、初めての「高地の石」からはかなりの収穫が得られて喜んだ。

コーン登山の途中で撮った写真を分析し、三角測量で二人の調査ルートを割り出した若い地質学者によって、アランとエドがコーン・クレーターの縁から二〇メートル足らずのところまで近づいていたことが判明した。ただ、二人は自分たちの位置がわからなくなっていたので、気がつかなかった。これをミッチェルは特に悔しがった。

その頃には、二人はすでにスコッチの代金を支払っていたが、地質学者たちは二人に、スコッチを一ケース、プレゼントしてくれた。

――「あなたたちは、賭けに負けてなんかいなかったんです。でも、それを知らなかった！」

3　科学者の願い

アポロ14号が月の軌道に達したまさにその日のこと。月の科学の第一人者であり、カリフォルニア工科大学の地質学者ユージーン・シューメーカー（図8－4）が、ロンドンでBBC放送のアポロ・ミッション関係の番組に出演した。彼は、NASAが二五〇億ドルを投じてやろうとしていることは、「科学の目で見ると〝くだらない〟の一言に尽きる」とまくしたてた。すでにそのような批判を、NASAは十分に意識し、今やあと三回しか残されていない月着陸ミッションで、学界のフラストレーションに何とか対処しようと策を練り始めていた。

◆シューメーカーの夢

アリゾナの荒野に「メテオ（Meteor）」と名づけられたクレーターがある（図8－5）。フラッグスタッフの近くである。現地では、珍しい野生動物と植物の宝庫として知られ、グランド・キャニオンとセットで観光コースが組まれるほど有名な場所である。

図8-4　ユージーン・シューメーカー

そこに初めて地質学的分析のメスを入れ、大きなクレーターができるプロセスを解き明かしたのが、若き日のシューメーカーである。彼の調査・研究によれば、「メテオ」は、今から五万年前に、鉄を主成分とする直径五〇メートルくらいの巨大隕石が衝突し、二〇メガトン級の核爆発に相当する大爆発を起こしたことによって形成された。

彼は、あの月でも同じことがむかし起きたに違いないと考え、あの凸凹だらけの月では、そのような衝突が数十億年にわたって続いたに違いない、それなら同じ時代にこの地球も同じ事件に巻き込まれているはずだ、ただ地球は、激しい地質活動が続いたため、その痕跡が消されたのだろうと

図8-5　メテオ・クレーター（アリゾナ）とシューメーカー

推論した。ならば、その生々しい傷をとどめている月を調べれば、地球の過去の真実を知ることができるに違いない。

一九四六年、三六歳。シューメーカーは、ドイツから押収されたV－2の実験報告を目にし、フォン・ブラウンの書いたものなども読んで共感し、いつの日にか月に立つ最初の科学者になりたいと、研鑽を重ねた。しかしやんぬるかな、アディソン病と診断されて、夢は散った。一九六一年には、ケネディの演説を歓迎し、宇宙飛行士に科学者を加えさせるための努力を開始した。

ずっと後のことになるが、一九九七年、ユージーン・シューメーカーは、オーストラリアのアリス・スプリングス付近のクレーターを調査中、交通事故で急逝した。遺灰の一部はルナ・プロスペクターに搭載され、月面を歩くという彼の夢を叶えるため月に送られている。「彼を有人飛行に飛び立たせてあげたかった。だってファースト・ネームが……」とは、シューメーカーと親しかったわが友、水谷仁の弁。

◆科学者飛行士ジャック・シュミット

シューメーカーの努力はやがて実を結び、一九六四年一〇月、NASAは、科学者の中からも宇宙飛行士を選ぶことを発表。ハリソン・ハーガン・シュミット、通称ジャックが、月での地質調査に必要な技術を開発するチームの一員になり、翌年六月、NASAが発表した六人の科学者宇宙飛行士に滑り込んだ。

しかし、科学者飛行士は、NASAに着いた瞬間から、よそ者として扱われた。宇宙飛行士たちは、科学など宇宙飛行の単なる「お飾り」だと思っていたし、試験管ばかり扱っている科学者が宇宙飛行に何の役に立つんだという態度を露骨に見せた。加えて、ジェット機の操縦技術など現実の訓練の壁も立ちふさがった。それでも科学者飛行士たちは驚異的な頑張りを見せ、訓練では好成績をあげたが、NASAの取り扱いを見る限り、どこから見ても科学者飛行士は「お客様」だった。

それでもじっと耐えて、彼らは頑張りぬいた。特にシュミットの徹底ぶりは群を抜いていた。彼は、NASAが飛行士たちに実施している「地質学」の講義に疑問を持ち、もともと地質学に何の関心もない飛行士たちと付き合う中で、さまざまな手段で興味をかきたてる努力をした。その成果は、徐々に出始めていた。

ニール・アームストロングも、シュミットの影響を受けた一人だった。一部の科学者は、飛行士の科学面での仕事を過小評価していた。それは、11号でニールのした仕事ではっきりと証明された。シュミットはかねてから、アームストロングが、新しい知識の吸収に非常に貪欲で、誰よりも飲み込みがよいと考えていた。そしてその期待通りに彼は活躍し、飛行後の報告会でも、月面で目にしたものについて的確・詳細に語り、有能な月観察者としての能力を発揮して、地質学者をびっくりさせ、感動させた。

それに力を得て、12号のコンラッドとビーンの地質学訓練の際にも、シュミットは積極的に協力して、同僚のスワンたちとともに懸命に働いた。だから、12号が飛び立つ時には、コンラッドもビーンもいっぱしの地質観察者になっていた。

しかしそうは言っても、コンラッドの最優先課題は地質学ではなかった。ピンポイント着陸やサーベイヤー3号「訪問」を果たすために、やることが山とあった。なかなか科学最重点とはいかない状況にもあった。シュミットはそうした客観的な状況を理解できる人で、そのような会話が、シュミットとジェット・パイロットの飛行士たちとの間の職業的偏見からくる溝を埋めてくれた。

図8-6　飛行士の地質学訓練の指導者
レオン・シルヴァー

◆リー・シルヴァーの奮闘

そして13号の事故をNASAが乗り切ったとき、アポロの主目的の一つとして、地質学調査があらためてクローズアップされた。シュミットは、パイロット出身の宇宙飛行士と心を通わせ、彼らを触発し、あの退屈な教室ではできない訓練が月面を訪問する飛行士たちには絶対必要と考え、ハーヴァードとカリフォルニア工科大学の友人に協力を求めた。

シューメーカーが、シュミットの恩師に声をかけてくれた——レオン（リー）・シルヴァー（図8−6）。傑出した地球化学の分析家で、徹底的ですぐれたフィールドワークをすることで有名な人である。彼も訓練された地質観察者が月を歩くことを切望している一人だった。

しかし、宇宙飛行士の側で、果たしてシルヴァーを受け入れるだろうか。シュミットはまず、アポロ13号のフレッド・ヘイズに声をかけた。もちろんまだ飛ぶずっと前のことである。彼が地質学を最も熱心に学ぶひとりであることを知っていたからだ。ヘイズの力を借りて、ヘイズ、ラヴェルとシルヴァーの出会いの場

図8-7　（左から）チャーリー・デューク、シルヴァー、一番右にジョン・ヤング

を作った。そこでシルヴァーが提案した。

——「ラヴェルとヘイズ、それに彼らのバックアップを務めるジョン・ヤングとチャーリー・デュークを連れて、月のような地形のところへ〝ならし運転〟に行こう」

と言った。

——「時間の無駄遣いには決してしないよ」

ラヴェルは懐疑的な顔をしている。そして応じた。

——「一度は行ってみましょう。それでうまく行ったら、次のチャンスを考えます」

一九六九年九月、シルヴァーはその四人とシュミット、それに助手を一人、カリフォルニア工科大学のワゴン車に乗せ、南カリフォルニアのオロコピア山脈に向かった（図8－7）。「ためしに」行ったその場所で、八日間の基礎訓練を終えた時、ラヴェルは素晴らしい体験だったことを認め、定期的なフィールドワークに出るための時間をとることを約束した。

シルヴァーの方では、宇宙飛行士たちが月の地質調査を、自分の科学を大事な任務と認めるかどうかが勝負で、それに成功したら、あとは彼らの競争心と完璧主義がその仕上げを強烈に実行してくれることに気づいていた。(5)

4　手をつないだ科学者と宇宙飛行士

こうして、一九六九年の時点では、運命の女神が味方すれば、ラヴェルやヘイズは、あとにつづく宇宙飛行士に模範演技を見せたはずである。アポロ13号にかける地質学者たちの思いは非常に強かった。

しかし、13号は予想を覆すストーリーとなってしまった。しかも残念ながら、続く14号には初めから希望を持てなかった。この屈指の飛行士たちが、地質学に関心を寄せることは考えられない。地質学の授業を受けている間も、シェパードは、隣に座る者なら誰かれ構わずジョークに巻き込んでいた。ミッチェルは地質学に少し惹かれる面があるらしく、気の利いた質問をいくつか発していたが、やはりシェパードの強烈な個性に引きずられていた。

◆シュミットのクルー入り

そのアポロ14号の経緯はすでに述べた。シェパードのピンポイント着陸、ミッチェルの誠実な石集めがあって、初の「月の高地」からのサンプルがある程度確保され、アポロは、月の科学の主戦場を、残る三つのミッションに託すことになった。

こうした間も、ジャック・シュミットは月着陸ミッションの切符を手に入れるための闘いをつづけていた。飛行士にはなったが、ミッションが与えられるかどうかはわからない。彼の最大の不安は、飛行技術だった。そこが宇宙飛行士の水準に達していなければ、地質学者としての有利さなど意味をなさない。

シュミットはシミュレーションの鬼になった。月着陸船のテストに被験者が要るといえば、何度でも喜んで志願した。一九六九年一二月には、どこから見ても不適格とは言わせないと言えるまでになっていると自分なりに思っていた。

一九七〇年の新年を迎えると、「まもなく、クルーに指名される可能性がある。時間を見つけて、シミュレーターに入れ」と言い渡された。三月、ついにシュミットの飛行が正式決定された。ジャック・シュミットが、アポロ15号の月着陸船バックアップ・パイロットに、ディック・ゴードンとともに決まったのだ。ということは、普通の流れでは、ゴードンと一緒に18号で月に降り立つことになる。

いまや正式にミッションの列についた科学者飛行士シュミットの存在は、アポロ・ミッションの科学的意味をいやが上にも際立たせ、他の飛行士たちに、地質学的調査の面でも成果をあげなければという彼らの「競争心と完璧主義」を大いに燃え上がらせる動機となっていった。

◆オロコピアの猛訓練

アポロ15号の船長に指名されたデイヴ・スコットは、若いころから科学に関心があった。15号の訓練が始まって間もない頃、彼は、自分のクルーである司令船パイロットのアル・ウォーデン、月着陸船パイロットのジム・アーウィンに、15号のミッションの使命は月から可能な限り科学データを持ち帰ることだと明言したほどである。

だから、シュミットからリー・シルヴァーによる地質学訓練への参加を薦められたときも、抵抗なく了解し、シルヴァーに会った。その一ヵ月後の一九七〇年五月、シルヴァーは新しい弟子を引き連れてオロコピアを再訪した。スコット、アーウィン、それに15号のバックアップ・クルーであるディック・ゴードンとシュミットも一緒だった。

今回もまた、師弟の双方にとってのテスト期間ともいうべき日々がつづき、すべてが終わったとき、スコットはすっかりシルヴァーのその学識の深さと人柄に魅了され、訓練の大切さに納得した。その後間もなく、地質学が、公式にNASAの訓練プログラムに組み込まれることになった。

もちろん、スコットとて宇宙飛行士である。その飛行における船長の責任を職務の第一に考えるのは当然である。しかしそのころには、宇宙飛行士の立場から見ると、アポロ・ミッション遂行の技術は、ソ連に先行するという目的をはるか後ろに置き去りにし、成熟の域に達しつつあった。フォン・ブラウンのサターンVは相変わらず絶好調だったし、宇宙船のハードウェアもソフトウェアも数々の試練を経て洗練され、緊急事態での宇宙飛行士の役割がくっきりとしてきていた。

飛行管制官との密接な関係もでき、どんな危機的状況においても、それを見事に乗り越えられる技術者を軸とする頭脳集団がいることに、飛行士は全幅の信頼を寄せるようになっていた。スコットは、他の船長と同じように、自分のミッションを際立たせたいと願っていたが、その第一の優先順位に「地質学的調査」を掲げる余裕は、このようなプロジェクト・チームが「進化」してきたから出てきたことだったに違いない。

◆18号・19号のキャンセル

あの巨大なクレーター「コペルニクス」に着陸することを目的に一九六九年に華々しく登場した最終ミッション、アポロ20号が、一九七〇年が明けてすぐキャンセルされ、つづいてその年の夏に19号・18号もキャンセルになると、18号の船長に予定されていたディック・ゴードンの落胆ぶりはひどかった。しかし同乗の予定だったジャック・シュミットは、黙々と15号をバックアップする任務をいつもと変わらずこなしていた。

そして18号を失ったことで、15号に課せられる任務はステップアップした。地質学的にもっと複雑な場所を探検するとともに、かつてなく広範囲の月面横断をすることが科学者からも要請され、バッテリー駆動の月面ローバーが導入されることになった。スコットたちにとっては、まさに願ったりかなったりの展開である。

13号の事故はあったが、飛行の技術そのものは、フライトを重ねて洗練され、自信も生まれてきた。そして科学機器も増やし、月面に長く滞在できるように飛行士用の消耗品もたくさん積んだ。月着陸船の重量はかなり重くなった。

一九七〇年九月半ば、15号の着陸地点をめぐる選考委員会が開かれた。それまでのさまざまな検討で、候補は二ヵ所に絞られていた。一つは、若い小型の火山と見られる「マリウス丘陵」、もう一つは「ハドリー谷」。これは「雨の海」の岸辺である。

科学的に見れば、甲乙つけ難い場所で、どちらを先に探検すべきか、決着が難しい。決断には、ミッションの船長の同意が不可欠という不文律があり、みんなの視線がスコットに注がれる中、彼はハドリー谷を選んだ。このように議論が暗礁に乗り上げた時は、決定には他の要素が求められる。後の彼の告白がその「要素」を明らかにしてくれている――「だって、ハドリーの方が雄大な景色だもの」。

◆ハドリー谷の科学的価値

直径二〇〇〇キロメートル以上のクレーターはベイスン（盆地）と呼ばれる。「雨の海」の溶岩平原は、この衝突盆地の内側にひろがっており、その岸辺には月の大山脈の一つ「アペニン」が横たわり、その峰々は標高四八〇〇メートルに達している。

地質学者たちはこの山脈を、盆地ができたときの隕石衝突の途方もない力が押し上げた原始の地殻の連なりではないかと考えていた。「静かの海」と「嵐の大洋」の玄武岩は、火山活動が活発だった時代を見ていた。アペニン山脈はそれよりもさらに前の時代、おそらくは月が誕生した時代をのぞく窓を開けてくれる、と期待された。

月着陸船をアペニンの山中に降ろすことは問題外だが、谷の床に当たる溶岩平原なら、余裕を持って降りられる。地形図から判断する限り、宇宙飛行士がローバーで、「ハドリー・デルタ」と呼ばれる山の中腹まで登り、サンプルを採取することはできるのではないか。原始地殻のかけらを一つでも入手すれば、ミッションは成功だ。その地点のもう一つの魅力は、谷の名の由来となった「ハドリー・リル」と呼ばれる、くねった細い裂け目。ここはかつて煮えたぎる溶岩が溢れていたのではないかと、シルヴァーは考えていた。

15号は、アペニンのふもとにある、この小さな谷をめざすことになった。

◆立ちはだかるマネージメントの壁

アポロ・ミッションの前面に科学が出て来ると、地質学者たちの貪欲な要求は凄まじい勢いで増えて行った。飛行士たちに望遠レンズを持たせて山脈や細溝を撮影させたいという提案も、シルヴァーが土から小さなサンプルをより分けるための熊手を考案した時も、NASA上層部の強硬な反対に会った。

――「重量が増えれば運ぶのに時間も食う。安全性に関わる問題だ」

そのたびに船長のデイヴ・スコットは、科学者の肩を持った。

そしてスコットは、忙しい日常の中で、フィールドワークの時間を捻出しつづけた。スコットはシルヴァーに、フィールドワークをより実際に近いシミュレーションに近づけることを提案し、バックパック、カメラ、無線装置などをつけて訓練に臨んだ。一一月までにはローバーの訓練も始まった（図8-8）。

スコットとアーウィンの地質学的な描写力には磨きがかかった。サン・ガブリエルの丘に設営したテントの中では、15号が月面活動をするときに地上通信士（キャプコム）を務める若い科学者飛行士が無線機を前に待機し、彼の横には、その一帯に不案内な地質学者が座って、スコットとアーウィンの報告から、彼らが採取した岩石の種類を割り出させようとした。実戦さながらのしぶとい訓練の中で、彼らは急速に優秀な地質観察者にして解説者に育っていった。

一九七一年三月には、スコットは、月面活動時にフライト・ディレクターを努める予定のゲリー・グリフィンをニューメキシコのフィールドワークに連れ出した。彼とアーウィンがすることを理解してもらいたいと思ってのことだった。四月、彼らがカリフォルニアのコソヒルズに出かけた時は、一行は四〇人くらいに増えていた。その中にはNASA上層部の顔が何人も混じっていた。いずれもリー・シルヴァーとその「弟子」たちがしていることを、自分の目で確かめたいと思った人々だった。そこで彼らが見たのは、ハドリーに「総攻撃」をかける遠征軍の姿だった。

図8-8　ローバーによる訓練（アーウィンとスコット）

スコットが、大好きな言葉を披歴した――「精神とは、満たされるべき器ではなく、ともされるべき炎である」（プルタルコス）。

5　15号はあのクックのように

スコットのアポロ宇宙船は「エンデヴァー」と命名さ

れた。アポロ15号が月に向かって出発した二〇〇年も前、一七六八年八月二五日にイギリス南部のプリマス港から最初の旅に出たジェイムズ・クックの船と同じ名前である。それは、スコットが少年時代に夢中になった冒険者だった（図8－9）。

◆「エンデヴァー」の「航海」

一九七一年七月二六日、アポロ15号が打ち上げられた。デイヴィッド・スコットを船長とし、月着陸船パイロットはジェームズ・アーウィン、司令船パイロットはアルフレッド・ウォーデン。

三人の飛行士は順調に月を周回し、やがて科学観測機器を満載し、四輪のローバーまで積んだ「ファルコン」は、ウォーデンを「エンデヴァー」に残して月面への動力降下を開始した。

14号で問題を起こした着陸レーダーは、スコットとアーウィンの注目する中、一五キロメートル以降もずっと正常にデータを更新していった。やがてコンピューターの計算がレーダーの四五メートル誤差範囲に収まった。「ファルコン」の高度が二七〇〇メートルを切ったころ、船長のデイヴ・スコットは、左側へ目を向けてドキリとした。

漆黒の空に、何度も夢に登場したハドリー・デルタの山が浮き上がっている。ハドリーの峰は高度三三〇〇メートル。頭上に見える山肌が、太陽の光を浴びて輝いている。それは本当に不思議な瞬間だった。スコットは思わず自分がいま、着陸船の狭い室内にいることを忘れていた。何だか、空中を泳ぎながらハドリーの中腹を通り過ぎて行くような……。シルヴァーが「ハドリー・リル」と呼んでいた細い溝を探したが、それは見えなかった。

ハドリーを通過した直後に着地する予定だったのに、まだ高度は二〇〇〇メートルちょっとあるみたいだ。彼は南にかなり進み過ぎているかと勘違いした。

予定の時間かっきり、「ファルコン」がピッチオーバーを開始したが、眼下にひろがる光景は、シミュレーターで頭に叩き込んだものではないことに気がついた。

「あれ、外したかな?」と訝ったスコットの視線に、はるか彼方のハドリー・リルが飛び込んできた。もうそれほど時間がない。スコットはそのくっきりとした細い溝を目印にしながら、急いでそのかなり手前に着陸場所を探した。

その時、出発前にディーク・スレイトンから言われた言葉を思い出した。

——「今回はローバーがある。あれがあれば数キロメートルは移動できるから、着陸精度への制約も緩くなった。ピンポイントにこだわらないで、安全に確実に降りような」

(そうだ、落ち着いて、落ち着いて)。そのとき、スコットの心を読んだかのように、アーウィンの沈着な声が響いた——「高度一〇〇〇フィート!」。

着陸船は予定の「ハドリー谷」に降りた。「ドン!」予想以上の衝撃があった。

図8-9　ジェームズ・クック船長

◆四輪の威力と苦労

九段の梯子を下って月面に第一歩を印したスコットの言葉。

――「人間は冒険をしなければならない。そして、これは、もっとも偉大な冒険である」

スコットは、大好きなクックのセリフも言いたかったが、我慢した――「私には、誰よりも遠くに行きたいという野望だけでなく、行ける限り遠くへ行きたいという野望があった」。

つづいてアーウィンも降り立ち、二人が最初にやったのは、月面初の有人ローバーを「ファルコン」から引き降ろす作業だった。乗り心地を試した。こぶとへこみだらけのハドリー平原を車で走るのは、スリリングだった。慣れてくると、月面図を頼りに、この世のものとも思えないような「ハドリー・リル」のカーブした縁に沿って走った（図8-10）。

図8-10　ハドリー・リルのスコット

ヒューストンにいる月面地質調査チームとは実に細かく連絡を取り合い、実に丁寧に現場の解説をし、しつこいほど写真を撮った。サンプル・バッグもいっぱいになった。

ファルコンに戻ってきた後、ALSEP（アポロ月面実験装置）の設置という厄介な作業を重労働の末にやりとげ、スコットは、わずかの時間を惜しんでサンプル採取にいそしんだ（図8-11）。この一回目の月面活動は、地上の地質学調査チームを沸き立たせた。

一日目の作業で二人は疲れ果てたが、ハンモックの睡眠は快適にはほど遠かった。それでも目を

図8-11　岩石を採取するデーヴィッド・スコット

覚まして二日目に月面に降りると、前日できなかったハドリー山の本格的調査という素敵な課題を前にして、ふたたび二人は体の中に活力が湧くのを感じた。

この日、スコットの運転するローバーは、ハドリー・デルタの山腹を難なく登った。途中でできるだけいろんな種類のサンプルを採取する計画が、二人の頭には入っている。スコットはよく知っていた。地質学者が求めているのは、かつて山腹に激突した隕石でドリル孔のように穴のあいたクレーターを見つけることだ。その周辺には、岩が散乱しているはずだ。ローバーの運転席から目を皿のようにして探していると、

――「あった、あれだ！」

中規模のクレーターを見つけた。

ローバーを降りて登り始めた月の山は、宇宙服を着た身には厄介だった。こわばった宇宙服が登りを妨げ、息が切れてきた。サンプル採取の効率が極端に落ちた。次の目標に向かって移動中、

ローバーが突然滑り落ちそうになり、苦労して食い止めた。

◆創世記の石

「ハドリー・デルタ」最後の地に向かった。ローバーを降りて見回したアーウィンの目に、不意にちょっと離れた所にある白い石が飛びこんできた。小さな尖った石の上にちょこんと乗っている。(ちょっと今まで見た石と違うなあ……)。次の瞬間、別の薄緑色の石が見えた。(月の石が緑色っていうのはおかしいなあ。光線の加減でそう見えるだけかな……)ともかく拾っておこう。

それが本当に緑色だったこと、小さな球状のガラス粒子でできていたことを知ったのは、地上で荷ほどきされた後だった。それは月の石の中でもきわめて珍しいもので、月の奥からの、その噴出物の物語は、帰還後に地質学者の心を奪うことになる。

そして二人は、さっきアーウィンが見つけた白い奇妙な石のところへ行った。スコットが、埃まみれの台座の岩石から白い石を長バサミでつまみあげた。ヘルメット越しに近づけてよく見ると、拳ぐらいの大きさだ。手袋をつけた指先で拭うと、かすかに地肌が見えた。結晶だ。大きな白い結晶だ！

「うぉーッ」突然、二人は同時に、自分たちの発見したものの正体を知った。ほとんど混じりけのない斜長石！　長い長い時間を経て、数十億年ぶりに太陽の光を浴びて、白い結晶が、長バサミの間できらめいている。スコットが無線で地上に喜びの報告をした。

石の外観を詳細に報告したスコットは、それをひとつだけ特別なサンプル・バッグにしまい込んだ。のちに月から持ち帰ったすべてのサンプルの中で、この石は最も有名なものとなる。地質学者はそれに一五四一五と試料ナンバーをつけたが、取材した記者の一人が「創世記の石」と呼んだ。その後は「ジェネシス・ロック」が通り名になった。やがてその石は、電子ビームによる解析を受け、年齢が四五億歳と判定された（図8－12）。

◆月面のガリレオ

それから後も、次から次へと色々な宝物を見つけては押し込んだ結果、バッグの口が開いたままになりそうだった。二人が興奮のただ中にいるときに採取は時間切れとなった。

三日目は、管制センターの指示にしたがい、ALSEPの設置場所で厄介な作業を済ませ、急ぎ「ハドリー・リル」に向かった。サンプルをかき集めた。時間まで作業をし、「ファルコン」に戻るべく荷造りを終えたところで、スコットはチェック・リストにない作業を始めた。まず宇宙服に手を突っ込み、一枚のハヤブサの羽根を取り出した。ついで、サンプル採取用のハンマーを取り出し、ローバーの停まった場所に跳ねるように戻って、テレビカメラの前に立った。

――「わたしはいま、左手に一枚の羽根を、そして右手にはハンマーを持っています」

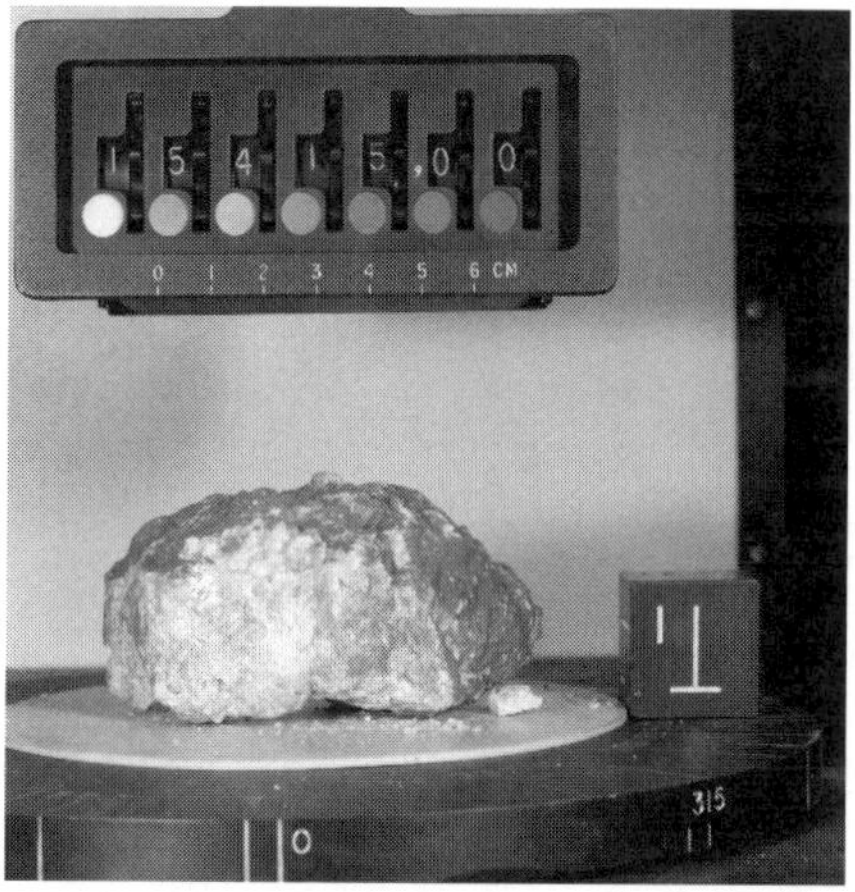

図8-12　創世記の石（ジェネシス・ロック）

おもむろに切り出した彼は、数百年前のピサの斜塔の実験について語った。そして、——「それを確認する場所として、月にまさるところがあるでしょうか」とつづけ、手を離した。真空の中で、羽根とハンマーがゆっくりと並んで落下した。管制センターで拍手が起きた。

そこからスコットはひとりで、「ファルコン」から一〇〇メートル弱のところにある小さな丘に向かった。そこに設置されたテレビカメラを「ファルコン」に向けた。管制センターは、それから四時間後の離陸の様子を見守ることになる。カメラのスウィッチ調整を終えて、スコットは「帰宅」した。

6 「高地」の謎を求めて

月面にある表側のクレーターのほとんどが隕石の衝突によってできたこと、「海」は火山の噴火でできたこと、斜長岩からなる原始の地殻があること——詳細はまだ不明な点を数多く残しながらも、これらすべてが、アポロが持ち帰った月の石から立証された。

次は、それらが正確にいつごろ形成されたものかを知ることだった。そのカギは、まだ十分に探査の足を延ばし切れていない月の「高地」が握っていると考えられた。アポロ・ミッションはあと二つ。いよいよ、技術者も科学者も飛行士も、正念場を迎えていた。

◆アポロ最後の宇宙飛行士選考

一九七一年八月、NASAは昂揚感に包まれていた。なんといっても、アポロ15号の成功で、初の月着陸以来、最高の得点を稼いだのだ。学界では、アポロに懐疑的な目を向けた人々までが喝采を送った。リー・シルヴァーによる訓練プログラムを声高に批判していた学者さえ、公の席で、「宇宙科学を目的にした飛行の中で、最も輝かしいミッションのひとつ」と評した。ローバーや改良された月着陸船から訓練や立案作業まで、15号に取り入れられた新たな機器や考え方は、そのほとんどすべてが、大きなトラブルもなく期待に応えた。残る二つのアポロ・ミッションへの障害が取り除かれ、一層野心的な道が開けた。

そしてまだ決まっていないアポロ17号のミッションをめぐる六人の男たちのポジション争いの日々が始まった。宇宙飛行士たちのさまざまな思いを承知で、最後のフライトのクルーを選ぶのは、NASAの上層部にとって、非常に困難なプロセスだったろうとお察しする。しかし一九七一年八月、ともかくも彼らは決定に漕ぎつけた——三名は、ジーン・サーナン船長、司令船パイロットのロン・エヴァンズ、月着陸船パイロットのジャック・シュミットとなった。NASAはついに現役の科学者を月面に送ることを決意した。

◆アポロ15号までの月

これまで、新たに探検隊が行くたびに、月の年代史が書き変えられた。

アポロ11号と12号は、「海」の形成にいたる二度の火山活動の年代——三六億五〇〇〇万年前とその四億年後――を教えてくれた。

アポロ14号は、フラ・マウロへ行った。「海」ができる以前の青年期の月――それは想像を絶する激動の時代、隕石の猛攻撃を受けた時代だった。巨大隕石が相次いで月面に注ぎ、衝突盆地（ベイスン）が形成された。その時代は、月の表側で最も大きく印象的な「雨の海」をつくって終焉を迎えた。隕石の衝突で飛び出した岩屑が、周辺数百キロメートルの月面を、えぐり、覆い、変化させ、フラ・マウロ高地を作った。地質学者たちは、14号が持ち帰ったコーン・クレーターのサンプルから、不確実ではあるものの、三八億五〇〇〇万年前という、クレーターの形成時期を示唆するデータを得た。

アペニン山脈のほかの山々同様、「雨の海」の周壁をなすハドリー・デルタ山では、アポロ15号のスコットとアーウィンが、同じく三八億五〇〇〇万年という年代を確認する岩石を発見した。さらに、やはり彼らが見つけた「創世記の岩石」によって、それよりも前の時代を垣間見ることもできた。

アポロ計画以前には、月の原始地殻が斜長岩でできていると予想する者はいなかったし、この時点でも、月全体がマグマの海だったとする説に疑問を持つ研究者は多かった。しかし、その説に異論をはさむことは、次第に難しくなっていた。アポロ機械船に搭載されたセンサーが、軌道上から、月の高地には広域にわたって斜長岩が分布していることをとらえていたからだ。

そのころ、飛行士たちが月面に設置したＡＬＳＥＰ、特に月震計からは、小型隕石の衝突による微小な月震や、使用済みのサターン・ブースターを落下させたときに起きる、より大きな月震の記録が送られてきた。それによって、月の地殻の厚さはおよそ六四キロメートルだが、場所によって明らかに厚さが違うことが確認された。地殻の下には「海」の玄武岩の供給源となったマントルがあることもわかり、マントルには鉄とマグネシウムを豊富に含む岩石があることが確認された。

そうした事実はいずれも、マントルが数十億年前に冷却し、それとともに月の火山活動が終息したことを物語っていた。しかしそのはるか下には、いまだに溶けた核があるのか。岩石の一部から磁性が確認はされたが、ＡＬＳＥＰでは月の磁場が検知できなかった。地球の磁場は、核内部に存在する高温の流体金属の動きで発生すると考えられている。そこから類推すれば、月はおそらくその内部もかなり冷えていると考えられていた。

一九七二年春までの月研究はそこまで進んでいた。

◆いざ、デカルト高地へ！

まだ明かされない謎がいくつもあった。特に大きいのは、高地の組成と形成の謎である。高地は、アポロが手を伸ばし得る最後で、しかも重大な、未知の領域だった。

「海」の平原には、三六億年の月の歴史がどこよりも明確に刻まれている。しかしそれより前のすべてを記録している可能性をもつのは、降り注ぐ隕石に傷めつけられてきた高地をおいてほかにない。太古の高地に飛行士を送り込むこと、地質学者は、アポロの当初からそれを望んでいた。

フラ・マウロは、「雨の海」ができた時の衝突以前にはさかのぼれない。となれば、ほとんどの地質学者が同意すると思われるのは、「ティコ・クレーター」である（図8－13）。無人のルナー・オービターの写真には、直径八二キロメートルのクレーターの縁に沿って、高地の地殻深部から噴出して飛び散った巨岩が写し出されている。地質学者たちはそこを16号の着陸地点として強力に推

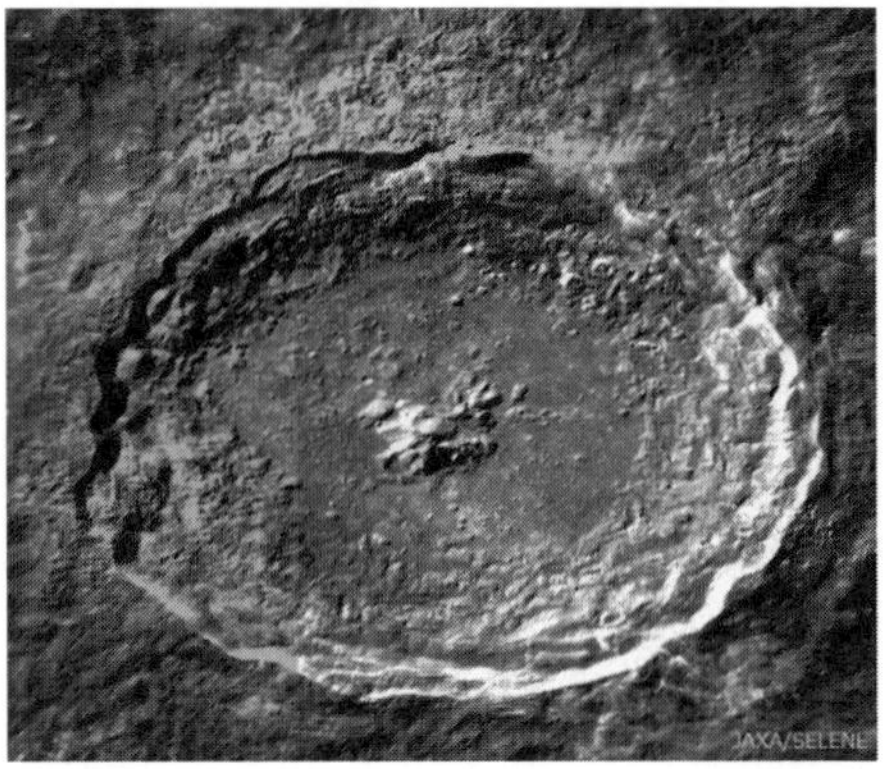

図8-13　「かぐや」が撮影したティコ・クレーター

したが、ＮＡＳＡ側の反対に会った。着陸の進入路の下には、見るからに険しい地形がひろがっているというのが理由である。それに、ティコは赤道から数百キロメートルも離れている。そこに降りるには、燃料をかなり余分に必要とする。そうなれば搭載する科学機器も少なくなる。さらに、司令船に不調が生じると、自由帰還軌道から外れる危険を冒すことは危ぶまれた。

　議論の末、地質学者が次に選んだのは「神酒（みき）の海」の西にひろがる丘陵地だった。直径約四〇キロメートルの「デカルト・クレーター」からそれほど遠くない。ここからは、太古の地殻片は見つからないだろうが、それでも、同じくらい重要なサンプル、すなわち、ほかの高地では見つからないはずの火成岩を手に入れられる可能性が高かった。

　ここから火成岩が見つかれば、「海」の岩石が噴出する前と後の、長期にわたって月の歴史をひも解くことができるかもしれない。デカルトは、地質学者が長年待ち望んでいたもの、すなわち、高地の生成過程を覗く窓を与えてくれそうだった。

　デカルトは、行きやすい上に「雨の海」の影響が及ばないところにあるという点でも魅力がある。アポロ16号の行き先が決まった。

◆アポロ16号の旅

一九七二年四月一六日、ジョン・ヤング船長、司令船「キャスパー」パイロットのケン・マッティングリー、月着陸船「オライオン」パイロットのチャーリー・デュークの三人が、サターンVに搭乗した。マッティングリーとデュークは新人である。めざすはデカルト！

順調に月まで行った16号だったが、月着陸船「オライオン」を切り離した後、司令船「キャスパー」にひとり残ったマッティングリーが、「キャスパー」の軌道を変更する作業にとりかかり、エンジン噴射をしようとしたところで、異変が起きた。

エンジンに電力を送り、ジャイロスコープのスウィッチを入れ、そこでエンジン・ノズルの向きを変えるためのダイヤルに触れた途端に、「キャスパー」が揺れ始めた。マッティングリーが手を離すと揺れはおさまる。触れると揺れる。スウィッチの設定を変えてやり直したが同じ。

すでに「オライオン」にいるヤング船長に声をかけ、管制センターにも相談したが、いい知恵がない。二隻の船がどっちつかずの状態のまま月を周回しながら、ヒューストンからの指令を待つうちに、時間ばかりが過ぎて行く。

ミッションが中止か続行か、その瀬戸際に来たとき、地上から連絡が入り、突然正常状態に戻った。管制センターの誰かが、セーヴ・ポイントを稼いでくれた。

次の不具合は「オライオン」を襲った。燃料タンクの調節器が故障し、タンク内の圧力が異常に上昇して、危うくミッション中止になりかけた。このときも管制センターからの指示どおりに操作して、事なきを得た。

そこへ今度は「着陸やり直し」の指令――予定から六時間遅れでようやく月面に到達(図8―14)。梯子を降り立ったジョン・ヤングの言葉――「こんにちは、神秘的で、そのうえ未知のわがデカルト高原さん。アポロ16号はいまきみのイメージを変えようとしているよ」。

ヤングとデュークは、このデカルト高原から、へとへとになるまで奮闘して、一〇〇キロ近い岩石を持ち帰った(図8―15)。その火成岩の分析によって、この高原が火山性の堆積物で形成されたという地質学者の飛行前の仮説は否定された。すべて角礫岩だった。

角礫岩は、隕石衝突が生み出す膨大なエネルギーで、岩石のかけらと表土の粒子が溶けあい、固まった混合石である。月の高地の形状があまりに地球の火山性地形に似ていたので、判断を誤ったらしい。アポロ16号の実地踏査はそれをきっぱりと拒否した。

のちにある地質学者が書いた――「科学が最大の進歩を遂げるのは、その予測が間違っていたことが証明された時であることを、アポロ16号はあらためて証明した」。[(5)]

そう、月の表面をかたちづくった圧倒的な力は、火山活動のそれではなく、隕石衝突の荒々しい力だったことを、地質学者たちは理解するようになったのである。これは、初の月面着陸以来、最大の飛躍であった。ヤングとデュークは実にいい仕事をした。

7 アポロ最後のミッション

地質学者のシュミットが月面に降りるという条件が設定されたために、アポロの最後のミッションは、月の科学が最も前面に押し出されることになった。しかし、同時にこの飛行は、そのまま、すでに走り始めている「スカイラブ計画」と「スペースシャトル計画」に拍車をかけていいかどうか、国民による審判の対象にさらされるものでもあった。

◆どこへ降りるか?

シュミット自身は、地質学的に最も価値が高いのは、月の裏側、それも特に、裏側の写真の中で

図8-14　アポロ16号が着陸したデカルト高地北部の山岳地帯

図8-15 チャーリー・デュークの岩石採取（デカルト高地）

図8-16　ツィオルコフスキー・クレーター

最も威容を見せているツィオルコフスキー・クレーターだと信じていた。その黒っぽい溶岩の床に降りれば、裏側のサンプルが採取できる「海」があるだけでなく、そこには鮮やかな中央丘がある。月の裏側の地殻深部のサンプルが確実に手に入る。地質学者の夢の場所である（図8－16）。彼は、一九七〇年春以来何度も提案してきた。

　しかし、裏側であるがゆえに生じる通信の難しさと、高緯度に存在する飛行・着陸の危険度がネックとなって、それは頑固に退けられた。

　代わって、地質学者たちが提案したのは、15号の司令船パイロット、アル・ウォーデンが周回中に見つけた「晴れの海」の南東にひろがる「小さな墳石丘だらけ」の火山性クレーターと思われるところだった。まわりを「タウルス山脈」と名づけられた急峻な峰々が取り囲んでいる。そこから三〇キロメートル弱南西に、月面で最も色の濃い物質が敷きつめられている「リトロウ谷」がある。まわりが明るい色の高地なので、特に目立つ。

　山脈の高いところにも黒い部分がぽつぽつと見える。地球の地形からの類推で言えば、これは火山ガスが地表に噴き出て、溶岩を上空高く噴き上げた結果だ。月でも同じことが起きていたとすれば、広範な部分が火山灰に覆われた可能性がある。

　ウォーデンの写真には、黒っぽい部分の下から、小型のクレーターの縁が突き出している。デカルトではうまく行かなかったが、今度は火山活動の証拠をつかめるのではないか。そして、「タウルス・リトロウ谷」の南北の巨大な壁では、「雨の海」盆地を形成した巨大隕石衝突の影響を受けていない最古の石を採取できるかもしれない。

さまざまな理由が動機を補強していき、地質学者たちは、谷の幅がわずか七キロメートルしかなく、降りるのが難しそうな地点を着陸地点にすることに成功した。11号では着陸の誤差が九キロメートルもあったが、続くアポロの着陸船はいずれも数百メートル以内に降り立っていた実績が、この選定を後押しした。

◆好奇心と冒険心の相合傘

一九七二年一二月七日夜半を少し過ぎたとき、三人を乗せたサターンVが、アポロ最後の旅に出た。最初で最後となったサターンVの夜間打ち上げは巨大な美しさで人々を魅了した。

科学者のシュミットが飛ぶということは、他の飛行士が押しのけられるということである。やっかみやそねみも混じって、「本ばっかり読んでいる輩に月着陸船のパイロットが務まるのか」という陰口が聞かれる中にあって、サーナンは、シュミットがクルーに決まると、彼らしく驚くべき柔軟性を発揮した。

シュミットが自分の置かれた立場を非常によく理解し、パイロットが職業である他の飛行士たちに負けないよう、脇目もふらずに努力している姿に感銘を受け、打ち上げの数週間前には、飛行士仲間の誰彼かまわず、

――「ジャックは信頼のできる月着陸船パイロットだよ。オレは安心して行ってくるぜ」

と語るようになった。

そして月面にあっても、管制センターの、

――「サーナンが船長としての責任感と自尊心から、サンプル採取でシュミットを押しのけて自分が主役になろうとするのではないか」

という心配をよそに、サーナンは、見ていてもわかるほどに、サンプル採取の時にはシュミットを立てた。

しかしそれは、シュミットの学識を尊重し、地質調査はプロに任せようと「遠慮」しているだけではないのだった。そのことを、彼らを南カリフォルニアに連れて行って地質調査訓練で鍛えたリー・シルヴァーは、よく感じ取っていた。

そのシルヴァーが、管制センターのそばのバックルームで、「弟子」が月面で活躍する姿に目を細めて見入っていた。すると、彼が予感した通り、ともすると専門家として細部の観測にこだわりがちになるシュミットの観察を、大所高所の視野で補完しつづけるサーナンの的確な判断力が随所に発揮されており、感動を覚えた。絶妙のコンビになりきっている二人に、師は激しい苦労が報われた思いだった。

さすが地質学者である。シュミットはサーナンとともに、縦横無尽に予定地を攻略していった。サンプルを採取する際に周囲の状況をつぶさに地上に伝える言葉は、専門用語交じりのよどみないものであった。シュミットの、飛び跳ねるローバーの上からでも見るべきものをきちんと識別し、観察に集中する能力に、サーナンはただただ舌を巻いた。

◆初日の大きな収穫

初日はサンプル採取の時間が限られていたが、アペニンの南の壁を形成している大山塊（サウス・マッシーフ）まで急いで足を伸ばした。そして、バッグがいっぱいになるほど岩石を採取した。そこには、マッシーフの灰色の巨岩の中で見つけた白い小さなかけらも含まれていた。後にそのかけらは、四五億年近く前のもので、月から持ち帰った岩石としては最古のものの一つであることが判明する。

数分後に「ショーティ・クレーター」に向かった。サーナンがローバーを停めたいくつかの場所で、シートに座ったままのシュミットが特製のスコップを使ってサンプルを採取した。時間がないのだ。この時に採取された「明るい色の表土」は、その後太古の昔のある時期に遥か遠くで起きた隕石衝突による噴出物が飛んできてサウス・マッシーフにぶつかったものだと判明した。その時の土砂の崩落は、一億五〇〇〇万年前と特定された。その出どころは巨人クレーター「ティコ」かも知れない。ほぼ同年代だ。

「ショーティ」では、シュミットは鮮やかなオレンジ色の土を見つけた。サーナンが訝った。「何で月にオレンジ色があるんだ？　酸化でもしたのか？」。ずばりだ。でも水も空気もない月でどうして酸化が起きたのだ？　シュミットが叫んだ。

――「火山ガスだ！」

その瞬間、管制センターのバックルームで、リー・シルヴァーが喜びで飛んだり跳ねたりしながら大声をあげていた。

――「それだ！　火山の噴気だ！」

管制官が同じように叫んでいた。

――「誰か、シルヴァー先生の電源を抜いてくれ！」

ただし、これはシュミットの考えが間違いだったことが後に判明する。しかし、ガラス玉の表面を揮発性成分が覆っていることも明らかになった。月のサンプルから初めて発見されたこの成分は、噴火を起こした火山ガスが固化したものだった。そうしたガスがかつて月に存在したことがわかったことから、月の生い立ちについても仮説が書き換えられることになった。

◆シュミットと巨岩

二日目、ローバーは、北の壁「ノース・マッシーフ」に向かった。めざすはその壁面に見える黒ずんだ巨岩。シュミットは、巨岩の壁を見つめながら、管制センターのバックルームに陣取る地質学チームを相手にして正確な描写を始めた。そしてその過程で次第に考えを整理し絞って行った。

後にシュミットは、自分が月にいた利点は、おびただしい数の視覚データの中から、その場で重要な意味をもつ数少ないデータを、数秒のうちに選り分けられたことだと語り、

――「脳みそは宇宙服を着ていなかったからね」

とつけくわえた。

ところで件の岩石は、何億年も降り注いだ微小隕石のために、褐色を帯びたガラスの薄膜をかぶっている。きちんと観察するには、したがって、サーナンがハンマーで砕いてくれるのを待つしかない。柄の部分が太すぎるハンマーは、人並みはずれて大きな手をしたサーナンに頼むしか方法

図8-17　シュミットの月面探検（サーナン撮影）

はない。サーナンが苦労の末、砕いてくれた。

シュミットが見るところ、この巨岩は角礫岩でできているようだ。二人は、とりあえずこの巨岩のかけらのサンプルを採取しておいて、次の目標をめざすことにした。

このときに黒っぽい巨岩のそばで撮ったシュミットの姿など、有名な写真がいくつもある（図8－17）。その対照的な大きさの比較や景色の雄大さなどが魅力的で、帰還後に数えきれないほど多くの本や雑誌に掲載された。特に巨岩は、後の地上での分析によって、月の巨大盆地を形成した長い長い一連の物語の語り部に変身することになった。「雨の海」から「晴れの海」へ——まさしくシュミットがたびたびダジャレに使ったように、アポロ計画は「雨のち晴れ」となったのである。

因みに、東京駅のそばの料理店でも、彼はこのダジャレを飛ばした。

図8-18　月面を歩いた最後の飛行士ジーン・サーナン

◆人類の平和と希望とともに
——月との別れ

あらゆる戦利品を月着陸船「チャレンジャー」に積み込んだジーン・サーナンは、ジャック・シュミットを船に残し、もう一度月面に降り立った。激しい活動で、タフで鳴るサーナンも少し息切れがした。それでも疲労を押しやって、口を開いた。(5)

——「歴史は、アメリカの今日の挑戦が、人類の明日の運命を築き上げたことを記録するはずだ。我々が、ここタウルス・リトロウから月を離れるときには、訪れたときと同じように、そして、神の思し召しで、ふたたびここを訪れるときと同じように、全人類の平和と希望とともに、去るだろう。アポロ17号のクルーに神の栄えあれ！」（図8−18）

隠れ咄8 ジャック・シュミットの剽軽と本音

月面でサンプル採取をしているシュミットが、何かにつまづいたか、地面に倒れこんだ。すかさず管制センターから無線の冷やかしが入った。

「来シーズンの公演にぜひシュミットに出演してもらいたいと、ヒューストン・バレエ団から有人宇宙船センターに、しきりに電話が来てるよ」

シュミットは急いで起き上がって怒鳴った。

「そりゃ大変だ。こんなところで倒れてる場合じゃない。オーディションが迫ってる!」

シュミットはそこで、宇宙服を着たまま、大きく優雅な跳躍をしてみせ、けらけらと笑いながら砂塵のなかに舞い降りた……。この一部始終を、また念が入ったことに、現場にいたサーナンがビデオに収めている。(https://www.youtube.com/watch?v=ZjOnsbodCus)

二一世紀になってからのことだが、当時東京駅のそばにあったJAXA(宇宙航空研究開発機構)をジャック・シュミットが訪れた。すぐ近くのホテルのレストランで、当時の立川啓二理事長と三人で食卓を囲んだ。興味ある話題が次々と出て、彼は、

「いま私は、常温核融合を研究しています。いずれ人類は月から採取されるヘリウム3をエネルギー源として活用する時代がやってくるでしょう。何とかそのときのために……」

と話していた。別れ際に彼が言った言葉が忘れられない。

「宇宙開発をやりたい人には、いろいろな人がいます、宇宙は、その動機が最も多彩な存

在だと思います。だから、いちばん大切なことは、自分だけの動機だけから見るのではなく、みんなが力を合わせて幸せな社会を作るということに、宇宙活動では特に目を向ける必要があるのだと思います」

第9章

呼びかけるアポロ

アームストロングが月面を踏んだことを、自身の記憶として思い出せる人は、本書が描いたシーンをそれぞれの感慨を持って思い浮かべるだろう。その頃まだ生まれて間もないか、生まれていなかった人は、そんなことがあったんだと驚きながら読むかもしれない。いずれにしろ、一九六九年から一九七二年までの間に、一二人のアメリカ人が月の土を踏み、地球に帰って来た。それを実現するために組まれたのが「アポロ計画」だ。

この終章では、アポロ計画で私が印象に残るいくつかの話やシーンを述べ、他ならぬ現在の地球に生きている私たちにとってのアポロの意味について、感じること、考えることを述べる。本音を言えば話し合いたいのだが、それは「本」という制約があって……。

1 追憶

◆ スプートニクのこと

一九五七年一〇月のある日、広島の高校で寮生活を送っている私に、故郷の呉から電話がかかってきた。林静人先生。中学時代の恩師である。

――「スプートニクが上がったのは知っとるじゃろ？」

二年・三年の時の受け持ち（担任）で、数学と理科を教わった。広島大学で小惑星の軌道計算について卒論を書いたとのことで、この人がスプートニクの光を肉眼で捉えた日本で二番目の人だったらしい。どこかからスプートニクの軌道要素を手に入れ、自分で計算した。彼の住む呉からいつどのあたりに見えるかを算出し、見つけたということだった。

――「スプートニクの光、見とうないか？」

そしてその週の土曜日の夕暮れ前、私は数人の友人と、母校の校舎の屋上に集合した。林先生は、物干し台を屋上に準備し、ロープを張った。ポケットからテニスの白いボールを取り出した。ひょいと投げてロープを飛び越えさせた。

――「見えるか？」

辺りがだんだん暗くなってきた。投げるボールが見えにくくなってきた。そしてやがて白いボールの動きだけがやっと確認できるほどになった。街の灯りが少ない時代だった。

――「ええか、西の方を見てみい。三津田高校の光が見えるじゃろ。あのちょっと左の方に大きな松の樹があるのがわかるか？」

先生の近くに寄って、みんなで確認した。

――「あの松の樹のちょっと右のあたりを、もう少しするとスプートニクが通る。テニスのボールで目が慣れたけえ、じっと我慢して見とったら、動く光がわかるよ」

至れり尽くせりのお膳立て。そしておそらく十数分の後、

――「あっ、見えた！」

私の隣に立って瞳を凝らしていた友人の声。直後に私も発見した。暮れなずむ西の空に、かすかに点滅しながら淡い小さな光がゆったりと移動している。何かこの世のものでないような不思議な光だった……（人間が作ったものが地球を回っている……）。

日本は、安保闘争の前哨戦とも言うべき勤評闘争が、高校生の生徒会活動にまで波及してきていた。広島には原水爆禁止運動の大きなうねりがあった。そのただ中で見るスプートニクの光に、意味もなく（何かいい時代がやって来そうな……）そんな予感が私の胸をよぎった。そしてそれからの人生で、それがはかない希望的観測だったことを思い知った。

この時に見たスプートニクの光の点滅は、大学で専門課程に入る時、宇宙工学を選ぶ重要な心理的動機の一つとなった。

◆アポロ11号と「蘭奢待」

アームストロングの月面着陸の前の日、大学院時代の指導教官、糸川英夫先生から電話。

――「明日、スター・ビルへ来てください」

そのころ糸川先生は大学を辞して六本木に事務所を構えていた。明けて日本時間の七月二一日、スター・ビルで待っていた先生が、小さなメモ用紙を差し出して、

――「これを大きな字で書いてください」

紙片には「蘭奢待」とある。どこかで聞いたような……。訊ねると、

――「昔のお香です。正倉院に収められている香木です。この世で最もいい香りと言われています。いまこのお香の香りを化学的に合成できないか、やってみようと思っています」

――「はあ……」

――「それでね。いつも難題を抱える国際会議なんかで、会議室にその香りを漂わせるわけです。人間は、気持ちがいい時には話し合いもスムーズになりますからね」

まったくいつも驚かされる発想の師匠。それで、その作業をしている人たちの部屋に大きな字で「蘭奢待」と書いて貼っておこうというわけであった。檄である。

しょうがない。乗りかかった舟。とても断れる間柄ではない。何枚か書くうちに気がついた。

――「糸川先生、これ三つの字の中に東大寺がありますね」

――「ほう、よく気がつきましたね。そう、東・大・寺を隠した雅の名ですね」

やっと書き終えて時計を見たら、アームストロングの姿を見る時刻が迫っていた。

――「先生、ではこれで失礼します」

――「そう、どうもありがとう。ところで今日は何の日か知ってますか？」

――「それは知ってますよ。アポロが着くんですよね」

――「あ、そう。知っているんならいいですが……」

スター・ビルを出ながら思った。

――「こんな日に呼ぶなよな……」

一生懸命に帰ったが間に合わず、御茶ノ水で時間が来た。目についた喫茶店に飛び込んだ。そして222ページの展開となった次第。

2　政治のリーダーシップと三つのアポロ

すでにアイゼンハワー大統領の時代に、進めたりやめたり一向に政治の推進力を得られなかった有人宇宙飛行計画「アポロ」を、次のケネディ大統領が一挙に「月へのハイウェイ」に乗せた。この若き大統領が意図したのは、科学の分野で大きな成果を得ることではなく、国民の懐を豊かにすることでもなかった。

アポロは、キューバ、ヴェトナム、人種差別、……国内外に渦巻くさまざまな危機的状況を打開するためにケネディが放った、政治家として必然の「大芝居」だった。ケネディがあの有名なアポロ起ち上げの演説を議会で行なった時、アメリカはまだシェパード（イヌではない）の弾道飛行によって、有人飛行を十数分しかしたことがなかったのだから。

ケネディには科学のバックグラウンドはない。そのケネディが「十年以内に人間を月に着陸させて地球に帰還させる」目標を、世界最強の国の大統領として掲げた。しかも当時、軍事的にもアメリカがソ連を圧倒的にリードしていることは、実はアイゼンハワーのころから調査によって明白になっていたことが、現在では判明している。

アイゼンハワーは、この軍事力のリードをソ連への牽制に使い、世界が大きく軍拡に向かう動きを抑制する戦略を堅持したかった。核兵器の愚かさも説いた。彼は、確かに「民主主義においては、指導者は世論の形成と方向づけを導く役割をすべきである」と信じたが、当時のアメリカ国民の中にくすぶり続けていたヴェトナムと公民権運動を代表とする様々な不満や批判の中に、国民が一丸となって向かう「具体的な」ターゲットを発見することができないまま任期を終えた。あるいは、そばに卓見のアドヴァイザーでもいれば、スプートニク・ショックを正のパワーに転化できたかも知れないが、それはかなわなかった。

後継のケネディの時代には、アメリカの苦悩はさらに深刻になり、ガガーリン・ショックで国民

図9-1　アラン・シェパードの飛行成功を祝福するケネディ

の危機感が一挙に燃え上がった。マスコミもそれを煽り、この宇宙の分野に、ケネディは国の未来を託す大きな一歩を踏み出さざるを得なくなった。それを、「月へ行く」ではなくて、「人間の月面着陸・地球帰還」という具体的な目標として設定したところに、ケネディの着眼の確かさを読み取ることができる。その決断の際の選択肢の核心部分を提供したのが、一生を「月へ行きたい」という夢一筋に生きてきたフォン・ブラウンだった。

こうして、「人間の月面着陸・地球帰還」という非常にわかりやすい目標を掲げたあの演説で、一九六〇年代という「時代の舞台」が、劇的に設えられた。ケネディの決意のトリガーになったのが、アラン・シェパード飛行後の国民の熱狂と興奮だったことは、間違いないと言われている（図9－1）。

つまり、ケネディを動かしたのは人びとの声、明確な筋書きはフォン・ブラウン。立派な政治家は、大勢の人々が活躍する舞台を用意する。その政治家が心を決める最も大切な要素は人びとの希望。設えられた舞台は、はっきりとした輪郭がなければならない。アポロは明確だった。人間の月面着陸と地球帰還。

◆アポロを受けた匠たち

ケネディが文字通りの目標として、シンプルに人間の「月面着陸」と「地球帰還」を掲げたとき、科学は少し脇に押しやられた。この目標を達成するために欠かせないことは「乗り物を作ること」である。実質上の主役が技術者であることは誰の目にも明らかだった。ただしその根底の狙いは「国民を鼓舞するアポロ」であり、その成果を人々の目に際立たせる「英雄」として宇宙飛行士が表舞台に登場した。初めのうちは、「乗り物さえできれば、後は宇宙飛行士が〝ジェット機のようにその乗り物を操縦して月まで行けばよい〟」式の幻想もなくはなかったが、それはフォン・ブラウンが、「検討する価値すらないナンセンス」と一笑に付した。

ケネディのアポロ計画が始動して、真っ先に契約を進めたNASAのテーマが、MITの誘導プログラムだったことが、アポロの命運が技術者の頑張りにかかっているというNASA幹部の健全で正しい認識を明白に示している。

NASAで働いていた技術者たちは、このプロジェクトを成功に導くことができるかどうかが、自分たちの双肩にかかっていることを、強く意識した。加えて、この「目標」の魅力が、国中の多くの若者の心を惹きつけた。長い間つづいている国際的な軍事情勢のもとでおびただしい数の人がミサイル技術の研究・開発に動員された。それに倦んできた技術者が自ら志願してアポロ計画に参入し始めた。

リチャード・バッティンはビジネスの世界に身を投じていたのに、ＭＩＴに復帰した。マーガレット・ハミルトンは国防ミサイル計画からアポロに転身した。ミサイルは地球圏内の技術だが月や火星はもっと面白いテーマの仕事ができるという予感から宇宙ミッションに鞍替えしたハル・ラニングやミルト・トラゲザーもいた。トランジスターから集積回路への転換をＮＡＳＡに踏み切らせたエルドン・ホールは、かつてはミニットマン・ミサイルの技術者だった。続々とアポロに身を投じてきた数えきれないほどの若者たちが、確かに「アポロ」で鼓舞され、自らの匠を、「人を殺すためでなく、国家のはっきりとした夢の目標のために」捧げようと奮闘を開始していた。この国で「匠」が大規模に光を放ち始めた。

◆フォン・ブラウンの想い

一九六九年五月、アポロ10号の打ち上げの前に、ウェルナー・フォン・ブラウンにインタビューをした記者がいた。フォン・ブラウンは、次のフライト（アポロ11号）への想いを訊かれて、

――「かつてドイツで軍事用ロケット開発に携わったのは、あくまで私の人生の脇道でした。次に月へ飛ぶアポロ11号の生還した時こそ、私の本当のＶデー（第二次大戦での連合国軍の対独戦勝記念日）です。月面着陸を機会に、私たち人類が一つの地球に住む兄弟だという強い連帯感が生まれればよいのですが……」

と語ったそうである（図9－2）。私には付け加えるべき言葉が浮かんでこない。

図9-2　サターンVとフォン・ブラウン

◆冒険者たちの輝き

スプートニク・ショックのただ中から生まれ出た「マーキュリー・セヴン」は、それまで命がけで培ってきた操縦桿のワザがそのままでは使えないことに間もなく気づいた。「ロケット上昇中はお客様、宇宙船では操縦者」と言っても、その「操縦」は、コンピューターに相談しながらでなければ何一つできない「操縦」だった。しかし彼らは、「英雄」としても誇りにかけて全力を挙げて新たな「操縦」に慣れていった。

マーキュリーの時代から、一つのミッションが終わって帰還すると、ほとんどの成功は「機械の不十分さや欠陥を人間の頑張りが補った」ことになった。飛行士は英雄でありつづけた。私（筆者）のある友人は、

――「実は、NASAの有人宇宙飛行の責任者だったロバート・ギルルースがね、宇宙飛行士たちのすべてと物凄く親しかったんだよ。彼が率いていた〝スペース・タスク・グループ〟が、宇宙船設計の任務を負っていたわけだから、色んなシステムができる限り宇宙飛行士本位になるのは、必然の勢いだったのさ」

と語っている（図9－3）。その真偽はともかく、アメリカ国民の間では、帰還した宇宙船から出

図9-3　（左から）ギルルース、シェパード、グリソム、ケネディ夫妻

てきた宇宙飛行士が、口々に語る「自慢話」をマスコミも囃し立てた。事実、アポロについて書かれた著書の大部分は、英雄譚である。

現場の技術者と飛行士たちのツノが、触れ合うことは無数にあったが、技術者たちは、それがトップの「空気」であれば我慢したし、実際の飛行が積み重なるにつれて、飛行士の憤懣やるかたない自己顕示欲が、確かに人並み外れた「操縦能力」に裏づけられていることにも気づいていった。そして、「月面に着陸して地球に帰る」という大目標の前には、あらゆる個人同士の確執は、大河の流れに飲み込まれていかざるを得なかった。

ジェミニでゴールに至る現実的な自信が築かれるようになると、匠と冒険者は競うように力を合わせ始めた。

――「本当に月面着陸ができそうだ！」

◆月面を歩いた「英雄たち」の素描

二〇一九年現在、月面を歩いた人間は一二人。すべてアメリカ人である。

• アポロ11号：一九六九年七月二〇日（アメリカ時間、以下同じ）

①ニール・アームストロング――人類で初めて月面に降り立った。その時の言葉。

――「これは一人の人間にとっては小さな一歩だが、人類にとっては偉大な跳躍である」

NASA退職後は、シンシナティ大学（オハイオ州）において航空宇宙工学で教鞭。アポロ飛行士のうちで最も脚光を浴びる存在でありながら、適度に世間的な要請に応えながら目立たないように生きる人生を選び、やがてオハイオの生まれ故郷に戻った。二〇一二年死去。

②バズ・オルドリン――11号の月面での有名な写真に映っているのは、ほとんどがアームストロングの撮影したこの人である。月面にて初めておしっこをした。退職後は空軍に戻ったが、力が発揮できず、躁鬱症・アルコール依存症に。その後立ち直り、火星探査実現のために精力的に活動。

• アポロ12号：一九六九年一一月一九日

③ピート・コンラッド――ジョーク好きとしても知られ、初めて宇宙にグラビア雑誌『プレイボーイ』を持ち込んだ。スカイラブでも活躍。引退後、マクダネル・ダグラス社の重役を始めとして、さまざまな仕事についた。「月へ行ったからって、オレは何も変わっちゃいない。昔を振り返ってはいけない」が持論。一九九九年死去。

④アラン・ビーン――12号ではコンラッドと名コンビを組んだ。月面にテレビカメラを設置するのが任務の一つだったが、太陽光に晒したのでカメラは動かず。スカイラブで獅子奮迅の働き。引

退後も、飛行士の訓練を担当した後、大好きな絵を描き始めた。宇宙体験をもとにした数々の評判の名画を遺した。二〇一八年死去。

・アポロ14号：一九七一年二月五日‐六日

⑤アラン・シェパード——マーキュリー計画でアメリカ人として初の宇宙飛行。メニエール氏病から復帰後の14号の月面歩行ミッションで約二・七キロメートルの月面歩行記録を樹立。「月へ行ったときのオレは腐ったくそったれだったが、今はただのくそったれだ」が口癖。引退後は、数多くの企業の役員を務め、自らも会社を経営した。一九九八年死去。

⑥エドガー・ミッチェル——二つの有名な月の石のサンプルを摂取。引退後は、自身の興味だった超常現象を追う。UFOはすでに地球に訪れている説の支持者。意識を科学的に研究することを旗印に、カリフォルニアのパロ・アルトに「純粋思惟学研究所」を設立。「心霊現象は、単なる情報」と主張。二〇一六年死去。

・アポロ15号：一九七一年七月三一日‐八月二日

⑦デーヴィッド・スコット——ジェミニ8号でアームストロングと共に人類史上初の軌道上ランデブーとドッキングに成功。15号は月面車が採用された最初のミッション。地質学者に指導される岩石採取訓練に、非常に熱心に取り組んだ。アーウィンの発見した「創世記の石」を採取。引退後、NASAの飛行研究センターにてディレクター長。

⑧ジェームズ・アーウィン——月の石約七七キロを摂取。「創世記の石」を発見した。引退後はキリスト教の活動に従事。「高みへの飛翔（ハイ・フライト）」という教団を設立。ノアの方舟の考古学的資料を求め、トルコ・アララト山の探検に二度参加して失敗、危うく命を落としかけた。

一九九一年死去。

• アポロ16号：一九七二年四月二〇日－二三日

⑨チャールズ・デューク――アポロ11号でキャプコム（地上通信士）をつとめ、その南部訛りの英語が話題を呼んだ。16号では、ヤングと共に、月面滞在時間は七一時間強。三回の船外活動。たくさんのクレーターを訪れ、サンプル採取。引退後はキリスト教活動に従事し、刑務所内の教会で活発に活動している。趣味は狩り、釣り、読書、ゴルフ。

⑩ジョン・ヤング――ジェミニで二度、アポロで二度、スペースシャトルで二度、計六度の宇宙飛行ミッション。ハッブル宇宙望遠鏡を軌道に配置した。16号では、三度の船外活動において月面車で走行、サンプルを採取した。地質学者のリー・シルヴァーから「典型的な地球外生命」と評された。二〇一八年死去。

• アポロ17号：一九七二年一二月一一日－一三日

⑪ユージーン・サーナン――月面を歩いた最後の人間。二度月旅行をしたのは他にラヴェルとヤングしかいない。月での体験を快く丁寧に語り、経験を人びとと分かち合った。退職後は、航空宇宙産業のコンサルタント会社を設立、ＡＢＣニュースの寄稿家などもこなした。二〇一七年死去。

⑫ジャック・シュミット――アポロ飛行士の中で唯一の地質学者。彼が採取した石の一つは、月から持ち帰られた最も興味深いサンプル。この石が、月がかつて磁場のある地表だったという説をもたらした。退職後は、ニューメキシコ州選出の共和党上院議員。「人生には後退はない。月飛行が自分のピークではない」と語る。

◆クライマックスからの飛翔――科学者たちのアポロ

「人間が月へ行く」という宣言を聞いて、自分が行きたいと考えた人たちの中に、本書にも登場したシューメーカーやシルヴァーなどの月を研究する科学者たちがいた。しかしケネディのアポロ始動の演説には、科学を予見させる言葉は一切含まれていない。しかも、同じ科学に携わる人たちの中にも、「月にお金を使い過ぎれば、科学の他の分野に皺寄せがくる」と考え、とりわけ国も予算をたくさん使いそうな「有人飛行計画」には反対の声が高かった。結果的に、ケネディが文字通りの目標として、シンプルに人間の「月面着陸」と「地球帰還」を掲げたとき、科学は少し脇に押しやられた。

それから九年、一九六九年七月二〇日のアームストロングとオルドリンの着陸・帰還で、アポロ計画への国民の関心はピークを迎えた。とはいえ、技術者たちは、月への道が完璧な舗装になっていないことをよく知っていた。飛行の途中に想定外の事件がいろいろと起こっている。降下中のけたたましいアラーム、着陸時のアームストロングの踏ん張り、……人間とハードウェア・ソフトウェアの間には、11号が成功しても、月への人間の飛行が越えなければならないシステムの課題がいくつも顔を出していた。

アポロ12号から17号までの六回の飛行で、マン・マシーンの操縦技術は確実に向上・安定の度を加え、多少の余裕が飛行に生まれるようになってくると、そのエネルギーは、ケネディの目標を「知的に」越える世界へ国民をいざなった。

若い頃に自身が月へ行きたい志を抱いたシューメーカーやリー・シルヴァーなどの地質学者たち

図9-4　グランド・キャニオンで訓練を受ける宇宙飛行士たち

が、現地の土を踏む宇宙飛行士たちを、ある時は知的に、ある時は山地で実地に訓練した。それは、オリジナル・セヴンたちが思い描いていた月への踏破とは、あまりにイメージを異にした「訓練」だった（図9－4）。そのため、何人かの冒険者は、科学者たちとの知的な協力からは脱落していった。

　アポロ11号が飛んでしばらく経ったある日、次に月をめざす12号の船長ピート・コンラッドに、リチャード・バッティンがこんな話をした。

――「旅客機が滑走路に待機したまま動かなくなってね、機内放送があった。〝ご搭乗の皆様、当機に問題が発生し、ただいま離陸できません。部品を一部取り換える必要がありますが、その作業は非常に難しいので、時間がかかります。お急ぎのところ、まことに申し訳ありません〟と。三〇分後に、再度機内放送があって、出発準備が整ったという。乗客の一人が、スチュアデスに声をかけた。〝部品交換は案外簡単だったんだね〟。スチュアデスが即答した。〝はい、パイロットを取り換えたものですから〟」

　この話をコンラッドは非常に気に入って、あちこちで吹聴していたそうである。宇宙飛行士の備えるべき素質・経験・教養が、徐々に変化を遂げていった。

端的に言えば、

――「いやならいいんだよ。代わりはいくらでもいる」

ということである。事実、宇宙飛行士の順番待ちの行列には、多数の若者たちが虎視眈々と待ちかまえている。(11)

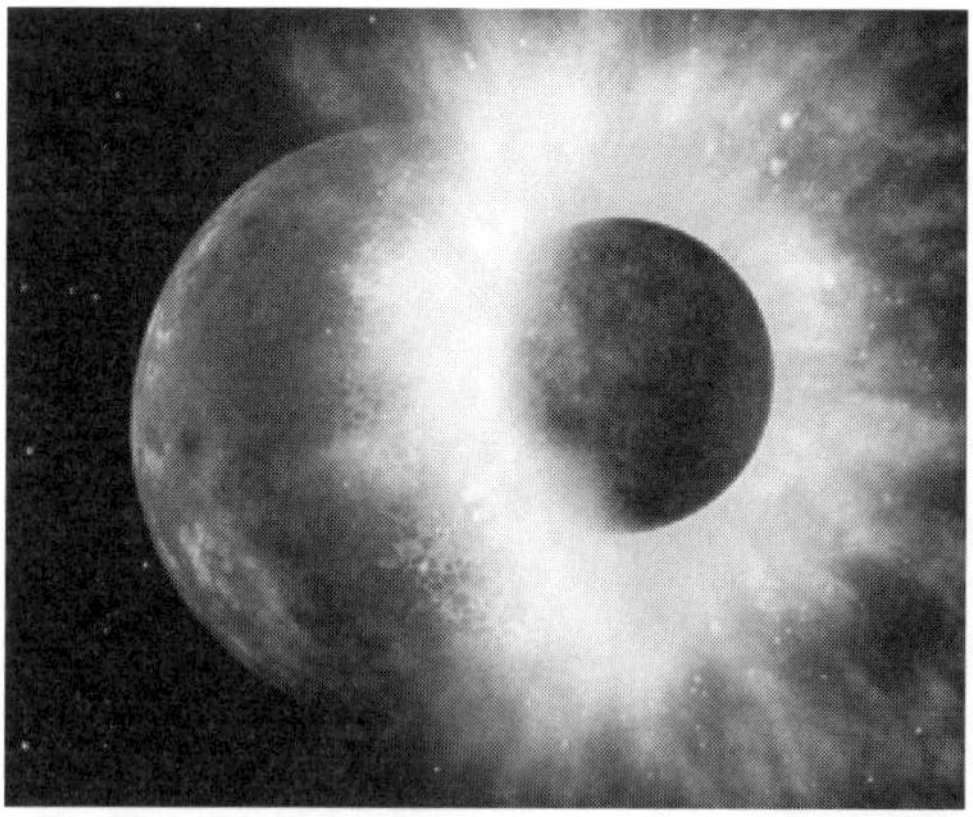
図9-5　月の起源についてのジャイアント・インパクト説

一方で地球上では、これまでに飛行士たちが採取してきた月の岩石が、さまざまな昔物語を語り始め、アポロ以前に唱えられていた三つの起源説（親子説・兄弟説・他人説）は、すべて否定された。
岩石の分析結果が万人の目に映るようになり、ミッションは「科学者のアポロ」という性格を濃厚にしていった。後の話になるが、一九四〇年代にいったん提出されていた「月の誕生は天体の衝突によるものではないか」という説が、アポロの岩石の分析を経て強力な証拠を添えて再提出されたのは、一九七五年だった。
――「四六億年前、地球ができて間もないころ、火星と同じくらいの大きさの天体がぶつかってきて粉々に壊れた。その破片の大部分は地球のマントルの大量の破片と一緒に宇宙空間へ飛散した。破片の一部は再び地球に落下したが、かなりの量の破片が

図9-6　アポロ13号の管制センター

地球を周回する軌道に残り、一時的には土星のリングのような円盤を形成したが、やがて破片同士が合体して月が形成された」

現在ひときわ精彩を放っている「ジャイアント・インパクト」説である（図9－5）。

◆飛行中はわれわれがリーダー
——管制官の献身

すでにグレンの飛行の直後から、ヒューストンの管制センターにつめる管制官たちのチーム・リーダーである「フライト・ディレクター」が、飛行中のものめごとについての決断に責任を負うことが取り決められていた。そのシステムは、ほんのわずかな例外を除いて、アポロ計画の全期間において厳密に守られ続けた。

それが形式的な統制ではなく、本当に優れたシステムであることを証明したのが、アポロ13号の絶体絶命の危機の時だった。

月への飛行を開始して二日後に酸素タンクが爆

発したアポロ13号。

「ヒューストン、問題が発生した」という報告から始まった大ピンチに当たって、ほとんど飛行士たちだけにスポットが当てられ続けていたアポロに、実は舞台裏があることに人々は気づかされた。通常なら数ヵ月、数週間かかる作業を、ともに管制室とバックルームに控えるたくさんの技術者や飛行士たちを指揮して、数時間でやりきり、見事な現場指揮の能力を発揮し、チームに珠玉の働きをさせたジーン・クランツをはじめとするフライト・ディレクターと管制官たち（図9−6）。

おそらく管制官になった経緯は、いろいろだろうが、統率の取れた素晴らしいチームだったことの理由の一端は、彼らのほとんどが軍や重工業の出身者だったことにあるのかも知れない。

隠れ咄 9 アポロ11号のミッション・パッチの話

図9−7は、アポロ11号のミッション・エンブレム（パッチ）である。ジェミニ10号以来、ミッション・パッチのデザインは、それぞれのミッションのクルーの仕事になった。

アポロ11号のエンブレムの由来を、マイケル・コリンズが語っている。

――**「三人で話した結果、クルーの名前は入れないことにしました」**

アポロ11号のミッションは、数千人が力を合わせてやったもの。三人の名前を入れると、その数千人は背景に退いてしまう。ミッション・パッチは、「見せるもの」というよりは、人類の悲願の成就という「象徴的」な意味合いを持たせたかった、という。加えて、

――**「ニールが、〝XI〟とか〝eleven〟では外国の人にはわかりにくいかも知れないか**

図9-7　アポロ11号のミッション・エンブレム

ら、〝11〟にしようと言い、もっともなのでそうしました」

　鷲をあしらう提案は、同僚のジム・ラヴェルから出され、絵柄としては、コリンズが『ナショナル・ジオグラフィック』の鳥の本からいいのを見つけて、それをティッシュ・ペーパーに写しとった。コリンズは、家に帰ってから、鷲の爪の下にクレーターを描き、翼の向こうに地球を配置した。しかしこれだけではクルーの賛同を得られないでいたところ、コンピューター・エンジニアのトム・ウィルソンが、「平和の使者」ということでオリーヴの枝を描き入れたらといい、コリンズが嘴に咥えさせた。こうしてパッチの原案ができた。

――「クレーターのあるグレーの月、鷲がブラウンと白、黒い空をバックに地球がブルーのマーブルみたいに浮かんでいます。実にリアルな案ができたと思いました。バズが後で言いました。〝パッチの月は左が暗く描かれているけど、月面から見たとき、下側が暗かった〟って」

（コリンズ）

　こうして提案されたデザインに、ヒューストン・センター長のボブ・ギルルースからクレームがついた。
――「鷲のカギづめが鋭すぎて、敵対的・好戦的に見える」と。そこでオリーヴの枝を、鷲の嘴からカギづめに移して、一件落着。コリンズの感想。
――「デザインとしてはそれでいいとは思ったんだけど、できあがった構図では、何となく鷲が落ち着かなくてね。〝着陸の前にオリーブを落として欲しい〟と感じました……」

3 人びとのアポロ

こうして、政治家、技術者、飛行士、科学者、管制官、……あらゆる職種の人々が、それぞれの仕事を輝かせるべく働いた。無数の人生が交差して、あの十年間が織りなされた。

マーキュリーが、ジェミニが、アポロが、フロリダの空へ飛び立つ時、たくさんの人々がそれを見上げた。月への往復の旅を見守りつづけ、「別世界」からの帰還者を熱い喝采で迎えた。かつて神の住む場所であったところに旅をしたオデュッセイアたちが、「天と地の間にはお前の哲学など思いも寄らぬ出来事がある」(『ハムレット』)と語り始めると、熱心に耳を傾けた(図9―8)。

◆アポロ計画の基本的骨組

アポロを成り立たせたパワーの源を大まかに描けば、図9―9のようになるだろう。

まず舞台設定を政治家のケネディがやり(政治家のアポロ)、それをやり遂げる工夫を技術者た

図9-8　右上：アポロ8号の飛行士を囲む熱狂
左：アポロ11号打ち上げ、右下：アポロ11号の月面着陸

図9-9　アポロの骨組み

図9-10　人類が初めて見た月面に浮かぶ地球（ルナー・オービター、1966）

ちがやる（匠のアポロ）。その知的な意味を地質学者たちが添える（科学者のアポロ）。現実に命を懸けて実行するのは宇宙飛行士たち（冒険者のアポロ）。冒険者には、飛行管制センターがぴったりと寄り添って任務の遂行を助けた（管制官のアポロ）。

この「匠」「科学者」「冒険者」のトライアングルが、ある時は三つ巴、ある時は三重奏を演じながら、「政治」が設定した歴史の舞台で月面へ到達して地球に帰還した。そしてそれを背景で支える大勢の人びと。

◆アポロ8号からの贈り物

すでに無人探査機「ルナー・オービター」がとらえた「月面に浮かぶ地球の姿」を人類は手にしていた（図9-10）が、人間の目で見た「月からの地球」（アポロ8号）は、まったく異次元の力で人びとを魅了した。二〇〇〇年に天文雑誌『スカイ・アンド・テレスコープ』が実施した「二〇世紀で最も印象的だった宇宙画像」のダントツだったのが、アポロ8号の「月面に浮かぶ地球」のショットだった（図9-11）。

図9-11　アポロ計画から最高の贈り物

一九七二年に月面に到達したアポロ17号以来、人類は月へ行っていない。しかし、この間に月を訪れた無人の探査機は、日本の「かぐや」を始めとしていくつかある。科学者は、月のことをもっと知りたいのだ。

科学を職業にしない人たちも、科学が「知」の世界で前人未到の領域に足を踏み込むことへの憧れを持っている。それがアポロ計画の後半で証明された。とは言ってもその憧れも状況次第。一人ひとりの「生活」あってのことである。NASAのウェッブ長官が必死で勝ち取ったアポロ20号までの月への道が、17号で頓挫せざるを得なかったとき、そのアメリカの世論の「状況次第」が証明された。

アポロはケネディ大統領の「勇気ある決断」で始まり、ニクソンの「及び腰」で終わったと言われるが、それは違うだろう。「人びとが、月へ行くことを望まなくなった」とニクソン大統領は判断した。世界史は人びとの歴史だ。その歴史を織りなしていくのは、基本としては、ほかならぬ「人びと」なのである。ケネディの素晴らしさは、自分のよく知らない分野で大きな賭けをした「猪突」にあったのではなく、自国の技術者たちの能力と国民の情熱を信じ、それを大きな決断に結びつけた勇気にあったのだと思う。

アポロ計画にアメリカが注ぎ込んだお金は、当時の日本の国家予算をしのぐほどで、現在の貨幣価値に換算すると、一六兆円を軽く越える。人類未踏の天体をめざすという目標は、世界の多くの人びとに夢と希望を与え、子どもたちの心に潜む「好奇心」「冒険心」「匠の心」……さまざまな可能性を目覚めさせ顕在化させた。月面着陸を達成するまでのアメリカの技術者・宇宙飛行士・科学者の身を削るような努力と連携が、人びとの心を奮い立たせた。そのような「三つのアポロ」があったのである。

アポロのストーリーを書き終えた私自身が、もう一度アポロの出発点に立って、全過程を踏破したいと思っている。それほど魅力的な人びとが紡いだ鮮やかな十年間だった。

4　アポロの歩き方

アポロ計画には、味わい方がたくさんある。それは人さまざまだ。想像をたくましくして、そのいくつかを紹介し、それぞれに味わうポイントを紹介しよう。

◆思い出にひたって懐かしむ

あの時代にすでに大きかった人たちは、ご自分のその時代も同時に想起しながら懐かしさでいっぱいになるだろう。私なども幾分その気がある。11号以外のミッションまで思い起こせる人は、相当のマニアとも言えるが、アポロ以来、まだだれも訪れていない彼の地であってみれば、たった六回の着陸地点なので、それを巡る旅に出るのも一興である。そのようすがに、ツァー・マップを掲げよう（図9－12）。日本では月の地図から探すよりも「ウサギ」の体から探す方が得策とも言えるので、その参考図も一緒に。

- 11号――静かの海。ウサギの顔面に着陸した。図9－13（11）のように、着陸地点の近くにモルトケ・クレーター（M）があり、その近くにある小さな三つのクレータが、オルドリン（Al）・コリンズ（C）・アームストロング（Ar）と命名された。玄武岩だらけ。
- 12号――嵐の大洋。ウサギの餅つきの臼の中。月面で最も広い海。中にコペルニクスだのケプラーだの有名なクレーターがある。どこまで行っても玄武岩。最近、この大洋が隕石衝突ではなく火山噴火でできたのではないかとの論文が出て、論議を呼んでいる。
- 14号――フラ・マウロ高地：やはり臼の中。因みにフラ・マウロというのは、一五世紀に旧世界の有名な地図を作った人（図9－13（14－1））。ここはもともと13号が着陸しようと思っていた。あの事故で、再び14号の着陸地に指定された。図9－13（14－2）は、14号から撮ったフラ・マウロ。
- 15号――ハドリー谷。近くにアペニン山脈。ウサギのお腹。ここはすごい景観。アペニンは月

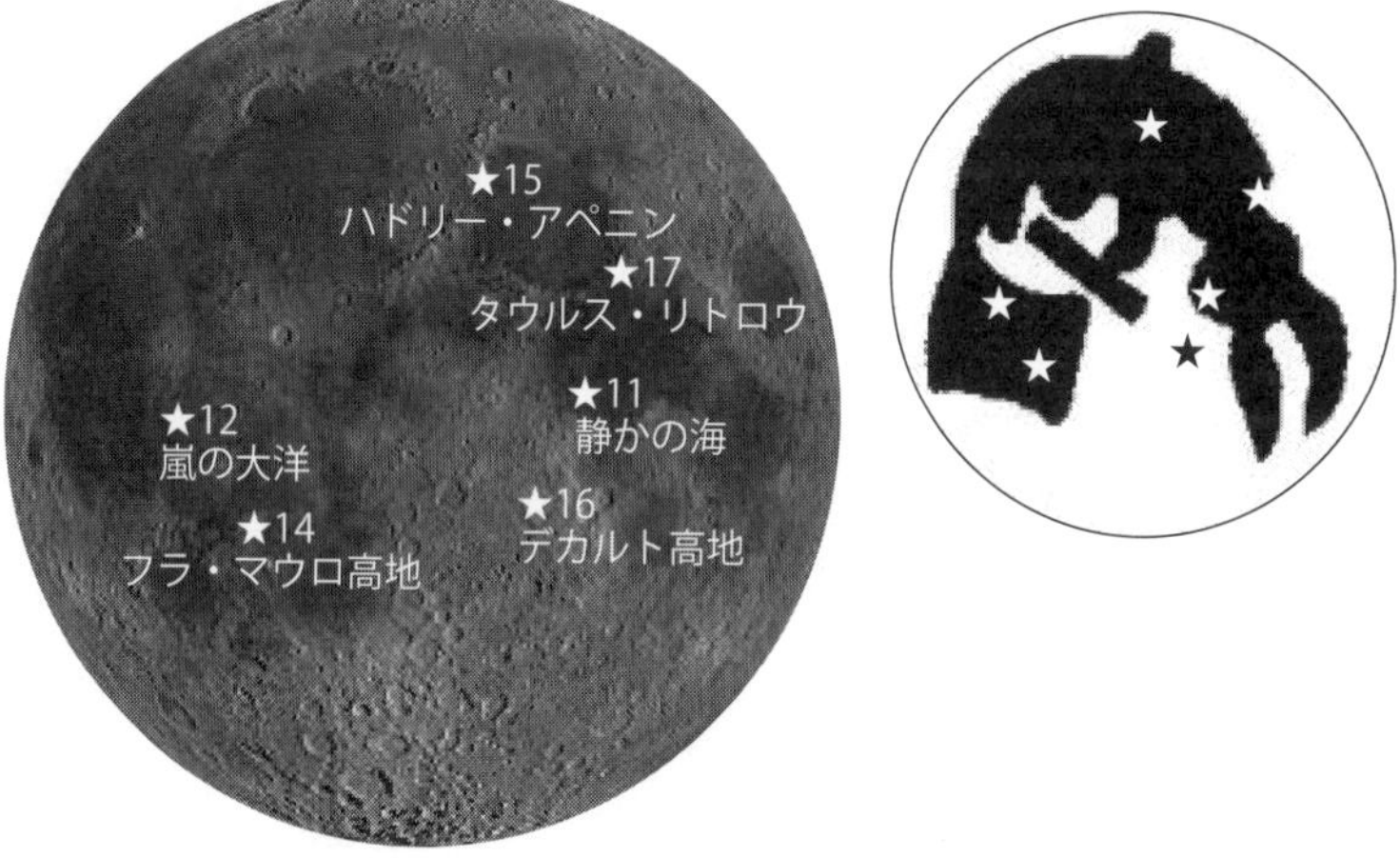

図9-12　アポロ宇宙船の着陸地点

面最大の山脈で全長六〇〇キロメートル。高さも軒並み数千キロメートル。雨の海を覆うように豪快に広がっている。

•16号——デカルト高地。着陸点の中でここだけがウサギの体でない所。餅つきでウサギの顔の方へ飛び散った餅かな？　ここから北東へ四〇〇キロメートルほど足をのばすと、アポロ11号の着陸地点に行き着く。デカルトには、ヤングの敬礼写真で有名な星条旗がそこに残っているらしい（図9－13（16））。

•17号——タウルス・リトロウ。ウサギの首筋。タウルス山脈とリトロウ・クレーターの南三〇キロメートルに着陸。晴れの海と静かの海の境界付近。司令船のカメラが、この地域を上空からとらえている（図9－13（17－1））。何とかこの巨岩も見たいね（図9－13（17－2））。

◆月ゲートウェイへの想い

アポロから長い間放っておかれた月へ、いよい

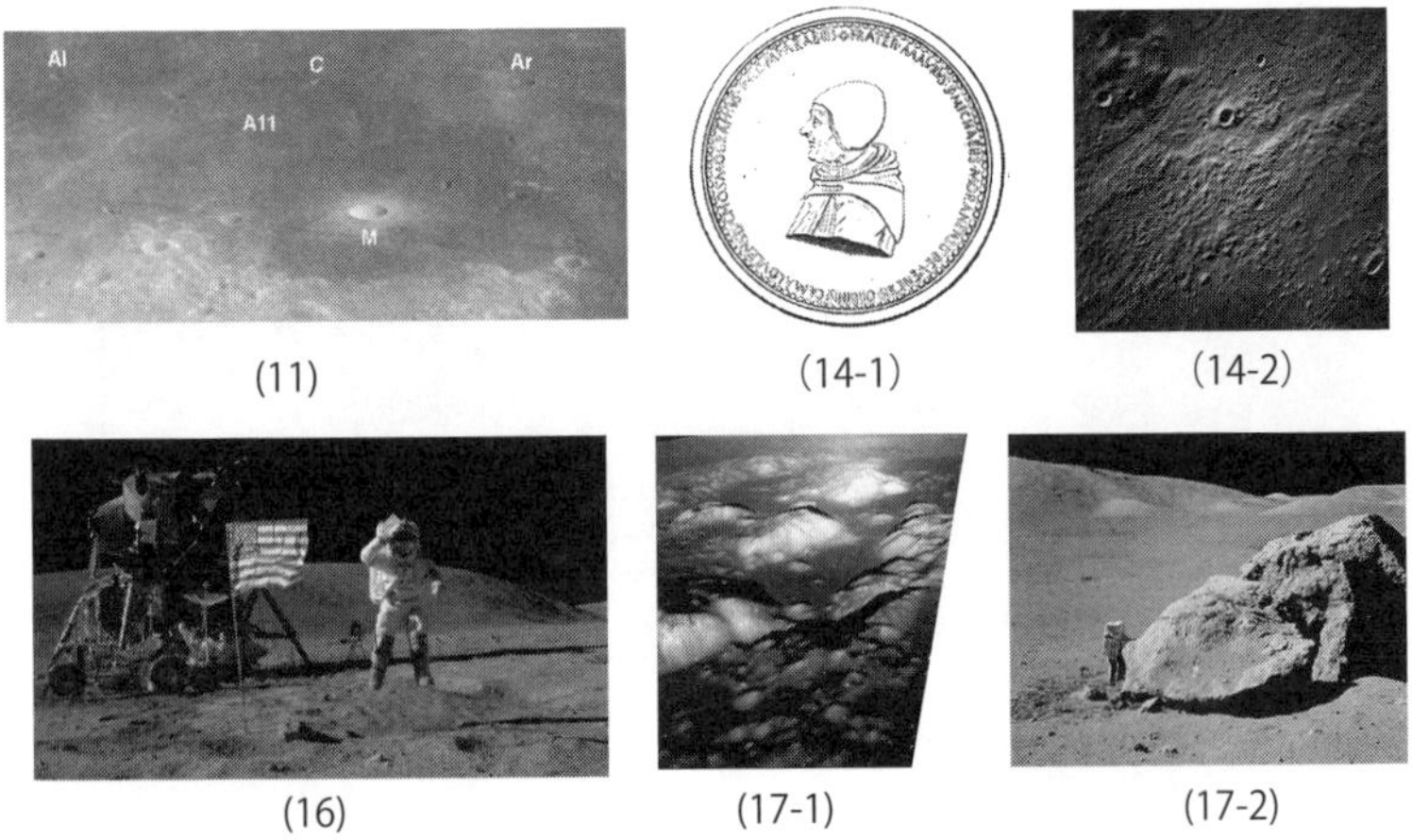

図9-13　月面着陸ツアー参考図

よ再訪するプロジェクトが始動している。アメリカの「月ゲートウェイ」計画。二〇二四年に「定年」を迎える国際宇宙ステーション（ＩＳＳ）の次に浮上した世界的規模の国際協力のターゲットが、二〇一八年に東京で開催された会議で、「月」ということになった。アメリカの「月ゲートウェイ」計画に、ＩＳＳを一緒にやったチームが再び集うかたち。すでに月の裏側への着陸という快挙をあげた中国を含め、他の国ぐにがどのようにかかわってくるか、注目。

　アポロ時代の月面着陸計画は、アメリカが単独でチャレンジし、これまた単独のソ連と、体制存続をかけて競った政治的闘いの舞台だった。現在は、アメリカを含め、「月ゲートウェイ」に描かれているプランを、単独で成就できる国はない。アポロ以来の宇宙活動技術の豊富な蓄積の上に、生活・産業・科学・技術・文化などの未来を展望しながら、国際協力で進められる。

　もちろん舞台裏では政治の火花が散りつづける

だろう。それが、「一国ではできないから国際協力で」という発想では、とても地球規模の問題を解決するトリガーにはなりえない。その肝腎のアメリカが、他国を圧して保護主義を標榜しているとあっては猶更である。

こうした条件下での月への挑戦なので、もちろん新たなチャレンジではあっても、アポロ時代の悲壮ともいえるレベルの冒険感覚が世界を席巻することはないだろう。基本的には急ぐ理由はない。あくまで確実に、安全に、実り多く、組み立てられていく。

「月へのゲートウェイ」提唱と、世界がそれに協力するという「ヴィジョン」は、現在の宇宙のリーダーたちが、よってたかって「現在の宇宙活動が世界に貢献できるベストな守備範囲がそれだけ」と表明したことになる。本当に「宇宙にできることはそれだけなのか？」

5 アポロは呼びかける

◆アポロからの脱皮を求めて

人生の最後に、生まれ育ったオハイオの孤独の中に戻ったニール・アームストロングは、都会の真っただ中で生きつづけたマイク・コリンズから見ると、「ワシントンを離れて、自分の城に引きこもり、跳ね橋をあげてしまったように見えた」らしい。逆にそれはアームストロングからは、「いやあ、田舎に住む人間から見ると、都会の環状道路の内側に住んでる連中こそ問題があると思うけどね」ということになる。

それは、「都会のネズミと田舎のネズミ」の深い意味を探ることである。自身に世間から向けられる名声について、ニールは次のように理解しているようだ。

――「名声はメディアが与えるもの。人類にとってのアポロの意味は、月に着陸して帰ったということ。どのミッションが最初だったとか、誰が初めに降り立ったとかは、些末なことだ。それを決定したのは本人じゃないし、しかもミッションそのものは数千人の人が必死に力を合わせて成し遂げたこと。私だけが注目されるのは、その意味で不相応だ」

その想いは、アポロ11号のミッション・エンブレムのデザインに反映された（隠れ咄9）。ニールがこのような考えを非公式に披歴すると、「自己顕示欲のない謙虚な性格から来る発言」と言われるし、私もそんなニールが素敵だと思う。そうなのかもしれない。しかし彼の考え方は、事柄の本質を根こそぎとらえているとも考えられる。

あのヒューストンに横たわるサターンⅤをすぐそばで初めて見たとき、こんなロケットを作らなければならないなんて異常だと私（筆者）は感じた。あれほどの国が、国が傾くほどの総力をあげて取り組まなければならなかったアポロの月面着陸は、どう見ても東西対立という「特異な時代」のターゲットだった。サターンⅤはその時代を、アポロの輝かしい成果である「月の石」よりもはるかに迫力のある雄姿で象徴している。

アポロは、初めての宇宙時代に踏み出した人類の「幼いころ」の恐れを知らぬ冒険だった。あれから人類は、宇宙でもっともっと自在に活動できるようになり、宇宙の環境を活用して、気象予報・地球環境・災害対策・位置決定……さまざまな側面で生活に浸透する成果をあげられるようになった。このように、地上のさまざまな生活に「幼い」宇宙時代の成果を適用しながら、いま私たちは「青春」を迎えている。

私たちの認識する宇宙が広がり、遠くへ足を運ぶことができるようになるにつれて、私たちの住んでいる世界が狭くなってきた。相対的に地球は小さくなった。いろいろなことができるようになり、住むところがちっぽけになり、そして私たちの「青春時代」は悩みが多い。

ベルリンの壁が崩れソ連が崩壊して、東西対立がなくなったら平和が来るかもしれないと思った人たちもいたが、それは幻想だった。環境破壊、テロとの戦い、移民問題、保護主義の蔓延、……私たちは、ますます出口のない時代を生きている気がする。

ケネディが歴史的演説によって「アポロ」の号砲を放ったころのアメリカも、さまざまな国際的・国内的難題がすべて先鋭化していた時代だった。ならば、特異な時代ではあったが、アポロから私たちは教訓を得られるのではないか。

一九六一年、アメリカ国民がソ連の脅威に不安を感じ始めたとき、ケネディというダイナミックな人物が大統領に就任し、アメリカの力を万人の目に明らかにするための巨大な事業を立ち上げた。それが、「ソ連の脅威」であるミサイル技術と切っても切れない関係を持つ「月への飛行」だった。

「月面着陸・地球帰還」の成功は、それが「サターンV」という圧倒的に安定したロケット技術を武器に成し遂げられたことによって、その十年前にアメリカ国民が抱えていた「ミサイル・ギャップ」という不安を、同時に跡形もなく払拭することになった。スプートニク1号、2号、ガガーリンと矢継ぎ早に仕掛けられた喧嘩を買うかたちで選ばれた「月」は、非常に的確なターゲットだったと言える。そしてあの演説から約十年間、アメリカ国民は沸き立つ時代を経験した。

では、現在の新たな危機に当たっての「アポロ」的ターゲットは何だろうか。アポロからの連想で、「次も月」という発想はあまりに即物的だ。私たちはこの際、いったんアポロから脱皮しなければならない。アポロから学びつつ、アポロから離れることが求められる。

◆人類の「聖域」を求めて

アポロの教訓を生かすならば、ターゲットのヒントは、やはりその危機に内在しているのではないだろうか。結果として導き出されるターゲットが、今のところ見えていない。私には残念ながら現在世界の危機をそのような観点から分析する力はない。現代への「アポロの呼びかけ」に応えるのは、二一世紀を人生の舞台にする人びとである。

二〇一四年一一月から半年、若田光一飛行士は、国際宇宙ステーション（ISS）に滞在し、後半は船長を務めた。彼から届くメールには、「休みの日の飛行士たちは、いつもはお国自慢をしたりして楽しく過ごすのですが、さすがに今はそうは行きません」とあった。その頃、ウクライナ情勢が非常に厳しかったのだ。たまたま彼を除くと、ロシア人とアメリカ人ばかりのクルーだったのだが、「地上では対立しているが、宇宙では米露が協力していることを見せようね」と、念入りに仕事の打ち合わせをしていたようである。

そのむかしギリシャでは、古代オリンピックが始まると、交戦状態の都市国家は必ず休戦した。「聖域」というものが存在していた。翻って現代の私たちはそのような「聖域」を持っているだろうか。

思い起こしてみると、あの若田ミッションの頃、一触即発の極端に厳しいウクライナ情勢をバックにしながら、オバマ、プーチン両大統領は、一言もＩＳＳに言及しなかった。ロシアは淡々とＩＳＳへ（その国籍を問わず）人間を運び、アメリカは経済制裁を加えながら、ＩＳＳへの貨物を（その国籍を問わず）黙々と運んでいた。行先に待つ船は、日本人が船長。ＩＳＳは、小規模ながら「聖域」の匂いが漂っていたと言える。

今さまざまな不安と恐れが、世界全体に広がっている現実を前にして、あのアメリカの一九六〇年代のアポロのような、しかし今度はこの星の全域を覆う、大規模な宇宙プロジェクトを、立ち上げる力が、若い人たちに湧いて来ないものだろうか。求められているのは、富める国も貧しい国も、平和な国も戦火の中にある国も、できるかぎり広範な人びとの心をつかまえて離さない魅力あるプロジェクト。戦争をしたくても、そのプロジェクトがあるからできないというような全世界的な「聖域」プロジェクト。(10)

地球以外に生命を発見する可能性が芽生えてきている現代は、人類が宇宙に生きていることに誇りを持てる星を作る時代である。「宇宙時代の幼年期」の到達点であった「アポロ」を乗り越えて、人類の匠と知恵をこの星の生き物の「宇宙時代の青年期」を築くために集中する新たなターゲットを見つけてほしい。

アポロ計画は、アメリカという大国の危機意識から発想され、その危機を乗り越えるための象徴として、どうしてもヒーローが欲しいという事情があった。しかし内実は、技術者に、飛行士に、科学者に、管制官に、政治家に、官僚に、あらゆる職場にずば抜けた人たちがいた。懸命に目的のために働く無数の人びとがいた。そういう人びとはいつの時代にもいるものである。

そのずば抜けた人、懸命に働く人に、チャンスを与えることのできるターゲットでなければならないだろう。それぞれの人に個人的な野心があるのは当然だが、ミッションが魅力的なら、そのささやかな野心は、その大河の中に溶け失せ、やがてあのアポロのようなスクラムに合流していく。

現在国連が、「取り組む地球規模の問題」として、五つの柱を挙げている。

- 人間の安全保障
- 人道支援
- 保健・医療
- 地球環境・気候変動
- 防災

この柱を構成する世界のさまざまなシーンに思いを致し、アームストロングとオルドリンが月面に降り立ったあのシーンを瞼に浮かべながら、新たな「真夏の夜の夢」をみんなで見る時代を心から渇望し、筆をおく。（完）

●参考文献

(1) Wernher von Braun, “Address to the Society of Experimental Test Pilots”(1959)

(2) John Wilford, “We Reach the Moon; the New York Times Story of Man's Greatest Adventure”(Bantam Paperbacks, 1969)

(3) 的川泰宣「宇宙へのはるかな旅」(大月書店, 1989)

(4) Frederic Ordway and Wernher von Braun, “History of Rocketry and Astronautics”(Amer Astronautical Society, 1989)

(5) Andrew Chaikin, ” A Man on the Moon：The Voyages of the Apollo Astronauts”(Penguin Books, Ltd., 1995)

(6) James Harford, “Korolev”(Wiley, 1999)

(7) 的川泰宣「月をめざした二人の科学者」(中公新書, 2000)

(8) Courtney Brooks, et al., “Chariots for Apollo：The NASA History of Manned Lunar Spacecraft to 1969”(Dover Publications, 2006)

(9) Jay Barbree, et al., “Moon Shot：The Inside Story of America's Moon Landings”(Open Road Media, 2011)

(10) 的川泰宣他「人はなぜ宇宙をめざすのか」(誠文堂新光社, 2015)

(11) David Mindell, “Digital Apollo”(MIT Press, 2017)

(12) 的川泰宣「宇宙旅行の父――ツィオルコフスキー」(勉誠出版, 2018)

(13) Wernher von Braun, “Rare Recording of Wernher von Braun”(Listen and Live Audio, 2019)

(14) Bret Baier, “Three Days in January”(HarperCollins, 2019)

●著者紹介

的川 泰宣（まとがわ・やすのり）

1942年（昭和17年）2月23日、広島県呉市生まれ。

1965年（昭和40年）東京大学卒業。

1970年（昭和45年）東京大学大学院博士課程最後の年に、日本初の人工衛星「おおすみ」の打ち上げに参加。以後、ハレー彗星探査、科学衛星計画、「はやぶさ」など、数々のロケット開発・衛星開発に携わる。東京大学宇宙航空研究所・宇宙科学研究所・宇宙航空研究開発機構（JAXA）を経て、現在JAXA名誉教授、はまぎん こども宇宙科学館館長。工学博士。

「ハレー彗星の科学」（新潮文庫）、「宇宙へのはるかな旅」（大月書店）、「星の王子さま宇宙を行く」（同文書院）、「飛び出せ宇宙へ」（岩波ジュニア新書）、「月をめざした二人の科学者」（中公新書）、「やんちゃな独創 糸川英夫伝」（日刊工業新聞社）、「的川博士が語る宇宙で育む平和な未来　喜・怒・哀・楽の宇宙日記5」（共立出版）、「ニッポン宇宙開発秘史 元祖鳥人間から民間ロケットへ」（NHK出版新書）、「宇宙飛行の父ツィオルコフスキー」（勉誠出版）、「トコトンやさしい宇宙ロケットの本 第3版」（日刊工業新聞社）など、著書多数。

3つのアポロ　月面着陸を実現させた人びと　NDC538.9

2019年6月27日　初版1刷発行　定価はカバーに表示してあります。

©著　者　的川泰宣
発行者　井水治博
発行所　日刊工業新聞社

〒103-8548　東京都中央区日本橋小網町14-1
電話　書籍編集部　03-5644-7490
販売・管理部　03-5644-7410
FAX　03-5644-7400
振替口座　00190-2-186076
URL　http://pub.nikkan.co.jp/
e-mail　info@media.nikkan.co.jp

DTP・印刷・製本　新日本印刷

落丁・乱丁本はお取り替えいたします。　2019　Printed in Japan

ISBN 978-4-526-07985-6